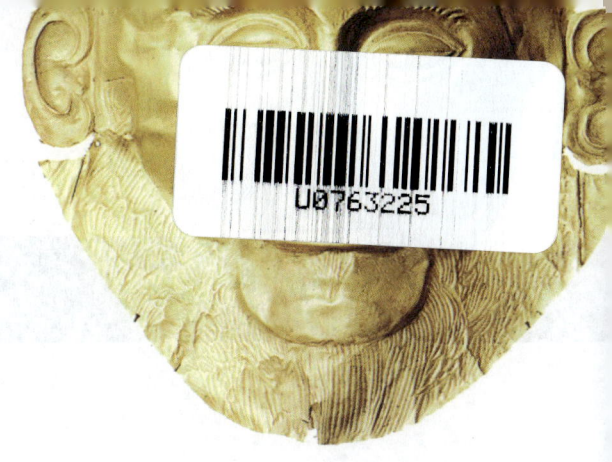

A History of
INVENTION

FROM STONE AXES TO SILICON CHIPS

TREVOR I. WILLIAMS

发明的历史

[英国]特雷弗·威廉斯（Trevor I. Williams） 著

孙维峰 黄剑 译

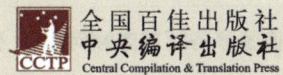

全国百佳出版社
中央编译出版社
Central Compilation & Translation Press

图书在版编目（CIP）数据

发明的历史 ／（英）威廉斯（Williams,T.I.）著 ；孙维峰，黄剑译.
—— 北京 ：中央编译出版社，2010.11（图文馆）
书名原文：A History of Invention
ISBN 978-7-5117-0600-3

Ⅰ．①发… Ⅱ．①威… ②孙… ③黄…

Ⅲ．①创造发明－自然科学史－世界－普及读物 Ⅳ．①N091-49

中国版本图书馆CIP数据核字(2010)第213243号

A History of Invention: From Stone Axes to Silicon Chips

Original text copyright © 1987 by Trevor I. Williams

Updated textual material © 1999 William E. Schaaf Jr/Little Brown and Company (UK)

根据Time Warner Books UK 2003年版翻译。

发明的历史

[英国] 特雷弗·威廉斯◎著　孙维峰　黄剑◎译

出 版 人：和　龑
责任编辑：张维军
责任印制：尹　珺
出版发行：中央编译出版社
地　　址：北京西单西斜街36号（邮编：100032）
电　　话：（010）66509360（总编室）　（010）66509317（编辑部）
　　　　　（010）66509364（发行部）　（010）66509618（读者服务部）
　　　　　（010）66161011（团购部）　（010）66130345（网络销售）
网　　址：www.cctpbook.com
印　　刷：北京佳信达欣艺术印刷有限公司
成品尺寸：170毫米×230毫米　　21.5印张
版　　次：2010年11月20日北京第1版
印　　次：2010年12月10日第1次印刷
定　　价：68.00元

本社常年法律顾问：北京大成律师事务所首席顾问律师　鲁哈达

引言

过去三十年中,我在技术史上花了很多时间,并分别针对不同的时期和主题,写作和编辑了很多书籍。它们都受到了好评,这让我很受鼓舞,决定写作本书。与以前的作品相比,这本书目标更加远大,但是也更加简单。之所以说它目标远大,是因为它涵盖了整个物质文明历史,从钻木取火到农业文明,到俄罗斯宇宙空间站MIR-1建立和超凤凰堆(Superphénix)出现。超凤凰堆是第一个快中子增殖堆核发电站,1986年在法国克雷斯马菲尔镇(Creys Malville)建成。说它简单,是因为书中没有出现注释、参考文献目录和其他会干扰阅读的东西,读者可以顺畅地阅读。本书使用了大量彩色的插图和艺术品照片,这也要归功于技术的进步,尽管花费昂贵。

文明包括很多方面,但是人类的生活很大程度上依赖于他所制造的东西。本书的写作目的,就是引起人们的兴趣,让他们更加关注技术因素如何塑造而且怎样继续塑造人类历史。本书所描述的大部分时期,发明家们大都无名无姓,我们无法知道谁制造了第一个轮子,谁炼出了第一块铜。事实上根据我们掌握的资料,很多基础的发明都由世界不同地方的人在不同时期发明制造出来。俄罗斯有句谚语:最好的新东西往往是被遗忘的旧东西。但是随着时代发展,情况也在变化,一些对社会和经济机会敏感的个人开始自觉发明创造。近些年,还出现了相互竞争的发明家,他们在几天甚至几小时之内竞相注册关键的专利。最近出版的一本传记词典,就注意到了个人发明日益增加的重要性。但是从某种程度上讲,个人匿名发明似乎又成了发展趋势,因为现在很多发明都是团队成果,影响局限在政府或大公司的实验室中,公众并不是很了解。这也凸现了另外一个问题:现代艺术已经发展到相当复杂的层次,只有大型公司能够负担开发费用,开拓未知领域。

传统观点认为：需要是发明之母。此观点最早由希腊戏剧家阿里斯托芬等提出，如今只能说这个观点说对了一半。我希望本书的内容，能让读者认识到：技术不仅仅是为了满足人类需要，社会同样从技术发展中受益。到底技术因素和社会因素哪个居于主导地位，很难说得清楚，但是毫无疑问，二者之间存在着强大的互动关系。

特雷弗·威廉斯

目录

一、古代社会

第一章 文明之始 10

第二章 农业革命 31

第三章 运输 43

第四章 建筑 59

第五章 动力和机械 75

二、发现新世界

第六章 从伊斯兰的兴起
到文艺复兴 90

第七章 造船和航海 100

第八章 机械化开端 113

三、工业化诞生

第九章 现代社会初露端倪 124

第十章 新的运输方式 145

第十一章 采矿和金属 165

第十二章 家用电器 179

四、大西洋两岸的技术浪潮

第十三章 20世纪早期 194

第十四章 军事技术和第一次世界大战 202

第十五章 新的通讯手段 215

第十六章 交通：铁路和航空兴起 240

第十七章 新的建筑技术 258

五、现代世界

第十八章 战后世界 270

第十九章 医学和公共卫生 281

第二十章 农业和食品的新局面 300

第二十一章 新材料 317

第二十二章 计算机和信息技术 324

I

古代社会

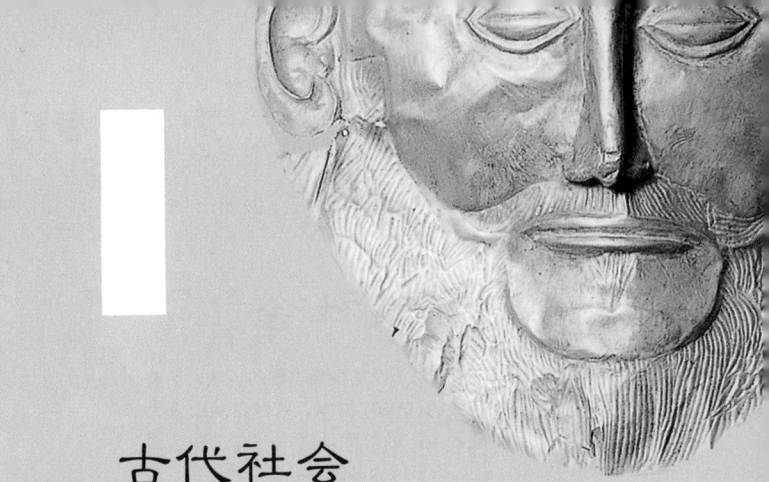

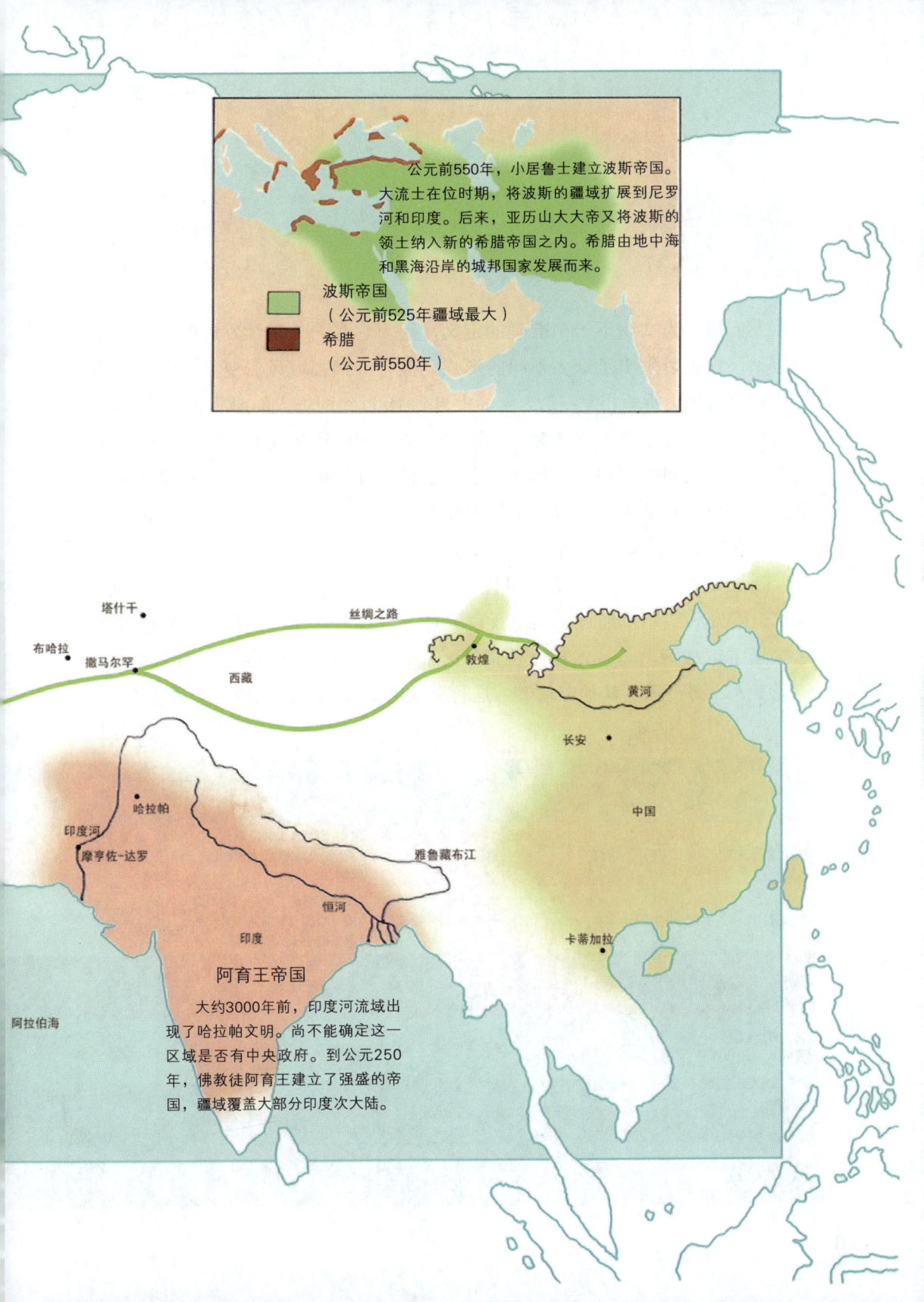

◎ 第一章　文明之始

人们很难为文明下一个准确的定义，因为它是一个持续发展的过程。几千年来，它也衍生出了众多不同的形式。拥有广阔疆域风云变换的罗马文明与波利尼西亚文明就相差甚远。实际上直到16世纪西方人的船队驶入太平洋，这两种文明才有了第一次接触。再比如，南美洲的印加文明最终被西班牙人毁灭。文明之间的区别主要体现在宗教信仰、社会风俗、政府结构和艺术创造上。但是所有文明，都有一个最主要的基石：技术。从广义上讲，技术就是为了满足实际需要，对知识的应用。

到了今天，技术几乎是应用科学的同义词，但是基础的技术——农业、建筑、陶瓷和纺织都经过了实践反复验证，一代一代流传到如今。科学系统地探索宇宙法则，与技术相比还很年轻。技术产生了劳动分工，比如农民、陶瓷工人、海员以及其他劳动者，这种劳动的细分使有组织的社会得以出现，

	公元前60000年	公元前3500年	公元前3000年	公元前2500年
农业	农业阶段、二粒小麦、亚麻、单粒小麦、黍、鞍形手推磨、大麦、燧石镰刀、驯化动物	耕种、阿拉伯地区出现早期灌溉	埃及出现灌溉，中国开始种植麻	青铜镰刀、巴比伦开始育种
家庭生活	纺织、陶瓷、油灯	窑烧制陶瓷	美索不达米亚陶工旋盘、埃及制造玻璃、中国制造丝绸	动植物染料用于纸莎草上写字
交通	荷兰出土船只	挽畜（驴）、美索不达米亚有轮交通工具	尼罗河芦苇船、帆船、地中海木船、中国有轮交通工具、基奥普斯(Cheops)葬礼船	斯堪的纳维亚滑雪板
建筑	阿拉伯窑烧制砖	埃及石建筑、埃及出现拱形建筑、左塞尔(Zoser)阶梯金字塔、Wadi Gerrawi上的石坝	史前巨石柱	亚述中央城墙、迈锡尼蜂巢墓地
动力机械和武器	简单的弓箭和长矛		杠杆和斜坡用于移动重物、埃及扁斧和钻木取火、苏美尔战车	
金属	冲积金矿	铜/青铜	焊接、打蜡抛光、乌尔(Ur)银饰品、银片工厂	
城市文化	耶利哥、查塔休於(Catal Hüyük)	苏美尔文明；文字、埃及尼罗河文化；历法	早期楔形文字、埃及古王朝、埃及象形文字、巴比伦历法、印度河文明；哈拉帕和摩亨佐-达罗	

也让对生存来说并不必要的艺术有条件发展繁盛。大多数艺术都要依靠一些技术支持：雕塑家需要工具，作家需要纸笔，戏剧家需要专门建造的剧院。从很早的时候起，陶罐上就有着丰富的装饰，这需要高度的上釉技巧；纺织工人使用染料将羊毛染色，而后用织布机织出复杂多彩的图案；制造珠宝需要有关金属特性的知识，以及一些专业技术，比如上釉和打磨。

欧杜瓦伊峡谷位于塞雷盖蒂平原（Serengeti Plain），是世界最著名的考古场所。人们根据它的名字命名了最早的人类石器技术。

本书旨在记录自文明开端到现在的技术发展史。在今天的西方社会，技术已经成为人们生活的主导力量，现在还不能断言这种状况是好是坏。这肯定不是一部简单的历史，它缓慢而有逻辑地不断发展。人类技术的先进程度也远远谈不上同步——第一个人在月球上漫步时，地球某个偏僻角落的人们还生活在石器时代。也不可能有个发明所有技术的"发明中心"。通常都是各个不同的文明独立发明各种技术，当然它们之间时常有交流。中国的历史复

公元前2000年	公元前1500年	公元前1000年	公元前500年	公元1年	公元500年
	中国开始种植水稻、美洲种植玉米	铁质耕种工具、阿拉伯和中国种植棉花、桶、阿基米德螺旋泵用于灌溉		中国种植茶叶	
中国陶瓷工人使用高岭土	中国青铜鼎	埃及出现锁和钥匙；小亚细亚出现蜡烛、罗马染料工人行会、连接纺织、盐贸易建立		丝绸出口西方、罗马和中国出现水平陶瓷窑、吹制玻璃	
马拉的交通工具、有轮的交通工具	秘鲁芦苇船、骑马、古希腊桨帆并用的战舰	腓尼基两排桨海船、尼罗河–红海运河、三排桨古战舰、磁石指南针、世界地图		中国独轮手推车、中国马鞍、铁马掌、金属马刺、斯堪的纳维亚炉渣船、带防水壁的中国船	
史前巨石柱	亚述中央城墙、迈锡尼蜂巢墓地	巴特农神殿、建筑物铁加固		中国万里长城、有尖顶拱的拱形、哈德良长城、中国石拱、法国加尔桥(Pont Du Gard)	
亚洲游牧民族使用战马、随军城堡	亚述简便滑轮、复杂的弓箭、混合燃料	木制车床、Sinjerli同心堡垒、起重机和复杂的滑轮、弩		扭矩炮、锁子甲、下射式水车、中国曲柄、罗马木刨床、Barbegal水车	
硫化铜矿石冶炼	卡吕卑斯人的炼铁厂	镀铁、康沃尔(Cornwall)采锡业、中国青铜和铜镍合金		通过熔合制造金属、德里铁柱、中国使用黄铜	
埃及羊皮纸最早的中国文字、腓尼基城市主导地中海贸易	字母表、埃及日晷	迦太基建立、希腊城邦、希提王朝衰落、通俗文本、罗马建立		拉丁速记法、中国造纸、朱利安历法、中国木刻版印刷	

发明的历史
A History of Invention

杂而漫长，但是它不间断地延续了4000年，并且向西方社会输出了很多重要的发明，比如指南针、造纸术、印刷术和火药。后来，尤其是在传教士进入中国之后，西方技术开始传入中国。追寻东方和西方的产品和新思想交流的轨迹，是技术史最有吸引力的部分。

最早的人

技术是文明的基本要素这一观点，马上会引发这样一个问题：人类什么时候脱离了原始的生活方式，开始变得文明？虽然人们不可能找到精确的转变时间，但是对于这个问题有一个公认的标准，人类与原始人的区别就在于能否制造工具。

17世纪，爱尔兰的主教詹姆斯·乌瑟（James Ussher）计算出上帝在公元前4004年创造了世界，而后人不懈的研究和掌握的证据将人类历史的起点不断向前推进。考古学家在东非肯尼亚的欧杜瓦伊峡谷（Olduvai Gorge），发现了工具形状的粗糙石器，据估计大约制造于260万年前。已知最早的人类制造工具的技术就叫做奥杜韦（Oldowan，广泛分布于非洲大陆的早期旧石器文化）。大约35万到50万年前，北京人出现；爪洼发现的早期智人化石，大约出现于60万到180万年前。对此我只是做个简单的介绍，研究人类历史的任务还是交给人类学家去做吧。跟我们有直接关系的最早人类，大约出现于2.5万年前。

[12页，插图]岩画生动地描绘了早期人类的活动。本图大约绘制于公元前6000年，发现于阿尔及利亚的塔西利·恩·阿耶尔高原（Tassili n'Ajjer Plateau），描绘的是狩猎场景，包括如今只在撒哈拉沙漠南部活动的长颈鹿。

气候因素和化石证据，都表明非洲是人类的摇篮——当然也许还有别的摇篮。人类从非洲迁移到其它气候更加适合居住的地区。5万年前，亚洲、欧洲和澳大利亚就有了人类部落。北美的开发似乎晚一点，直到2万年前蒙古猎人穿过白令海峡到达阿拉斯加和加拿大，那里好像没有人类居住。尔后，这一地区才开始出现人类活动的迹象。为了追逐猎物，猛犸象和驯鹿，蒙古猎人们又向南推进，到达墨西哥，接着穿过巴拿马地峡，到达南美洲的西海岸。大约1.3万年前，智利南部的蒙特沃蒂（Monte Verde）冰川时代才结束。南美洲出现了短暂的印加和阿兹特克文明。

历史发展至今，我们必须考虑这样的问题：我们的祖先到底留给了我们怎样的生存技术。我们可以把削尖并在火里烤硬的木棍或者粗糙的石片看作技术成就，但是说到文明，涉及的问题就多得多。除了手工技巧，我们需要知道当时人们的群体观念，以及运用口头和书面语言进行交流的情况。只有具备上面提到的那些，人类的技术成就才能代代流传，并且不断改进。我们或许会认为信息技术是现代发明，但实际上，它是人类最基础最古老的发明之一：在有组织的群体中，系统的公共活动记录是最主要的需求之一。

人类和猎人—采集者

在旧石器时代，人们靠狩猎和采集食物生活，并不有意从事生产。要成功地适应这种生活，需要很多复杂和精湛的技巧：原始人类不仅生存下来，而且生存得还相当好，而现代人到了那种环境中会很快被淘汰。但是这种生存技巧很难是放入任何技术编年史中，因为不同的情况导致了它们在不同时间在不同的地方诞生。比如碎石锤，就不可能在没有石头的地方产生。所以概括地说，旧石器时代的人掌握了基本的技术，当时人类对于金属还一无所知。

最初，人类并不自己制造工具，而是使用天然材料——尖锐的石头、折断的骨头和劈开的木棍。后来他们逐渐学会将木头、骨头和石块加工成工具。因为木材的性质，几乎没有木质的工具保留下来，但是我们可以从现存的石器推断当时木器的样子，比如斧头和矛的柄肯定是木质的。起初，锋利的斧

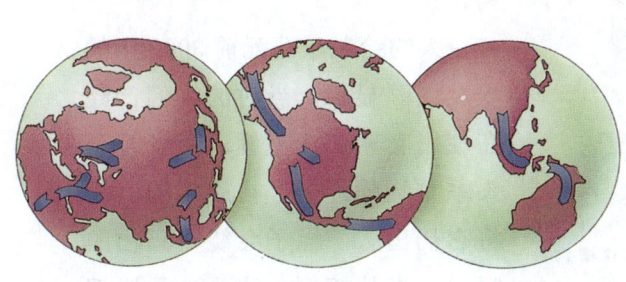

在最后一个冰川时代，海平面下降，在英国和欧洲大陆、亚洲和北美洲、中国大陆和印度尼西亚以及新几内亚和澳大利亚之间造成了大陆桥。大约5万年前，随着人类掌握在寒冷地带的生存技巧，他们开始从非洲向外迁移。新出现的大陆桥，让人类迁移到亚洲和欧洲，然后是澳大利亚，最后是美洲。至少1万3千年前，人类到达南美洲的最南端。

发明的历史
A History of Invention

子是最基础的工具（直至今天，澳大利亚的土著居民仍然在使用它），人类用它切削、刮擦、敲击和分割。早期人类的工具虽然原始，但根据流传下来的资料显示，人们不仅有意识地制造工具，而且还表现了惊人的专业技巧。

很多为了满足狩猎需要而制造的基本工具，到今天仍然在继续使用，只是制作工艺和材料可能发生了改变。最早的矛应该就是一头削尖的木棍，在火里烘烤过让它变硬。现存最早的木器就是这样的一支矛，用紫杉制成，出土于英国一片潮湿的洼地。这支矛大约造于25万年前。当时的人类就用这种简单的工具捕捉猎物：人们发现同样还是一支紫杉矛，插在德国出土的一具大象骨骼化石中。后来，人们开始使用燧石或骨头制造的枪头，爱斯基摩人、澳大利亚原住民和新几内亚居民都曾经使用过。弓是最早利用势能转化成动能的工具。在大约公元前2万年北非的岩画，就清晰地描绘出了弓。毫无疑问那时的人类已经不是第一次使用它了。捕捉较小猎物的时候，人类使用投枪，澳大利亚原住民镰刀形的回飞镖是此类投枪中的精品。在非洲和印度，存在着不同形式的回飞镖，而最早的回飞镖出土于波兰南部的奥布拉-祖瓦岩洞（Obla-Zowa Rock Cave）中，大约制造于2.1万年前。如今利用现代的空气动力学知识制造这样的工具，也需要专家才能完成。原始人类如何发明制造出回飞镖，至今仍是个谜。早期的发明还有投石器，很多旧石器遗址都出土过加工过的弹弓。

对住在海边或河边的人，鱼类是重要的食物来源，旧石器遗址中出土了各种鱼钩。从简单的障碍鱼钩（gorge hook）——两头削尖的细木棍，钓线绑在木棍的中间，到燧石、骨头或贝壳制作的真正鱼钩。

大约绘制于公元前3000年的埃及图画显示，当时的人们已经在使用套索和流星锤。后者是两头系重物的绳子，在旋转的时候将它扔出去，绳子会绕在猎物的腿上，将其摔倒。这两种武器都

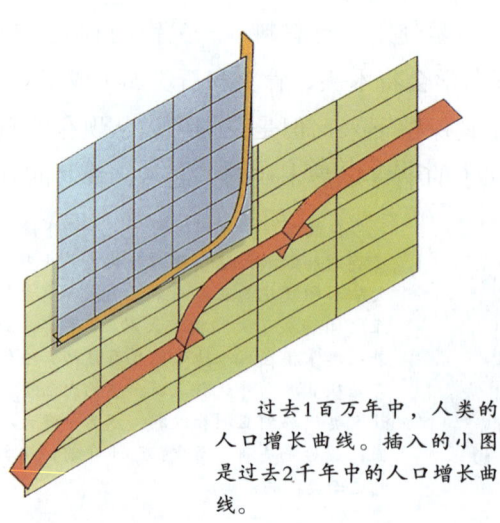

过去1百万年中，人类的人口增长曲线。插入的小图是过去2千年中的人口增长曲线。

早期人类能够有效地利用身边的材料。骨头和兽角有很多用途：肩胛骨能制成很好的铲子，兽角制成锄头。这些鹿角制成的鱼叉大约制造于公元前6千年，在英国约克郡Stone Carr的中石器时代遗址出土。

非常古老，也许由不同地方的人各自发明出来：哥伦布到达美洲之前，当地的印第安人就在使用套索，南美洲的巴塔哥尼亚地区一直在使用流星锤。

对于原始人类，石头无疑有不可替代的作用，因为它坚硬而且能够被加工成切割工具。狩猎的主要目的是获取它们的肉，但是猎物也提供骨头、角和牙，这些战利品被加工成有用的物件，比如小雕像，具有装饰或者宗教信仰意义。鹿角可以做挖掘工具，而肩胛骨能做铲子，在古老的开采地遗迹中，这两种东西都很常见，比如英国的格雷姆墓（Grime's Graves），它是个燧石矿。

动物还能提供遮蔽之物，用燧石刮刀刮掉脂肪和毛，兽皮就变得柔软和易弯曲，也可以像爱斯基摩人那样使用咀嚼的方法达到这个目的。兽皮被加工成衣物，在北方寒冷的冬天它能够帮助人类御寒。

木材也有很多用途。在北方，木材资源丰富，它是最重要的燃料，还能提供照明。狩猎的时候人们也使用火，以逼迫猎物进入灌木丛或掉入陷阱：在西班牙的一次考古挖掘中，科学家们发现一群大象的骨骼，周围都是燃烧的痕迹。经过砍削加工之后，木材还能用于其它用途。它能做成工具的手柄，让人类使用工具更方便。它还能用作房屋的支架，比如北美印第安人覆盖羽毛的棚屋，拉普兰人（Lapp，居住在芬兰拉普兰的一大批具有游牧传统的人）的帐篷，蒙古人的圆顶帐篷。虽然直到7000年前，才出现了与现在类似的船，但是人类很早就开始使用筏子了。即使在最原始的环境中，人类也需要简单的容器和饮水瓶，在陶器发明之前，很多天然材料可以满足这些需要，比如贝壳、中空的角、葫芦、可可果壳等等。能够缝制皮衣的人，毫无疑问也会缝制皮罐。虽然尚无直接证据，但我们可以推断，人类一定很早就掌握了编

第一章 文明之始　15

发明的历史
A History of Invention

篮工艺，因为柳条、芦苇和别的编织材料分布很广泛。今天仍然存在的某些原始部落中，人们通常会使用身边的材料。我们可以由此推断，古代的原始人一定也是如此。在相似的环境中，人们通常会做同样的事情，因为选择的余地并不是很大。

石头的作用

由于木器容易腐朽，所以我们关于古代人类使用木器的结论大都来源于推论。而从原始社会挖掘出的石器则有很多，所以我们关于石器的知识可靠得多。在整个世界范围内，燧石都是备受青睐的石材。它有着无与伦比的特性，重的敲击能将其粉碎，这样大块的燧石就能够制作成可以使用的形状，而较轻的敲击能将其制造成贝壳状。一个有技巧的工匠，能从大块的燧石上剥离出薄的石片，通过准确把握用力的方向和强度，很精确地控制石片的尺寸和形状。

这种工艺涉及两种基本技术。其一：人们从大的燧石块上砍削下石片，直到将石块制造成所期望的工具，比如一把斧子，它被称作核心工具(Core tool)。其二：人们从大的燧石块上砍削下石片，将石片打制成工具，比如刮刀或匕首，它被称为石片工具(Flake tool)。有时候，这两种技术不可避免地要重叠。核心工具的制造者们，经常会用砍削下的石片制造石片工具。即使在现代社会，这种石片加工技术仍然没有消亡。从1790年到近年，英国萨福克郡的布兰登(Brandon)一直在进行燧石生产加工，是为了给非洲仍然在使用的燧火枪提供燧石。

如果方法得当，只要轻轻的一击就能分离出石片。通常情况下，工匠一手拿着被加工的石片，另一只手拿着卵石敲击它（近来的实验和对原始人类的调查表明，坚硬的木头或者骨头可以代替卵石）。另一种方法是找一块更大的燧石当作砧板，在其上对较小的燧石进行加工。需要削尖石片的时候，用锐利的木棍或骨头铲削石片边缘即可。有种龟壳技术，是首先把石片砍削成反面朝上放置的龟壳的形状，然后连续敲击龟壳的边缘，这样龟壳会分离成为很多石片。无需另外加工，这些石片即可用作刀具或用于与之类似的功能。

其他有类似燧石的特征含硅的石头，比如黑曜岩和黑硅石，也在一些地区使用。玻璃和陶器也有这种贝壳状花纹。今天，澳大利亚的土著部落已经开始使用被丢弃的玻璃瓶，也把电话线的绝缘线当作很有用的材料使用。

在没有燧石或者燧石开采有困难的地区，人们使用其他含硅的石头，制造比较重的工具，如伐木用的斧头。颗粒结构均匀的火山熔岩，比如玄武岩，由其他石头粗略加工过后，最终通过打磨成形。加工火山岩可以使用比较粗糙的岩石，比如砂岩，还要用到沙子和水的混合物。埃及人最早使用这项技术，加工出平整光滑的石块。现存的一些斧头表面经过了高度打磨，它们显

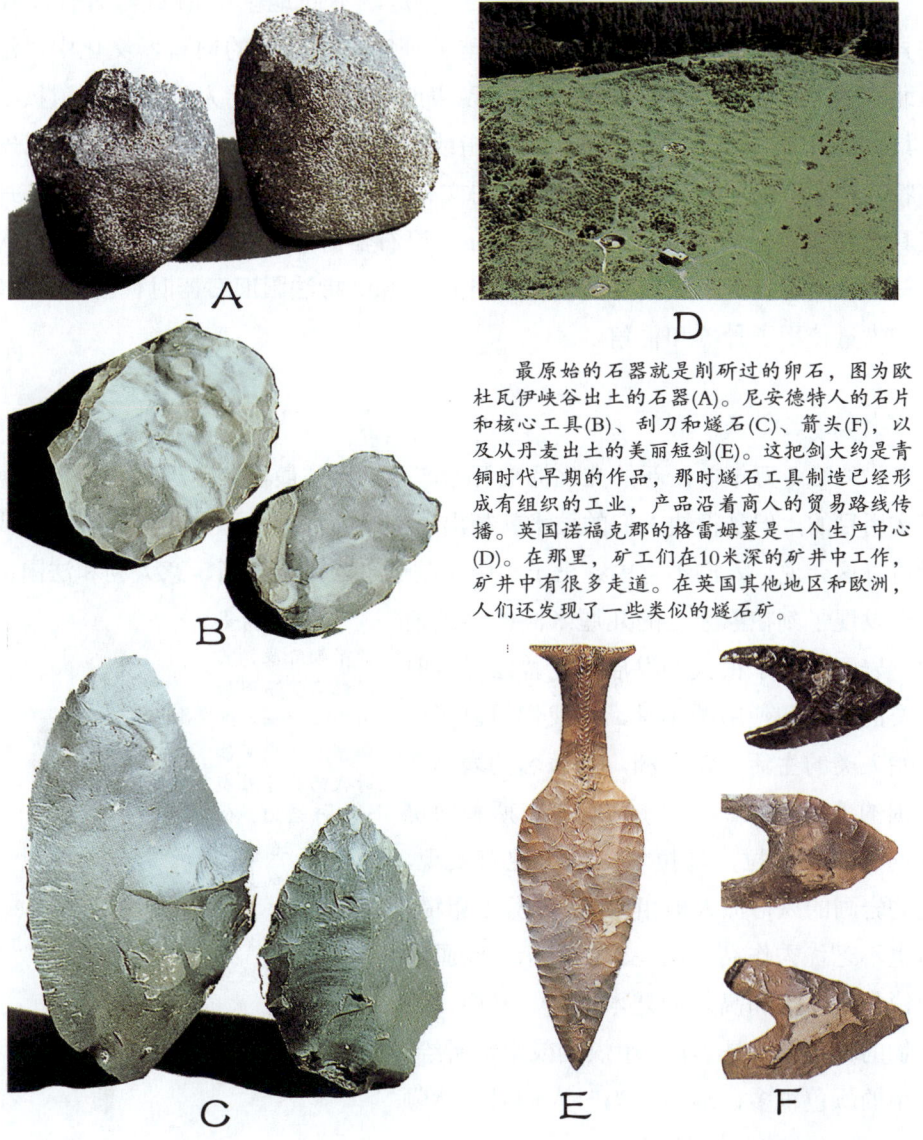

最原始的石器就是削斫过的卵石，图为欧杜瓦伊峡谷出土的石器(A)。尼安德特人的石片和核心工具(B)、刮刀和燧石(C)、箭头(F)，以及从丹麦出土的美丽短剑(E)。这把剑大约是青铜时代早期的作品，那时燧石工具制造已经形成有组织的工业，产品沿着商人的贸易路线传播。英国诺福克郡的格雷姆墓是一个生产中心(D)。在那里，矿工们在10米深的矿井中工作，矿井中有很多走道。在英国其他地区和欧洲，人们还发现了一些类似的燧石矿。

第一章 文明之始

发明的历史
A History of Invention

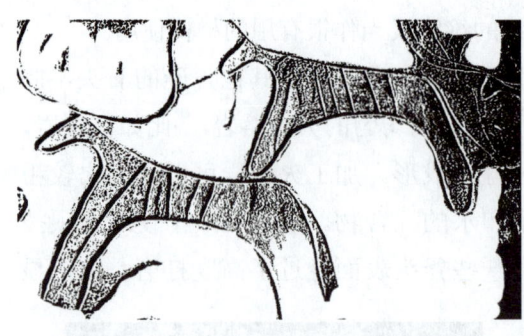

然是经过了抛光处理，所用的抛光材料大约是皮革和优质的抛光粉，比如粘土或漂白土。

各种族的身体和精神方面的不同之处，是一个微妙而经常引发争议的问题。大家公认的一点是，不同地区的旧石器时代文化差异显著，这一点现存的各种工具就能够证明。在欧洲的旧石器文化中，法国北部的一处遗迹（来源于非洲）发现表明，该地的原始人类最常使用核心工具，而莫斯特文化（Mousterian，指或属于继阿舍利文化之后的、同尼安德特人有关的欧洲旧石器时代中期的文化）是从亚洲传入，它更青睐石片工具。在包括克鲁马努人（Cro-Magnon，旧石器时代晚期在欧洲的高加索人种——译注）的奥里尼雅克文化（Aurignacian，指法国旧石器时代前期）中，人们大量使用了骨器和兽角。

装饰艺术

大约2.7万年前，新的文化标准开始产生。人类最早制造工具完全是为满足实用目的，但是很快人们的技术就超出了实用的水准。于是艺术出现了，或者可以这么说，人们不再单纯出于实用而制造东西。俄罗斯、意大利和法国都相继发现了刻在象牙上的几厘米高的维纳斯像。岩画得到了很大的发展，它描绘了当时人类的活动和使用的工具，让我们得以了解原始人类的生活。在欧洲，最著名的岩画在法国的萧维（Chauvet）、拉斯考克斯和西班牙的奥尔塔米拉，乌拉尔山地区也有发现。这些岩画的风格惊人地相似，大部分很粗糙，但也不乏优秀作品，这些作品显示了绘画者敏锐的观察力和高超的艺术技巧。其中，人或物的轮廓一般是黑色，用煤烟或木炭所绘。使用的颜色很多，显示了当时人们对天然颜

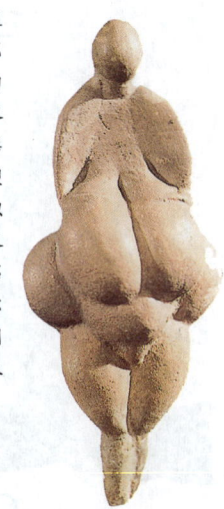

在人类历史的早期阶段，艺术就有了不同的形态，比如人像雕塑。图中石器时代的象牙雕塑出土于法国，似乎是丰饶的象征。图中的岩石浮雕出土于阿尔及利亚，它不同于岩画，是独立的艺术形式。

料的认识，比如赭石和软锰矿。

如果我们回顾10000年前，也就是大约公元前8000年，一方面，在地球的很多地区，人们都已经掌握了高超的制造和生产技术，能够加工处理石头和其他天然材料。此外，人类的艺术才能也得到了大大地发挥。但是按照现代的观点，他们仍然是一些野蛮人。当时人类的经济包括采摘野果、狩猎和打鱼。考古发现表明，当时的人口单位非常小，不过人们也许会结合成较大的单位，共同狩猎大猎物，比如乳齿象。几千年来，人类一直过着这样的生活，当然它也逐步变得复

欧洲的巨石阵，显示了当时人类加工石料的高超技巧、搬运重物的能力和劳动组织能力。图中所示的法国北部的卡纳克巨石林，包括3千多块巨石，它们排成平行的线，绵延长达5公里。这里最初有大约1万块巨石。当时的很多墓室（经过了很多艺术加工）也使用这种巨石，整个墓室被埋在坟堆之下。

杂。绘画和装饰艺术的发展，表明生存已经不是当时人类生活的全部。有的评论者认为，当时的社会可以称作最早的丰衣足食的社会。但是，为什么人类发展到这样一个安定和舒适的阶段时，忽然又打乱了自己生活的节奏呢？为什么在接下来的几百个世纪里，发生了比过去5千年多得多的事情。

原因相当复杂，但是气候改变无疑是重要的因素。在人类历史的早期，地球经历了一系列冰川时代。最后一次结束于1万年前，之后地球变得温暖起来。对人类来说，这种改变是福音，让生存不再那么艰难。但是这种改变也有负面影响，人类一些最重要的食物来源开始灭绝，比如猛犸象，而不断增长的人口又消耗掉了大量野生动植物。在这些新情况的压力之下，人类不再满足于屈从环境，开始想办法控制它。

农业革命

于是出现了所谓的农业革命。在这个新时代（新石器时代）里，石头仍然是最重要的工具原料，但是能够控制作物生长的农业和放牧逐渐变成了逐渐变成了当时人们的主要生活方式。早期的农业和当时的技术将在下一章详

发明的历史
A History of Invention

细阐述。此处要探讨的是这种转变的性质和它对人类未来命运的巨大影响。使用"转变"这个词是经过深思熟虑的,因为"革命"所代表的改变程度并没有在现实中出现过。第一个阶段(一些民族从来没经历过)是在狩猎和采集食物的同时,开始从事原始的农业生产。事实上,食物采集从来没有完全消亡,比如捕鱼和捕鲸,虽然涉及到复杂的技术,它们仍然是采集食物的行业。

早期人类居住地留下的垃圾和粪便,使我们清楚地知道当时人们主要食用的是何种动物。大部分地方,人们食用多种动物的肉,但是也有证据表明,有些人试图采用单一的肉类来源。比如1.2万1.7万年前活跃于欧洲的马格德林文化(Magdalenian),其狩猎对象主要是驯鹿。地中海地区的累范特文化(Levant),主要食用瞪羚。这些都表明,一旦野生动物习惯了人类的控制,驯养家畜就成为可能。

在早期阶段,欧亚大陆上还没有城市出现,但是古代的遗迹表明,当时已经出现了有定居者的村落。大约1.7万年前,居住在乌克兰的梅兹瑞克(Mezhirich)的人们用猛犸象的骨骼建造帐篷,大约能够容纳30~60个人。

虽然这些居所相当简陋,但是它们为新兴的人类社会奠定了基础。定居取代了过去的游牧生活方式,使更加复杂的城市生活成为可能。这种改变,也代表着资本主义经济的开始,储存的粮食和牲畜都是资产,可以用于交易。

在人类历史上,新石器时代的革命是重要的里程碑,但是它代表的是两条分叉的道路,而不是一直向前的坦途。新的生活方式在欧洲传播,但是它对人类影响很小。简单建筑中的乡村生活和狩猎、农业经济,两者结合构成了当时的主流生活。社会结构仍然建立在部落基础上。公元前2000年,那时的巨石纪念碑(比如英国的巨石阵(Stonehenge)和法国的卡纳克(Carnac)巨石林)显示了当时人类惊人的高超工程技巧,似乎也表明:当时的社会文明程度比人们想像中的要高一些。当然,从公元前4000年开始,除了地中海地区,欧洲的文明完全不能和中东以及埃及相提并论。

接下来的几章将介绍古代人类的伟大成就,所涉及的领域包括灌溉、冶金、制陶、交通、建筑和武器制造。涉及的时间跨度大约是4千年,涉及的地区是比欧洲广阔的空间,还涉及权力的消亡和更迭,对于这些人们仍然不是完全清楚。所以,这里所做的只是大略的介绍,而不是阐述任何完整的观点。

古代帝国

中东和尼罗河流域

如果把文字的发明当作文明开始的标志，那么中东地区就是人类文明的摇篮。大约公元前 3500 年，从中亚经伊朗来到这里的闪族人建立了稳固的统治。他们居住在有组织的城市，会使用冶金技术，已经建立农业灌溉系统，有着良好的贸易关系，还有最重要的一点：他们有自己的书面文字。根据我们现在的观察，闪族人后来被阿卡得人取代，阿卡得人后来又被亚摩利人取代，这几个民族都属于闪族语系，来自叙利亚的荒漠。而在遥远的南部，尼罗河流域也出现了农业地区。大约公元前 2700 年，建造金字塔的古王国建立，并延续了 500 年之久。埃及人也有书面文字，他们使用象形文字，而不是闪族的楔形文字。在东方，印度河流域也开始出现农业文明。

公元前 2000 年，新的社会形式出现：城邦被王朝取代，亚述和巴比伦王朝成为当时主要的国家。亚述的萨尔根王（Sargon I）和巴比伦的汉谟拉比（Hammurabi，以《汉谟拉比法典》闻名），是人类早期强权人物的代表，他们能够支配大量的财物。小亚细亚地区遭到来自北方的希提人侵略，希提人在那里落脚，并且继续向南扩展，到公元前 1595 年，他们控制了叙利亚大部分和巴比伦的北部地区。但是希提人的辉煌并没有持续多久，来自伊朗扎格罗斯山脉的的迦尔底亚推翻了他们的统治，并统治该地区长达 4 个世纪。希提人离开巴比伦的时候，也带走了巴比伦人创造的楔形文字。在尼罗河流域，埃及曾经一度统治了努比亚（Nubia，非洲东北部古国）。但是大约在公元前 1700 年，希克索斯人开始统治埃及，这是一个来自西亚的游牧民族，他的统治大约持续了 1 个世纪。希克索斯王朝被驱逐后，新的王国建立了。

在地中海地区的克里特岛（比英国的威尔士略小）上，一种高度复杂的文明正在发展孕育，它被人们称为弥诺斯文化，这个名字来源于传奇人物弥诺斯王（King Minos）。在克诺索斯（Knossos），建有一座以砖为材料的辉煌宫殿。克诺索斯的人口大约有 8 万。公元前 3400 到 1100 年是克里特文明的繁盛时期，当时它是爱琴文化的中心，其影响甚至波及特洛伊、迈锡尼和梯

发明的历史
A History of Invention

亚述人非常重视天文观测和数学计算,并且用楔形文字在泥板上仔细记录下相关资料。图中所示的泥板大约制造于公元前1600年,记载的是几道数学问题,并有和答案有关的图解。

林斯。克里特与埃及有着长期的贸易往来。

虽然内部权力斗争不断,埃及除了占领努比亚以获得黄金之外。并未试图通过侵略别国扩大疆土,但是希克索斯的入侵刺激了埃及人,他们希望通过占领邻近土地保卫自己。埃及征服了巴勒斯坦和叙利亚,将帝国疆域向北扩展到幼发拉底河流域的希提,向南扩展到尼罗河第四瀑布,南北距离总计 2500 公里。

公元前 1700 到 1400 年间,除了希克索斯人和迦尔底亚人之外,其他中亚大草原和乌克兰的游牧民族也不断侵入各个文明中心。埃及和美索布达米亚的社会并没有遭到大的破坏,为未来的再次辉煌保存了实力,而周边的国家却被这些征服者毁灭殆尽。西部的秘诺斯被雅典人占领。东部游牧部落雅利安人摧毁了印度河流域的哈拉帕文明。

游牧民族的胜利,要归功于他们对一种新技术的熟练掌握:战车。大约公元前 2500 年,闪族人发明了轻型两轮战车,它很快传入以牧马为主的中亚平原的部落中。战车用青铜制造,还需要木匠、轮匠和皮匠的精心制作,造价非常昂贵,只有贵族才能拥有。在战斗中,战车上通常有一个驾车人和一个弓箭手。战车移动迅速,为弓箭手不断向敌人放箭提供了保护。战车的使用使发展程度低的社会能够征服更高的文明,武士能够统治农耕民族。

公元前 1200 年左右,希提人仍然统治着小亚细亚,他们的首都博阿兹柯伊(Bogazkoy),是比巴比伦城更富足的城市。但是好景不长,希提人的帝国每况愈下,最终被来自北方的入侵者瓦解。而后,炼铁技术在小亚细亚和中东地区流传开来,并且产生了深远的社会、政治和军事影响。中东地区那些还处在青铜时代的民族,很快就无法与使用铁器的民族抗衡。当时使用铁器的有米堤亚人(Medes)、卡吕卑斯人(Chalybes)和波斯人。铁器时代对旧文明的冲击,造成了极大的混乱,但是也催生出了一些庞大而稳定的帝国。其中最伟大的是亚述帝国,它的光辉是空前的。

公元前 7 世纪，亚述帝国疆域达到最大，北起美索布达米亚北部的波斯湾，南到幼发拉底河南岸的大马士革，与埃及相邻。阿拉伯半岛面积达 250 万平方公里，大部分地区是寸草不生的干旱土地，三面环海，北面是大内夫得沙漠。这里诞生了伊斯兰文明，因此它的命运从来都是不可预测的。

亚述帝国的统治持续到公元前 7 世纪，直到被西米里人（Cimmerians）和锡西厄人（Scythians）征服。后两者是来自中亚草原的游牧民族，他们学会了骑马，这是晚于战车出现的一项技术。西米里人和锡西厄人甚至能够在骑马的同时使用弓箭等武器，从而成为历史上最早的骑兵。他们战胜了使用战车的亚述人，极大地削弱了亚述帝国，也引起了亚述人的反抗。公元前 612 年，在锡西厄人、米堤亚人和巴比伦人的联合攻击下，亚述都城尼尼微陷落，整个帝国从此消亡。

希腊和罗马的崛起

与此同时，地中海的北岸正在发生重大的变革。来自北方的多利安人占领了希腊。公元前 750 年左右，希腊出现了很多城邦。这些城邦中最为突出的是雅典，但是即使在它最繁荣的时候，人口也没有超过 25 万。希腊是个多山的国家，它并不肥沃的土地无法支持迅速增长的人口，于是希腊人开始殖民。但是希腊人并不想建立帝国，殖民地也变成了独立的城邦国家，分布在地中海周围。

占据意大利北部的很有可能是来自小亚细亚的伊特鲁里亚人。根据记载，罗马帝国成立于公元前 753 年。公元前 509 年，罗马人驱逐了伊特鲁里亚人，建立共和国。罗马是另一个庞大的帝国，它不仅占据了欧洲的大部分领土，还吞并了很多中东古国的疆域，以及包括埃及在内的北非。

亚历山大大帝的帝国

希腊和罗马在西部扩张的时候，米堤亚人和卡尔迪亚人攻陷尼尼微后，也正在东方创建新的伊朗（阿契美尼德）帝国。在居鲁士和大流士两位国王的统治下，波斯的疆域向东扩展到印度，向西到地中海，南到波斯湾，北到里海。波斯人将领土继续西扩的雄心，被锡西厄人在乌克兰和希腊人在马拉松的战役中粉碎。而后希腊人被他们的邻居马其顿人征服，在亚历山大大帝

发明的历史
A History of Invention

Great Ludovisi石棺上的大理石雕刻，描述的是公元3世纪中期罗马的一次战斗。

的领导下，马其顿成为幅员广阔的新帝国。

公元前334年，亚历山大大帝率领4万人的军队跨过达达尼尔海峡，进入小亚细亚，并从那里南行进入叙利亚和埃及。回师北上的时候，他占领了整个美索布达米亚平原，在苏士战役和高福尔（Gaugamela）战役中打败了波斯的大流士，虏获了大量财物。随后他经过里海南岸，途径今天乌兹别克共和国的首都塔什干、布哈拉（Bukhara，中亚苏联南部，萨曼堪德以西的一个城市，是亚洲最古老的文化和贸易中心之一）和克什米尔，直到到达印度才停下来。亚历山大的回程并不怎么成功，公元前323年他在巴比伦去世，他对于征服和文明的辉煌构想也烟消云散。如果能够继续战斗，亚历山大也许能够建立一个从希腊到印度的大帝国，这几乎覆盖了当时人类的全部文明地区。

在一个世纪的时间里，希腊文明一直占据主导地位，但是中心已从雅典转移到了亚历山大港，后者也是当时世界文明的中心。而罗马正在蓬勃发展，当然它的辉煌还需时日。马其顿人与迦太基的汉尼拔结盟，向罗马帝国发起进攻（迦太基由腓尼基人建立，一度统治着北非大部分地区、西班牙和西西里岛）。在公元前3世纪的战斗中，罗马几乎被汉尼拔攻陷，但是到了公元前2世纪，迦太基被摧毁，后来又重建，成为罗马帝国的重要城市。

亚历山大大帝死后，成为人们心目中的传奇人物，在这幅作于公元前100年的马赛克画中，他被描绘得孔武有力。这幅画出土于庞培，描绘的是苏士战役（Battle of Issus）。马赛克是最古老的艺术形式之一，可以追溯到公元前4000年。

公元前 146 年，希腊成为罗马的一部分；公元前 188 年，小亚细亚的塞琉古王国被罗马占领；公元前 31 年，埃及也被纳入罗马帝国的版图。公元 2 世纪，罗马国王图拉真（Trajan）和塞佛留斯（Severus）从小亚细亚进入地中海东岸的帕提亚王国，穿过美索布达米亚平原到达波斯湾。虽然罗马对帕提亚的统治从来没有稳定过，但是至少在国土分配上，亚历山大大帝的国土都到了罗马人手里。在文化上，仍然是希腊一枝独秀。罗马帝国的疆域非常辽阔，包括大部分西欧地区（含英国）。在极盛时期，罗马的人口大约是 7000 万。

征服与技术

古代帝国的兴衰，也从各个方面反映了当时技术的进步。更高级的军事技术通常直接奠定胜局，比如：公元前 53 年，罗马执政官克拉苏（Crassus）的军队被数量远远少于他的帕提亚人击败。重弓、马拉的战车、盔甲、铁质武器、攻城槌等武器不断出现，能够迅速掌握它们的军队往往所向披靡。通过占领新的疆土，征服者和被征服者的技术都得到了传播，比如制陶和制铁。战争结束后，往往会发生大规模的屠杀，还有一部分被征服者沦为奴隶。奴隶的作用非常重要，他们是日常劳动力的主要来源，也是宏大工程的缔造者，比如埃及的金字塔和拉乌利昂（Laurium）的银矿。奴隶十分普遍：根据现在的统计，在雅典和罗马大约有三分之一的人口是奴隶。一些奴隶是战争俘虏（本来他们都应该被杀掉，但是后来人们发现，

古代的防御工事有很多形式。一种广泛使用的形式是防御城墙，每隔一段距离修筑要塞，并在那里驻扎军队。这种城墙能起到双重保护作用，一是将来犯的军队挡在门外，二是防止本国不满意的人出逃。这两幅图显示的是英国的哈德良长城（Hadrian's Wall）和中国的万里长城。

发明的历史
A History of Invention

让他们活着比死去更有价值），还有一些是罪犯和债务人。

随着国家和城市的发展，改善陆上和水上交通成了头等大事。希腊和罗马时代，地中海上的粮食、石油、酒、陶器、金属制品和玻璃贸易十分繁忙。随着船的数量不断增加，相应地建设了大型的码头——比如为罗马的百万市民服务的奥斯蒂亚（Ostia，意大利中西部一古老城市，位于台伯河河口）和导航系统，比如灯塔。在欧洲，广布的河道网络与人工修筑的道路一起，组成了四通八达的交通系统。罗马供水系统所用的铅垂线的铅，是从遥远的英国进口的。

中国

在遥远的东亚，另一个伟大的文明正在独立发展成熟。在当时的中国，繁荣的农业聚居地已经形成，谷物种植、纺织和制陶都有了极大发展。从公元前17世纪开始，中国就有了筑有围墙的城市。在这些城市里，出现了很多疆域不大、延续时间也不长的国家。中国第一个重要的王朝，是在黄河流域建立的商朝，它的统治从公元前1750到公元前1100年。商朝广泛使用青铜器，制作青铜器的技巧非常高超。当时象形文字也有了发展。商朝之后的战国时代，善于制造铁器的秦国成为领袖。秦始皇修筑了大约2400公里的长城，丝毫不逊色于西方世界流传的所谓"七大奇迹"。

秦朝统治时间不长，公元前202年被汉朝取代，汉的统治持续到公元220年。在汉代，中国的人口增长到6000万，大约25万人居住在政治和文化中心都城长安。中国的影响在汉代一直到达西北地区、朝鲜和越南北部。公元90年，伟大的将军班超到达里海，在罗马帝国的边境附近，与帕提亚人建立了联系。在基督纪元开始时，无论在疆域、财富还是在文化上，汉朝和罗马帝国都是不分伯仲的。

这个完全独立成长起来的庞大文明，是世界上延续时间最长的文明。中国与西方从很早以前就开始了长期而活跃的交流。虽然罗马和汉朝没有官方联系，但是彼此都知道对方，而且双方展开了繁盛的贸易。在公元第一个世纪里，托勒密（Ptolemy）绘制了非常精确的世界地图，特别注出了中国南部的港口Cattigara。陆路方面，丝绸之路从撒马尔罕（Samarkand）一直延伸到中国当时的边境城市敦煌，商人们从东方向西方运送丝绸、香料和宝石，从西方向东方运送金属、陶器和玻璃。物物交易也不再是唯一的交易方式。希提人很有可能发明了硬币，并且当时得到了广泛的应用。在亚洲的一些地区，比如亚洲南部，发现了大量罗马硬币。丝绸之路的存在，并不表示东西方有直接的交流。货物是经过多次中转实现流通的，很少有人真正走完整条丝绸之路。通过中转的方式，中转站国家得到交易利润和税收，也不受到别的国家通货膨胀影响。普林尼（Pliny，罗马执政官）特别提到了帕米尔北部的石塔城（Stone Tower），这座城市也在托勒密的地图上出现过。

图拉真建造的图拉真柱(Trajan's Column)是"图拉真胜利纪念碑"(Forum Traiani)重要部分。此柱公元114年由建筑家阿波洛蒂鲁斯(Appollodorus)完成，高38米，上面装饰着大量描绘图拉真与达契亚人(Dacian)作战情境的浮雕。这幅画表现的是当时罗马的战船。

西帕鲁斯（Hippalus，罗马航海家）发现季风之后，海上贸易也繁荣起来。公元前1世纪，能够装载500吨货物的船穿越红海，到达印度的港口，而后这些货物被转移到印度或中国的船上，继续航行。

罗马帝国

纵观公元200年的世界格局，我们可以找到分散开来的各个文明，它们从大西洋到太平洋、西欧、地中海地区、中东、印度直到中国。所有这些文明都高度发达具有特色鲜明的技术，并且通过商业通道进行贸易往来。当时很多人一定认为，这么一个安定的社会格局，一定能够抵御外来的进犯。很多罗马人也是这么想，因为罗马当时不仅安定，还非常强大。

虽然爱德华·吉本（Edward Gibbon）的《罗马帝国衰亡史》包含了很多现代历史学家难以接受的东西，但大部分人会同意他的一个结论：从图密善（Domitian，罗马皇帝〈公元81—96年〉开始了对不列颠的统治）到康莫得斯（Commodus，罗马皇帝〈公元180-192年〉，以残酷的和凶暴的方式统治）统治时期，罗马人过着富足和快乐的生活。罗马就像一个女主人，她的辖区

第一章 文明之始

发明的历史

A History of Invention

包括欧洲大部分地区、众多衰落的中东帝国、埃及和北非沿海地区。

作为希腊文明观念的继承人、希腊和希腊化的亚历山大帝国的征服者，罗马发展了一套共和国政治体系，并且建立了高度中央集权的行政机构。它的成功不是来自任何技术革新，而是在于对已有艺术系统和有效的开发应用。在图拉真、哈德良和马可·奥里利乌斯这几位英明和勤政皇帝的统治下，在公元后2个世纪，罗马与莱茵河和多瑙河北边的野蛮民族对抗。对抗的前线布置着一套精心安置的城墙、壕沟和堡垒，守卫着罗马的边疆。哈德良和安东尼·庇护 (Antoninus Pius) 在英国修筑的城墙是这套防御系统最西北的部分。在罗马统治区域内，有着当时世界上最有效率的交通系统。在高卢、西班牙和英国，石头建筑开始出现在城市里。大量为统治者修筑的公共建筑和庙宇，以及作为全新观念被介绍到西欧的导水管，都极大地传播了当时世界上的先进技术。

迦太基大约在公元前800年由腓尼基人建立。公元前300年是它的鼎盛时期，这座地中海巨型港口有75万居民。公元前146年，罗马人摧毁了迦太基。后来奥古斯都大帝重建迦太基，并把它恢复成主要的港口。

就像19世纪英国依仗强权维护住了世界和平，罗马强权下的和平局面也为很多文明活动的开展提供了非常好的机会。在技术领域，工业规模扩大，但是创新很少。为了适应各地的不同情况，大部分手工劳动都遵循传统进行。大量的人口是农民，对他们的统治非常严峻。实际上，罗马帝国统治的一大成功就是保证廉价劳动力的供应,包括奴隶,但它并不支持机械的发展。直到帝国开始走下坡路,再也无法扩张,而且边境危机日益严峻,劳动力严重短缺的时候,统治者才开始改变保守的态度,但一切为时已晚。

公元3世纪,就是吉本书中说的"黄金时代",罗马帝国已经开始出现危机。来自北方的野蛮人更加频繁地骚扰边境,威胁越来越大。帝国的宗教信仰被无数从东方传来的异教削弱。在所有的宗教中,基督教最终胜出,一大原因就是它仿照罗马帝国的统治系统,建立了自己高度集中的组织。3世纪末,戴克里先(Diocletian)登基,发布了一系列根本性改革措施:军队由四个总司令掌管,将罗马帝国分成两个帝国,各由一位助理"大帝"统治,增加税收。为了社会统一,他开始迫害基督教徒。

公元4世纪初,康斯坦丁一世(Constantine I)和李锡尼(Licinius)开始了一场内战。公元324年,康斯坦丁一世获得最终胜利。他把自己的胜利归功于基督的保佑,于是宣布保护罗马帝国内的基督教信仰。有意思的是,他本人直到死去的时候才被施洗(只有经过施洗礼,才成为基督教徒)。康斯坦丁的这一举措产生了深远的影响,基督教从此成为罗马帝国的官方信仰,并逐渐在整个欧洲确立了自己的地位。基督教不想改变有利于自己的社会环境,同时在教义的影响下,它选择了利用自己的权力去打压有科学精神的质疑。所有的新技术正是从这些质疑开始出现的。

当时,迫于中亚的游牧民族匈奴人的压力,德国人和斯拉夫人不断涌入罗马帝国的疆域。这些来自东方和北方的移民正在构筑新的欧洲格局,它与源于地中海沿岸的罗马文明有显著的不同。康斯坦丁后来建立了君士坦丁堡城,它位于博斯普鲁斯海峡附近,原来是希腊的商业港口拜占庭(即现在的伊斯坦布尔)。起初东西两个罗马和谐共处,由两个国王分开治理。公元395年,提奥多西(Theodosius)将这种分治永久化,他将自己的两个儿子分别加冕为独立的东罗马和西罗马皇帝。

君士坦丁堡的拜占庭帝国,作为基督教的根据地繁盛起来。在大约1千年的时间里,它抵挡住了波斯人、阿拉伯人、斯拉夫人和土耳其人的进犯。而在这段时间内,由于内部倾轧和外来野蛮人的攻击,西罗马帝国分裂。公元476年,西罗马最后一个影子皇帝,其实是在"首都"腊万纳(Lavenna,意大利北部)的流亡者,被免去了所有权力。意大利的一部分仍然是拜占庭

发明的历史
A History of Invention

帝国的省份，但西罗马帝国已经完全消亡了。

西罗马灭亡的原因很复杂，但技术因素起了不小的影响，包括过度耕种造成的土地破坏，金矿和银矿产量的减少，从未排水的沼泽地产生的疟疾，而且当时人们在输水管道和蓄水池中大量使用铅，喝了含铅的水会让人身体衰弱。但是一个无法否认的事实是，古代世界最后一个伟大的帝国，被技术上落后的民族所征服。

创建一个伟大的帝国，能够让其人民感到骄傲和有价值，并且有勇气面对任何困难，但是享受一个帝国却对人民带来相反的影响：统治者在财富和权力的包围中忘乎所以，而大部分人民不愿意为国家的安全而牺牲个人利益。成功的国家，如果不注意保护自己，往往会成为野心勃勃的竞争者的猎物。这么说也许显得太轻巧，但是罗马的情况差不多就是这样。就像很多帝国一样，西罗马的衰亡很大程度上恰恰是亡于自己的成功。

◎ 第二章　农业革命

公元前 1 万年左右，人类开始驯养野生动物和种植谷物，使自己的食物来源更加可靠和稳定。这就是人类迈向文明的下一步——所谓的农业革命。

农业革命这个名词需要解释一下，它并不是突然的改变，而是在几千年的时间里慢慢出现的变化。即使在最先进的原始人类那里，农业的发展也是很缓慢的：考古资料显示，人类的狩猎活动一直与试验性的驯养动物同步进行。在世界很多地方，驯养动物这种现象一直没有出现过。

似乎人类选择农业生活方式，并不仅仅出于自身需要，还有安全方面的考虑。虽然农业生活也会遇到灾害、洪水和干旱的困扰，但是通常它能够提供有富余的食物。人类脱离了不断游荡的生活之后，就开始建造住宅，在里面添置很多用具。农耕活动的盈余多大程度上创造了城市生活，现在还存在

虽然风格独特但不是很精确，埃及的墙画描绘了很多当时人类的日常活动。上面这些画出土于美尼纳(Menena，公元前16世纪)的墓，是很有代表性的作品。农业生产的绘画占了大多数，当然也有一幅尼罗河上造船工人的绘画。从这些绘画中可以看出，当时的劳动力丰富，牛被用来拉东西——此处它们在踩踏谷物。图中的扇子用途是吹开糠皮。

发明的历史
A History of Invention

争论。但是不管从农业转变到城市生活的原因是什么，这种转变都代表着文明的巨大进步。虽然几乎过着狩猎或游牧生活的民族也发展了很多实际技能和复杂的社会风俗，但他们已经不代表人类发展的主流。人类大部分文明的根扎在了农业之中。

谷类的作用

在上个世纪，农业生产模式被廉价的合成肥料改变前，农业生产系统中存在着复杂的家畜和粮食关系。粮食，也包括草，为家畜提供食物，而家畜除了提供肉、奶制品、毛、皮革和畜力外，还提供维持土地肥沃的粪便。这样复杂的生产体系是新石器时代的人无法想像的。在漫长的转变时期内，人类有意识的农业活动完全凭借经验，收获物作为野生资源的补充。但即使这样，当时不同地区的人类也各有自己的特色。在草原地区，人们会驯养牛，过着放牧的生活；有些人靠种庄稼补充野生资源的不足。

不管转变如何进行，谷类都毫无疑问地起到了关键的作用。它们不仅是营养丰富的基础食物，而且晒干之后还能长期储存——这成为人类定居的必要条件之一。考古资料证明，新石器时代的人会收集野生的谷类。这种活动催生出了两种技术。一种是收割，将粮食带回家必不可少的环节。在农业生产的早期，人们使用锋利的骨头或木头夹住的燧石片进行收割。早期的镰刀是直的，晚些时候才出现了如今人们仍在使用的弯镰刀。谷物收割完之后需要碾磨，通常人们利用两块石头之间的挤压和摩擦进行碾磨：例如手中拿着一块小石头，在大石头上碾磨。在世界各地出土了很多这种原始的手推磨，也叫马鞍磨。用杵捣或槌打是另一种碾磨谷物的方式。

收割和碾磨谷物的时候，有的谷粒不可避免地会散落，并且萌芽生长。人们注意到这种现象后，不难想到自己种植谷物，以替代收割野生谷物这种自己不能控制的食物收集方式。我们可以合理地推断，种植首先出现在野生谷物不多的地方，或者是收集野生谷物困难比较大的地方。不管在什么情况下，野生种子都是必需的条件。在小亚细亚安纳托利亚半岛的山脉、黑海南面的扎格罗斯山脉和厄尔布尔士山脉之南，就是历史上著名的新月沃地，土壤肥沃，气候湿润，非常适合谷物的生长。新月沃地的跨度大约3000公里，西起死海北岸的巴勒斯坦古城耶利哥（Jericho），一直延伸到波斯湾。

考古学家在这一地区发现了大量农耕生产遗迹,所以基本可以说这一地区是文明的摇篮。这是一个中心,农业技术和别的技术从这里慢慢传播到世界其他地区。不同地区的人,根据当地的自然环境,对这些技术进行接受和改造。在本书下面的章节,将讨论这个假设的准确性。

农业革命比使用金属(首先是铜,然后是青铜)早,也比陶器出现早。人类最早的居住地就是一些小村落,是周围一小片地区人们的聚居之地。

中国人也留下了很多记录日常生活的图画。这幅四川成都汉墓出土的壁画里,描述的是打猎和收割场面。

公元前8000年有城墙的古城耶利哥,占地超过4公顷。安纳托利亚半岛的恰塔尔(Satal Hüyük),公元前5000年消亡,占地13公顷。这些城市里的房屋用石块或泥板建造,有确凿证据表明它们经过了规划建造。房屋塌毁后,遗址被推平,在上面重新建起新房屋。石头仍然是制造容器和工具的主要原料。人们挖坑窖藏粮食。现存的描绘狩猎场面的壁画,以及大量野生动物骨骼化石,表明当时农业生产并非人类唯一的生存支柱。

新月沃地两种最重要的作物是小麦和大麦。人类最早成功培植的小麦品种似乎是双粒小麦,大约1000多年后,人类培植成功单粒小麦。大麦也许和双粒小麦同时培植成功。

早期的耕作方式很简单,就是把土地表面刨开,种子放进去,然后踩平。谷物成熟的时候,人们用燧石镰刀收割。麦秆用作燃料或用于别的用途。连续的耕作不可避免地让土壤变得贫瘠,但是在人类的早期,人口密度很小,这种问题可以通过迁往新的土地解决。除了种植食用谷物,在陶

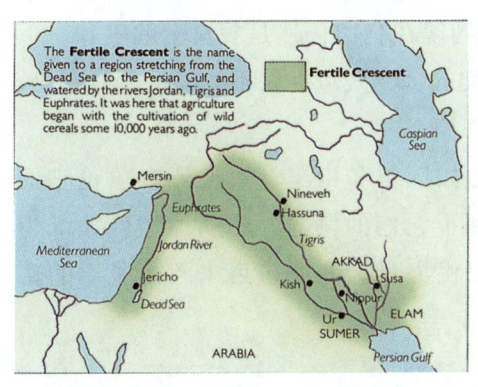

新月沃地是从死海延伸到波斯湾的一大片地区,约旦河、底格里斯河和幼发拉底河灌溉着这片土地。大约在1万年前,人们开始在这里培植野生谷种,开始农业生产。

第二章 农业革命

发明的历史
A History of Invention

因为种植粮食对于人类生存至关重要，所以早期绘画中出现了很多收割场面。这幅画出土于中国西南部四川省成都的汉墓。图中的人们在水田里劳动：插秧。而在更北的地方，稻田没有这么多水。

器时代之前人们还种植亚麻，将其作为食用油和纺织原料，所以亚麻还是工业作物的早期实例。

驯养动物

第一种被人类驯化的动物应该是狗，它们的祖先是狼。在伊拉克东北部的帕雷加瓦洞穴（Palegawra Cave），发现了公元前1万年的动物骨骼，在欧洲则发现了公元前8000年的动物骨骼。首先驯化狗，也许因为狗是食腐动物，能够净化人类居住的地方。但是从被打开的小狗头盖骨化石发现，狗也是当时人类的食物。青铜时代结束之前，欧洲人一直吃狗肉；到16世纪时，墨西哥和秘鲁人才不吃狗肉；而在中国，直到现在狗肉仍然是餐桌上的美味。下一种被驯化的动物是猪，它也能吃掉人类的食物残渣。猪不能提供毛线和奶，也不能为人类干活，所以没长多大就被杀掉。

小型的反刍动物原产于东南亚，比如绵羊和山羊。人们还在争论它们结群而且服从一位头领的本能是否有利于它们的驯养。牛的体型巨大，为驯养带来不小的难度，但是它们能够提供大量肉和奶，后来还是重要的畜力来源。

其他农业中心

由于农业革命的影响巨大，所以很容易让人相信它是个独一无二的事件：

它的发生所需要的技术全都在新月沃地出现，而后传播到世界其他地方。没有受到这种文化传播影响的地方，比如澳大利亚大陆，很长时间内就一直处于原始社会。

很多证据支持这种意见。欧洲农业大都来自中东地区；欧洲大陆原本没有野绵羊和野山羊，所以家畜肯定是从外面引进的。不过欧洲和中东地区的土壤情况和气候大不相同，所以欧洲的农业也有了适合当地情况的改

尼罗河一直是埃及的命脉。它每年固定的洪水泛滥决定了整个农业周期。在尼罗河上游努比亚的塞姆那(Semna)发现的这些岩雕，记录的是公元前2000年时的水位。

进。在寒冷的欧洲北部，小麦根本不能生长，于是当地人们种植了燕麦。

这些根据各地情况进行农业生产的例子，可以支持这种假设：作物和驯化的家畜也许是被不同地区的人独立发现的。1个世纪之前，法国植物学家阿尔方斯·德·康多尔(Alphonse de Candolle)认为，农业的发源地有3个，当时它们相互之间没有任何重要交流，它们是亚洲西南（包括埃及）、中国和非洲的热带地区。40年之后，俄国遗传学家尼古拉·伊万诺维奇·瓦维洛夫(Nikolai Ivanovich Vavilov)，在俄国植物学家进行的全球调查基础上，认为世界上最重要的作物至少有8个独立的起源地。但是另外的基因和其他证据表明，瓦维洛夫估计的数量太多了。公认的观点认为，东南亚（包括中国）和中非是独立的农业革命中心。

已知最早的中国农业人口聚居地大约出现于公元前5000年，也许更早，地点是在中国北部和西北部的黄河流域。就像中东地区一样，中国的农业起初也是为人类补充食物来源。北方的主食一直是小麦和稷，在发展稍晚的南方是水生的稻子。

根据现有的证据，公元前2000年中美地区的人们就在种植玉米，而实际上玉米的种植至少比这个时间再早500年。在安第斯山脉地区，大约公元前2500年，人们就开始种植奎奴亚藜和canihua。直到今天，这两种作物仍然是这个地区独有，只是种植面积小了很多。

发明的历史
A History of Invention

灌溉

早期和现代的很多农业,都依赖适当的降水使庄稼生长。所以开始从事农业之后,人类下一步任务就是控制环境,通过发展灌溉系统减少对变化无常的天气的依赖性。灌溉系统有两种:单个农民或者一个团队建造的地方灌溉系统和满足广大地区需要的大型灌溉系统。

最简单的灌溉形式就是直接把水洒到作物上,但是成体系的水道很早就出现了。在中国的南方,人们最早可能是在天然沼泽里种植水稻,而在公元前2000年,人们开始在稻田周围筑起堤坝,防止水流走。这种稻田面积都不大,很少超过700平方米,因为维护更大的面积十分困难:一点小小的漏洞就能耗干所有的水。

在适宜的环境中,简单的灌溉系统能够非常高效,在今天也是如此。但是控制水量大、水流湍急、水位经常急剧变化的大江大河,难度非常之大。这不仅需要建筑大规模的水坝和水渠,还需要构筑复杂的堤坝和水闸系统。大坝也需要有效的管理系统,以将水在更广大的地区内分配,并且对使用者征税。

关于早期的大型灌溉系统,我们可以参考城市生活和文明发达的两个古代地区:底格里斯河和幼发拉底河灌溉的中东地区肥沃地区和尼罗河流域。这几条大河的水系灌溉了大片肥沃的土地,但这些地区也每年都经受洪水的袭击。但是一旦人类控制了这些河流,新的人类聚居地就出现了——城市。最早的城市大约有几千人,它不仅影响着周围的村庄,通常还是整个王国的行政中心。

城市的统治者使用的是当时的新发明:军队、法院、行政人员和牧师。城市出现了有组织的专业部门,将劳动力提升为技术人员。还出现了商人阶层,他们不但供应本地需要的商品,还沿着固定的路线长途跋涉进行进出口贸易。宏大的公共建筑和庙宇显示了当时的强盛国力和安定,而公民们的生活也很宽裕,他们的财物远远超过基本的需要。这些迅速的转变,得益于新技术的全面出现。但是一切发展的基础,还是人工灌溉系统支持下的有组织的农业。

现存的《汉谟拉比法典》,由公元前1792到公元前1750年的巴比伦国王汉谟拉比制定。它用生动的语言规定了高度组织化的社会系统和灌溉系统的

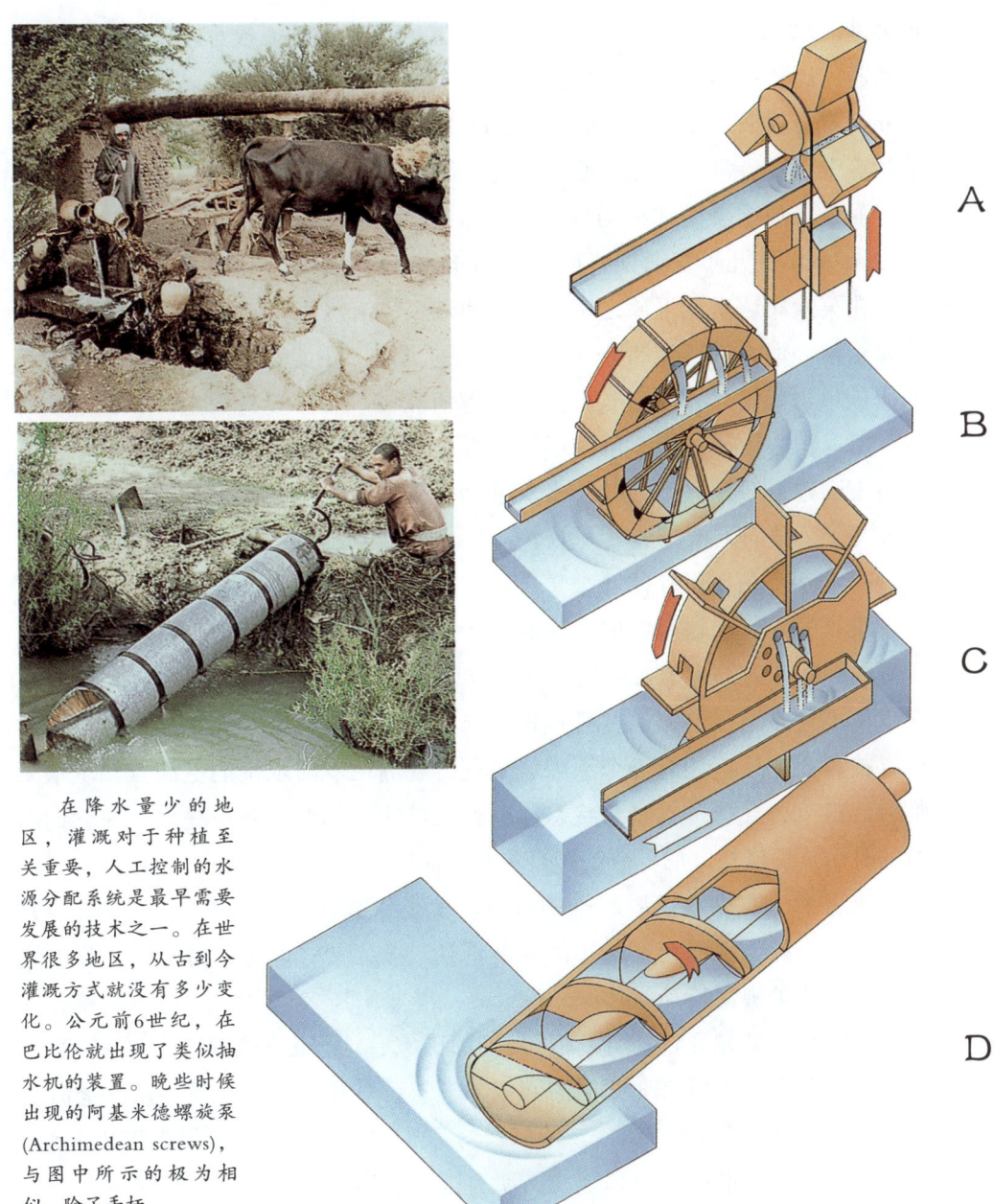

在降水量少的地区，灌溉对于种植至关重要，人工控制的水源分配系统是最早需要发展的技术之一。在世界很多地区，从古到今灌溉方式就没有多少变化。公元前6世纪，在巴比伦就出现了类似抽水机的装置。晚些时候出现的阿基米德螺旋泵(Archimedean screws)，与图中所示的极为相似，除了手柄。

上面所列的4种水位提升装置，由罗马建筑家维特鲁威(Vitruvius)于公元前1世纪所记录。它们是铲斗链(A)，通常用桨提供能量；斗式水车(B)，由踩踏板的人供应能量；水道，由水流推动；以及阿基米德螺旋泵(D)。

第二章 农业革命

发明的历史
A History of Invention

重要性。这部法典刻在2.5米高的石碑上,其中几条条款对渎职者提出了惩罚措施,比如:"如果一个人让水泄漏,淹没了邻居的土地,这个人需要每干(Gan,古希伯来人面积计量单位)赔偿10格尔(Gur,一种古代重量单位,尤指约等于3.5盎司的一种希伯来单位)谷物"。为了保证被征服的敌人不再反抗,亚述人通常会破坏掉当地的灌溉系统。巴比伦就是这样被亚述皇帝萨尔贡(Sargon)的儿子塞纳克瑞布(Sennacherib)消灭的。

在美索布达米亚平原之南的尼罗河流域,河水每年7月都要泛滥,10月恢复正常,河水的泛滥带来了大片肥沃的土地。在美索布达米亚,每年1月的少量降水就足够作物生长。而在尼罗河流域,每年没有固定的和充足的降水,所以精心设计的灌溉系统不仅值得,而且至关重要。从大约公元前2700年古王国建立时起,地方统治者就被命令开挖运河。在法老的统治下,整个埃及几千公顷的国土,被大大小小的堤坝分割得如同象棋棋盘。洪水被引进1米深的水闸,在那里存储几个星期,直到水中肥沃的的淤泥沉积下来。接下来,柔软的湿润土壤就能够耕作和播种。即使在正常的季节里,种植也需要良好的判断能力。为了帮助统治者测定尼罗河水位高度,人们装备了测量仪,在水位上升时发出警报,并且预报来年的水位情况。埃及人侵入努比亚,除了寻找黄金之外,还有一个原因就是获得观测尼罗河水位的更高点。洪水来临时,官员会宣布进入紧急状态,所有在场的人都要去防护堤坝,在它们崩溃的时候负责修补。尼罗河一直是埃及的命脉。

依靠大河的洪水发展起来的农业,就是依靠富含天然肥料的淤泥沉积,它们能够支持土地的年复一年的生产消耗。公元前3世纪,对于巴比伦丰饶的物产,西奥佛雷特斯(Theophrastus,继亚里斯多德之后的作为逍遥派领袖的希腊哲学家)说过:"没有任何别的国家有这么多的粮食!"在巴比伦,种下一粒粮食,可以有300倍的回报,一年可以收获2到3季。从法老时代开始起,尼罗河流域的土地上升了7米,我们可以想象有多少淤泥沉积下来。

虽然早期的中东文明和埃及文明有很多差别,但是在重视灌溉这一点上二者完全相同。所以毫不奇怪,早期的印度文明也对灌溉给予了相当大的重视。印度文明出现在印度河流域,这条河发源于西藏,流经富饶的旁遮普平原,注入阿拉伯海。我们对印度文明的研究还很不够。但掌握的资料显示它大约出现于公元前2500年,覆盖的区域超过125万平方公里。最重要的城市是哈拉帕和摩亨佐-达罗（Mohenjo-Daro）。在这两座城市遗址中，人们发现了宏大的公共建筑、格子状分布的街道和广阔的土地。

在中国的南方，水稻种植业已经得益于灌溉系统的发展，但是由于当地并不缺少水源，所以并不需要大型的灌溉项目。在相对干燥得多的北方，大约在公元前1000年，中国人就修筑了很多精巧的灌溉工程。

书写和历法

原始人类留下的壁画，使我们得以窥探他们日常生活的点点滴滴，但是原始人类并没有留下任何书面记录。随着有组织的农业社会出现，保存记录成为必然。灌溉系统的管理和其他公共支出，需要通过税收来解决：在当时的巴比伦和埃及流传着一句今天仍然适应的谚语——生命中不可摆脱的两件事是死亡和税收。人们必须就土地占有和使用达成协议，收获必须记录在册，商业交易需要记录，信息需要向远方的人传递。

《汉谟拉比法典》（公元前1751年）反映了严格有序的法治生活。比如这一条："如果一个人想将金、银或任何别的东西作为押金付给另一个人，他所抵押的东西应该经证人过目，签订契约，然后才能抵押……如果由于任何一方的疏忽，没有对他付款给商人的契约加封，那么没有加封的款项不得计入他的账户中。"

很显然，《汉谟拉比法典》颁布的时候，书写已经变得普遍。事实上，书写和计算的发明要早于法典2000年，但是具体的发明日期无法确定，它从简单的标记和记号发展而来，转变的轨迹无法追溯。从公元前8000年开始，早期的农业聚居地的人们就开始使用各种形状和复杂程度的泥筹码或记号计算货物。这种原始的计算系统能够发展到很复杂的程度，就像西班牙人侵略秘鲁时发现的：当地的印加人没有书面文字，但是他们发明了结绳文字，就是用不同颜色的丝线束表达不同的意思。通过这种结绳系统，印加人建立了自己的中央政府，大量的统计信息得以流传。

文字的出现，一直被看作人类从野蛮走向文明的转变标志。它怎样从最早的象形文字转化为如今的字母（在中国是笔画），过程相当复杂。中东地区的早期文字其实是一种音节文字表，代表读音的一套符号。他们被刻在软泥

发明的历史
A History of Invention

对于组织化的社会，书面文字非常重要。大约公元前3000年，埃及人已经在使用象形文字。象形文字符号可以是整个词语，或者构成词语的音节。

苏美尔人创造的楔形文字，是另一种早期书写形式。楔形文字通过构造不同的楔形形状来表达不同的意思。

最终各种各样的字母表开始出现。图中所示为中东地区塞巴人创造的字母，此碑刻为公元前3世纪制作。

板上，当然泥板最终变得干燥。巴比伦人的文字被称作楔形文字，因为书写文字所用的芦苇杆是对角线切开的，所以书写的时候会留下楔形的笔迹。所以很自然，不同的词语就被书写为不同的楔形。因为泥板很难毁灭，所以巴比伦人的文字大量被流传下来。这些记载内容十分丰富，从对个人美德的赞美，到伟大帝王的军事战绩，到十分琐碎的日常生活记录。我们将书写的发明归功于农业和灌溉，应当很容易被接受。

埃及人发明了自己的象形文字，并且从公元前2000年起，就开始在羊皮纸和牛皮纸上书写文字。5个世纪之后，埃及人开始使用造价更加低的莎草纸，它由尼罗河岸盛产的芦苇杆制成，用树胶固定成形。当时的书写工具是蘸墨水的刷子。

农业活动是季节性的，不同的活动在不同季节展开，比如春天播种秋天收割。在埃及，每年一度的大事是防备尼罗河水的泛滥。所以埃及人十分注重天文观测，以创造精确的历法。在人类几千年的历史中，天文学一直是唯一以精确的数学计算为基础的科学。

我们先不说天文观察，基本的问题是一个太阴月有29.5天，一个恒星年（地球绕太阳旋转一周需要的时间）是365.25天。所以12个太阴月就是254天，比一个恒星年少了大约111天。在几百年的时间里，人们一直寻求弥补这个差距的办法。

公元前 3500 年，埃及人就发展出了有效的历法，但是他们没有办法处理每年超出 365 天的 6 个小时。公元前 238 年，托勒密三世 (Ptolemy III) 在位时，闰年的出现解决了这个问题。大约公元前 3000 年，巴比伦人也创立了自己的历法，对于天文观测的准确性也相当重视。巴比伦人把这些多出来的日子另外组成月份。以 19 年为一个周期，把多出来的 201 天分成几个月份安插到每个太阴年中。

7 天为 1 周的设计与天文没有关系，似乎是亚述人发明了它，后来又被犹太人和更晚些的欧洲基督教徒们接受。埃及人使用 10 天一休息的制度，似乎与黄道十度分度相符合。

在中国发生的情况，和中东以及埃及相似，当然原因不太一样。中国的农业经济依赖于对雪山融化时间的可靠预测，因为这些融化的雪水能丰富河流的水量和预示雨季的到来。中国人也设计出了自己的历法，皇帝很早成为历法的拥有者。历法是一件国家大事。

作物

根据各地的气候和土壤条件而各有差异，谷物很早就成为农业的根基。也是从很早时候起，人类也开始种植很多其他种类的植物，为自己提供更加丰富的饮食。这些作物最初当然来自野生植物，因为不可能有其他的来源。作物种类的丰富，则是人类有意选择的结果。更加美味和多产的作物种类，逐渐在世界各地广泛种植。亚述王帝格拉·帕拉沙一世 (Tiglath-Pileser I) 说："我从被我征服的国家带来雪松、黄杨和橡树，以前的亚述帝王从来没有见过这样的树木，我把它们种植在我的土地中。我带来珍稀的水果，让它们在亚述的果园里繁荣地生长。"

很多长着可食性种子的植物，比如豌豆、黄豆和小扁豆，作为基础食物被种植。绿色蔬菜和根茎蔬菜很普遍。树木结的果实包括无花果、石榴、葡萄、苹果和梨。

当时，海枣非常重要，它不仅是重要的食物来源——俗语说"七颗海枣一顿饭"，还提供纤维，用以结网和制造绳索，海枣的叶子可以用来编篮子。而且跟糖分充足的葡萄一样，海枣也可以发酵酿酒。在中国，竹子也有与海枣类似的地位，人们的衣食住行各个方面都能用到竹子。海枣适合在干燥炎

发明的历史

A History of Invention

热的气候中生长，它喜欢"头部在热浪中、而根部在河水中"。 海枣树雌雄异体，但是从相当早的时期起，人们就开始使用人工授粉这一技术了。

在早期的欧洲南部，橄榄是非常重要的经济作物，但是除法信（Fayum）外的埃及和美索布达米亚，橄榄很少被种植。它是重要的油料作物，还可以照明和食用。从公元前2500年起，地中海地区的橄榄油就出口到埃及。在美索布达米亚地区，芝麻油是主要的食用油。

作物的最主要用途是食用，同时也提供别的有用材料，其中最有用的是纺织材料。大约公元前3000年，埃及人和巴比伦人就知道亚麻，但是似乎是公元前7000年亚洲西南部的人培育出了亚麻。大麻来自俄罗斯的第聂伯河（Dnieper）地区，但是中国人首先用大麻纤维从事纺织。植物学家们还没有确定棉花的起源地，但是大约公元前3000年印度河流域的人首先使用了棉花，之后棉花向西传到美索布达米亚和埃及，向东传到中国。这些植物纤维的发现，再加上羊毛和丝绸，共同推动了整整一系列新技术的发展。

最后，我们必须提到的是药用植物。从人类历史开始，人们就使用草药，当然有些草药只有很少或者根本没有药用价值，只是对病人起到心理作用，但有些的确有切实的药性。成书于公元前16世纪的《艾伯斯医药籍》（Ebers papyrus），罗列了近700种草药，包括罂粟、蓖麻油、芦荟和海葱。

◎ 第三章　运输

虽然目前没有完整的考古证据，但是很明显，认为古代农业聚居地都是自给自足的小团体的看法并不准确。考古学家发现，在公元前7000年的古城耶利哥，有来自红海的子安贝、来自西奈的绿松石和来自安纳托利亚半岛的黑曜石，这表明当时有长途贸易路线存在。公元前3000年和公元前1000年，人们修筑巨石阵（Stonehenge，英国南部索尔兹伯里附近的一组立着的石群），用的巨大的蓝砂岩是从240公里之外威尔士的普莱斯利山（Preseli Mountains）搬运过来的。这不但揭示了当时人类出色的工程技术，还表明当时英国存在着很有效的社会管理系统，能够组织起如此长距离的重物搬运交通活动。更重要的是，人们在一块巨石之上发现了青铜匕首雕刻。这表明在公元前1500年，英国和希腊迈锡尼之间就有贸易往来。这样的例子还可以举出很多，所以情况已经很清楚，交通很久以前就不单是重要的地区货物运输通道，还是固定的进出口贸易的重要组成部分。

到了基督纪年开始的时候，一个复杂的贸易网络已经形成，向东一直到达中国，地中海沿岸各国和欧洲北部的德国与英国也在这个网络之中，非洲南部也与欧洲有贸易往来。交易的大都是贵重商品——丝绸、宝石、玻璃、酒、金、银、石油、香料和罗马角斗场需要的野兽，但是大宗货物运输已经成为需要。拥有100万人口的罗马，大部分基本商品依赖进口，比如粮食和油。贸易

巨石阵，大约建于公元前2100至公元前1500年之间，显示了古代人类移动重物的能力，有些巨石重达40吨。右面就是石匠用来移动重物的设施，在巨石阵中，发现了一些模糊的匕首雕刻，表明它与迈锡尼人有关系。

43

发明的历史
A History of Invention

此图为公元前2500年闪族人所绘的四轮马车。拉车的是两匹马，它们并肩而行。

的繁盛促进了港口系统的发展，包括大型的粮仓和灯塔。最重要的灯塔建在普特奥利（Puteoli），离亚历山大港有2个星期的航程，扼守着台伯河入海口。在罗马帝国内部，虽然那些省会城市逐渐变得能够自给，但是他们仍然依赖罗马的军事支持和别的商品供应。贸易的发展还促使了商人阶层的兴起，他们虽然社会地位不高，但是拥有相当大的影响力。

因为这些原因，运输及其系统组织，在当时社会占据着重要地位。大宗货物运输通常通过水运，地中海、阿拉伯海、印度洋和著名的大河尼罗河、底格里斯河、幼发拉底河、莱茵河、多瑙河和隆河（Rhone，源于瑞士中南的阿尔卑斯山的河流，流程约813公里），都是重要的水道。与水运相比，陆上运输速度慢、花费高，但是陆运仍然是优先发展的运输方式。罗马人建立了复杂的道路交通系统，而著名的贸易命脉丝绸之路，其实不是道路，而是路线，沿途有供商人休息的设施。

陆上运输

在一定的重量和尺寸范围之内，人们可以不用任何装置就将重物移动相当长的距离，但是从人类历史早期开始，人类就使用了各种简单工具。在一幅美索布达米亚浅浮雕中，出现了人把绳子套在脖子上搬运重物的形象。现在非洲的劳动者也还这么做。各种各样轭的使用年代也非常早。单轭是一边有重物，双轭是两边都有重物。对一个人来说太重的东西，可以由两个人用担子挑着走。由此人们制造出了各式各样的轿子，供重要人物乘坐。到现在，轿子演化为轿车，但是在某些庆典活动中，人们还会用轿子接送显要。

太重的东西需要用拖拽的方式移动，需要几个人共同合作，但是拖拽会损伤重物。后来人们发明了雪橇，在北方高纬度地区雪橇尤其有用，在轮子广泛使用之前，它的应用很普遍。美索布达米亚的乌鲁克（Uruk）出土的一幅公元前3500年的古代石壁画，清晰地画出了一个雪橇，很像北美的印第安人的马拉雪橇。只有在北方，才出现了方便个人在雪和冰上移动的冰鞋、滑雪橇和雪鞋。斯堪的纳维亚发现的中石器时代岩刻中，很清楚地显示当时人们在用雪橇。在中国和中亚地区，直到公元7世纪这些工具才开始出现。

负重的野兽

在很长的时间里，人类靠自己的力量搬运重物——通过群体的努力，大型的重物被分成很多部分，然后由雪橇拖动。很多野畜被驯化之后，情况发生了变化：畜力比人力大许多，它能搬运更重的东西，而且训练之后还能载人。最早的驮畜是驴子，大约公元前3500年出现于今天的苏丹的地区。驴子非常吃苦耐劳，能够驮动60公斤的重物。来自中亚地区的跟驴子种类相近的中亚野驴，大约在公元前3000年被美索布达米亚地区的人驯化。长着大脚的骆驼，能够不喝水在沙漠中行走很长时间，在较晚的时期被亚洲人驯化。公元前3000年的一幅埃及壁画中，出现了骆驼的形象，但是这头骆驼似乎就像今天动物园里的动物一样是供人们观赏之用。直到公元前1000年，在美索布达米亚还没有将骆驼当作驮畜的记载。人们驯养了两种骆驼：当座骑的奔跑迅速的骆驼和当驮畜的运载重物的骆驼，它们能驮动300～500公斤的重物。这两种骆驼的区别，就像赛马和拉车马的区别一样。

在所有被人类驯化的野兽中，马因其速度和极强的适应性，占据着独特的地位。马也源于亚洲，有证据表明，在公元前4000年中期，乌克兰地区的人就在使用驯化的马。但是发现马骨与人类生活有关系，也许只意味着马是人的食物，其实今天仍然有人在吃马肉。亚洲草原的游牧民族以及公元前1700年征服埃及的希克索斯人惯于骑马。马对于战争也有很大的影响，首先是战车出现，然后是骑兵出现。大约公元前2000年，马车的形象开始出现在艺术品中，但直到公元前1000年，马并没有受到广泛的重视。

在通信中，马也有重要用途。在国王大流士之后，波斯帝国发展了从苏萨到萨迪斯长约2600公里的道路系统。在这些路线上，定期有信使骑着马送信，在9天之内走完全程，每天走300公里，这个速度直到拿破仑时代才被超越。在这里说一桩有趣的事，在印加时代的秘鲁，所有人都是徒步做任何事，信使们用接力的方式奔跑着传递消息，速度是每天240公里。距离海边480公里的首都，其餐桌上的鱼能够在捕捞之后24小时之内送到。

发明的历史

A History of Invention

马不能适应干燥炎热的气候环境，而驴个头太小无法驮动很重的东西。为了应对这种情况，出现了驴和马的杂交后代——骡子，它们皮肤很厚，不需要喝很多水，能够忍耐严寒酷暑。人类什么时候开始使用骡子没有明确的历史记载，而公元前5世纪的希腊历史学家希罗多德（Herodotus）在自己的书中写道，波斯人用骡子抵御锡西厄的骑兵军队。负重的骡子一天能够行走80公里，在运输货物方面，骡子比马的作用大许多。

在被驯化后很长一段时间内，人类都是骑在光溜溜的马背上，直到后来发明了各式各样的马具，让骑马变得更加轻松。马具的发明对个人很有用，对战车和骑兵更加有用。在中国，公元1世纪人们就开始使用马鞍，300年后罗马人才开始使用马鞍。公元前6世纪的时候，锡西厄人在马背上垫上布料，让骑手舒服一点。

最早的马镫就是皮质的环，也是由锡西厄人发明，大约公元前380年的一个俄罗斯花瓶上描绘了这种原始马镫，但在当时，马镫只是为了人上下马方便，而不是为了控制马。最早的金属马镫，大约在公元1世纪的时候出现在中国，在公元5世纪通过中亚的游牧民族传入欧洲。在骑兵的战斗中，马镫不但提供了安全的骑马姿势，而且让骑手更加灵活地控制马。尚无考古证据表明，罗马时代之前欧洲有这样的马镫。

罗马人使用有角的马鞍，能够让骑手转动臀部和用大腿挤压角加强对马的控制。当时人们已经开始使用马刺，表明马靴也已经出现。公元前4世纪，欧洲人开始使用马刺马靴，这些都是中东地区人们的发明。

马在奔跑的时候总是昂着头，人们通过缰绳控制马嚼子，从而使马头昂起，奔跑不停。简单的马衔铁在古代很多地方使用，现存最早的装有马勒的马嚼子，出土于公元3世纪的一座凯尔特人墓地。

在野生的或者容易行走的地面上，马蹄生长的速度远远超过消磨的速度，而在人造的道路和其他粗糙路面上，情况正好相反。马蹄铁是罗马人的发明，有两种形式。一种是直接用皮带绑在马蹄上的铁片，另一种是钉在马蹄上的铁片，均出现在公元1世纪。

有轮交通工具

似乎人类从原木做辊子中得到启发，从而发明了车轮，这种观点很有吸引力,但是并没有考古证据支持这种观点。制陶工人使用的绕轴转动的轮子,似乎是车轮的最初形态。最早的车轮是从三块平行放置的木板上切割下来的圆盘,这些切割部分用横木拼贴起来,就成了车轮。如果我们把中东地区作为车轮的始创之地,那么制造方法之所以这样,是因为当地缺乏能够提供一次切割即可做出车轮的木板的大树。丹麦有足够大的树,所以在那里发现的更晚时期制造的车轮,都是从一块木板切割下来的。轮子不是几块薄木板合在一起做成的,根据经验这种制作方法会使木材呈放射状分裂为碎片。

在美索布达米亚的乌鲁克的大约公元前3500年的石壁画中,出现了雪橇与车并排的形象,二者外形完全相同,除了车有轮。但是没有证据显示,雪橇与车并行发展是主流趋势。从公元前3000年开始,人类一系列的创造,让我们清晰了解到了早期有轮交通工具的发展,包括真实的车、贵族墓葬里出土的模型、石雕、壁画和瓶画。在欧洲,人们在沼泽里发现过早期的车,也许是作为奉献的祭祀物品。在中国,从公元前2600年起就有了车轮,而后马车制造变得十分专业化。

从这些资料来看,我们无法确定

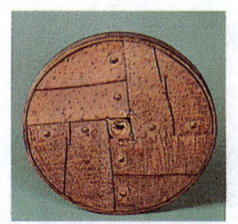
A

B

C

D

最早的轮子是实心的,由木板组合而成,并用横木固定(A、B),这种轮子很笨重。轮辐的使用减轻了制作的困难。图C显示的是最早的一根横辐,到了公元前2000年,美索布达米亚出现了多辐轮子(D)。

轮子可以围绕固定的轴转动(右上图),也可以与轴固定在一起转动。轴就是轮子之间的连接物(侧面图)。能够自由转动的轮子,一大优势是能够实现不同的转速,转弯需要刹车的时候需要这种优势尤其有作用。

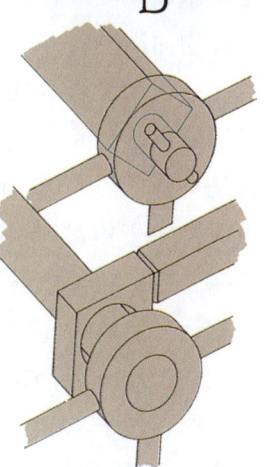

凯尔特人的战车(下图),被英国人、法国人和德国人用来抵御罗马人,它有两个轮子,侧面看是半圆形。这种战车由两匹马拉动,十分轻便快捷,武士能够站在驾车人的身后。

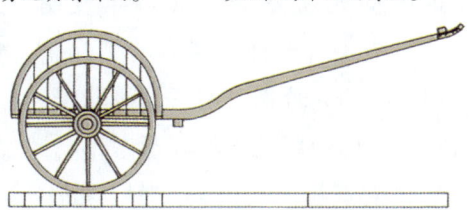

第三章 运输　47

发明的历史

A History of Invention

我们能够合理地认定，竞赛的历史和文明的历史一样悠久。这个公元前550年的希腊花瓶上的画面，非常像现代的小型赛车。画中的车身和车轮都很轻便，拉车的是两头骡子。

车轮到底是绕着固定轴转动，还是像现在印度人仍然使用的牛车一样，轮子和轴一起转动。即使在现代，仍然有这样的问题：老式的火车轮和轴一起转动，而汽车的非驱动轮则围绕轴转动。也许自由转动的车轮是普通样式，但是它在不同地方有不同的变体，比如很多车轮都装有固定用的车辖，防止防车轮滑动锁栓。无论如何，我们能够合理地推断，车轮的转动部分是用水、动物或植物油润滑。公元5世纪的一件中国陶器上，表明当时人们用矿物油润滑。

三块木板合成的轮子由横木固定在一起，对于通常的用途，这种结构是够用的。从公元3000年起，人们开始在轮子外缘包上保护性的一圈东西，起初是有钉子的木材，到了公元前2000年，铜镶边开始出现。现存的镶边表明，当时的轮子很薄，很少有超过2.5厘米厚的，但是都很笨重。到了多辐轮子发明之后，轮子才不显得那么笨钟。最初是4条辐，公元前2000年出现于美索布达米亚地区。400年后埃及开始出现这样的轮子，公元前1300年中国人、公元前1000年斯堪的纳维亚人开始使用这种轮子。从公元前2000年起，欧洲人开始使用6或8辐的轮子，而同一时期，中国人则开始使用18辐的轮子。

这种广为传播的三块木板拼合而成的轮子，也许是由美索布达米亚地区的人在公元前3000年发明的，但是还有一种可能，就是几个不同地区的人分别发明了这种轮子。当然，各地使用轮子的车形态不一，但是它们有相同之处——有一根中

大约制作于公元800年的车，出土于挪威奥塞贝格（Oseberg）。它的外形与1000年之后在北欧使用的农用马车非常类似

这幅画是汉墓壁画的摹拓,所描绘的是在公元纪元开始时中国使用的轻型马车和挽具。拉车的只有一匹马,而辕杆有两根,在同时代的西方,盛行的是两匹马和一根辕杆。车轮有6条辐,在当时的中国和西方,很多车轮有多达18条辐。

轴,并且为成对的挽畜设计。直到公元前 1000 年,人们使用的挽畜都是牛。在使用两头牲畜拉车的时候,通常它们都是并肩排列,而不是直线排列。牛身体很宽,脖子上套着很重的轭拉车。而马出现之后,套在脖子上的轭就不适用了,人们就将轭移到马的胸部,但是这个位置也不是很让人满意,因为轭会压迫大动脉,阻碍其向大脑供血。但是人们虽然意识到了这个缺点,却一直没有纠正它,直到中世纪的时候出现现在使用的挽具。对此合理的解释为,当时牛承担了所有沉重的劳动,而马只是做一些力所能及的工作,所以不适当的使用并无大碍。

在公元纪元开始的时候,两辕杆的车就已经在中国普遍使用,但是罗马的文献中很少有两辕杆车的记载,说明当时西方世界几乎还没有这种车。

除了庆典使用的车,早期的车都是两轮的小型车,而非大型的四轮车,后者在罗马时代被普遍用于拉载重物。车轮的直径很小,几乎没有超过 1 米的。罗马时代的大车一定很笨重,虽然前后轮轴之间的距离很小,每根轴都牢固地连接在车身上。回旋前转向架大约是凯尔特人在公元前 1 世纪的发明,罗马人大概采用或者重新发明了这种工具。公元 301 年,皇帝戴克里先的法令中关于大车部件的价格规定里,提到了回旋前转向架。罗马人对野蛮人的造车技艺十分倾慕,采用了很多凯尔特人的技术术语。

一个不断发展的重要品种是独轮手推车。公元 1 世纪,中国人发明并广泛使用这种车,而欧洲直到中世纪才有独轮手推车,从大量的采矿和建筑活动图画中可以找到证据。在城市狭窄的小巷和田间小路上,独轮手推车使用起来非常方便经济。

发明的历史
A History of Invention

虽然轮子和挽具没有什么变化,但车子却有很多种:根据需要,同样的底盘上会安装不同的车身。两轮的轻型车对快速的单人旅行和本地使用最适合。对于付费的乘客,罗马人喜欢使用有顶盖的四轮大车,每天能够前进150公里。油和酒等液体装在桶里,放在底盘上运送。战车是特例,我们将在后面章节叙述。

我们可以用现代的车与早期的车在性能上进行类比,但是《狄奥多西法典》(Theodosian Code)向我们提供了很多有趣的数据。根据这个法典,最轻的车载重不超过70公斤,而最重的车载重500公斤。而对于非常重的货物,比如石料和木材,需要特制的车拉载。公元前2000年亚述和埃及的壁画中,都有巨大的石块(其中有的已经凿成纪念碑)被成群的人拉动的场面,也许石块的下面有滚轴。很多人在石头前面拉,同时很多人在石头后面用巨大的杠杆推。虽然并不具备十足的说服力,但是这幅画很明显地告诉我们,当时巨大的重物运输需要几百人的队伍。

人们记载了两种有意思的车的变体。公元前1世纪,罗马工程师维特鲁威(Vitruvius)在巨大石柱的末端绑上车轴,像驱赶牛群一样驱赶石柱滚动前进。维特鲁威的儿子梅塔哥尼斯(Metagenes)将这个方法用到了方形石块上,方形石块无法滚动,他就直接在石块上安装轮子,通过这个方式,能够挪动超过50吨的石块。在可能的地方,人们也使用水运。公元前1500年的一幅埃及岩刻中,描绘了两座分别重达350吨的方尖石塔,被放在长约60米的特制驳船上,在尼罗河顺流而下的场面。当然,至于当时的人们怎样将这个庞然大物装卸,仍然不得而知。

有轮的交通工具通常是在水平路面行驶,不一定非得是人工路面。但在罗马帝国疆域之外,水平路面很少。有证据表明,埃及人曾经使用轨道,包括在条石路面上的凹槽,这样车轮就能在槽里滚动,而车也就能够自己找到方向。就马耳他现存的轨道看来,这些轨道就是长期使用所留下的车辙,在乡村经常能看见。但是希腊人的车辙规格统一,而且经常从石板中间穿过,表明这是有意为之的。在中世纪的煤矿中,这种轨道被广泛使用。在中国,秦始皇在公元前3世纪统一中国之后,在一份庞大的建筑计划中规定了车轴的尺寸标准。

水运

水运的历史要清晰得多,直到现在,最原始的与最现代的水运方式仍然并存:独木舟和科拉科尔小艇与潜水艇和气垫船都在使用。在水运方面,人们为了满足不断增长的需求而进行的技术革新,脉络非常清晰。

对于早期的原始人类,大海是几乎无法逾越的障碍,而在河上航行相对容易一些。人类最初可能偶然发现漂浮木料的用途,而后用火或石斧制造了独木舟。现今最早的独木舟,是公元前 6400 年生活在荷兰的人制造的佩塞舟(Pesse boat),但是似乎没有理由相信它是一种人类发明:它只是保存下来,并且最终被发现。这艘船长 4 米,而在它之后出现的一艘英国独木舟长 12 米。

在北欧,尺寸适合做船的木材资源非常多,但是在尼罗河流域和美索布达米亚地区,情况并非如此,当地的人们必须寻找更加容易获得的材料。在尼罗河流域,有大量能浮在水面的纸莎草,人们就用成捆的纸莎草制造筏子和船。从公元前 1200 年起,秘鲁的奇穆(Chimu)印第安人使用与纸莎草相似的 caballitos 造船。底格里斯河和幼发拉底河流域没有芦苇,但当地人还是制造了各种船只。装载重物的时候,人们就在筏子上绑上吹满气的兽皮。这种筏子叫克里克(keleks),在公元前 7 世纪尼尼微的一幅浮雕中出现过。装

最早的船是独木舟,图中所示的独木舟(顶端)出自青铜时代。后来,很多地区出现了木制底有船舱的轻型船,比如爱尔兰的小圆舟(左下)。尼罗河流域最早的船是用芦苇制作,现代人按照古人的材料和方法重新制作了这种芦苇船(右下),并且用它重新经历了早期人类的航行。这艘正在建造的船是挪威人类学家托尔·海尔达(Thor Heyerdahl)的"底格里斯号"。

发明的历史

A History of Invention

载较轻的货物的话，人们直到现在仍在使用夸伐斯（quaffas），这是一种皮革做的圆形筏子，底部是木制的。夸伐斯通常直径4米，爱斯基摩人、威尔士人、爱尔兰任何早期的斯堪的纳维亚人都有类似的筏子。

这种船只能够通过桨操纵，但是只有在水流最弱的时候才能逆流而行。人们使用克里克完成顺流航行之后，很可能将其分拆，木料被卖掉，兽皮用马驮回原地。即使在现在，斯堪的纳维亚和其他地区的人们仍然把木材做成筏子，顺流而下运输，到达目的地之后再分拆。轻型的船比如科拉科尔小艇，人们甚至可以将它们背在背上返回住地，为此人们还专门在科拉科尔小艇上设计了皮带。

尼罗河的情况十分特殊。除了在卢克斯特（Luxor）之下的巨大弯曲，尼罗河一直是正北流向，这也是当地的盛行风向。所以通常来讲，船只能够顺流而下，需要的话可以用桨，而后利用横帆回航。这些因素都影响了纸莎草船的设计。有画作可以证明，人们从公元前3100年就开始使用帆了。顺风航行的话，让桅杆前倾很有利。当时的船都没有龙骨，也就是说当时的船都没有中心点，所以当时的帆都被设计成两脚结构，被固定在船的两边。人们使用在船尾的升降索控制帆，船头的两支边缘很宽的桨控制航行方向。船体似乎涂了沥青，用来防水。公元前3000年，人们就开始使用这种船，现在在玻利维亚的的的喀喀湖（Lake Titicaca）上，这种船仍然在航行，但是已经不限于内陆水域。先知以赛亚说过，埃及的使者"坐在芦苇船里，被大海送来"，但是当时船只似乎已经不是什么新鲜事物。芦苇船造价便宜，很容易制造，但是在未来的漫长日子里，木制船占据了统治地位，直到19世纪初铁船出现。

木船

我们不知道什么时候埃及人建造了第一艘木船，但是公元前3000年的时候，人们就用木船在地中海进行贸易活动了。而且从早期开始，就能看到两条主要发展路线。一种是船梁很宽的商船，长宽比例大概是4∶1，一组桨手的花费惊人得昂贵，出于经济原因它主要依靠帆推动。另一种是狭长的大型划船，长宽比例大概是10∶1，它通常作战船用，完全由桨手驱动，船首有坚固的金属撞角。1571年的勒班图战役（Battle of Lepanto，发生在基督教同盟与土耳其人之间的战役）中，地中海地区的国家很青睐这种划船，200年后它才渐渐地退出历史舞台。

除了驱动力不同，这两种船还在建造上有重要的区别。埃及人以及后来的希腊人，喜欢建造轻快帆船，把木料水平叠在一起。人们最早用绳子把木料固定起来，后来使用榫眼结合和钉子。在北欧，尤其是在斯堪的纳维亚地区，外板搭结型木船占主导地位。这种船中，一排一排的木板从船头排列到船尾，互相稍微叠加。在日德兰半岛（Jutland）南部出土的Hjortspring，大约是公元3世纪建造。

公元前500年希腊的三层桨座战船，船上共有170名桨手，可能是每人一桨。除了在战斗时，船上还是用帆。船头有金属撞角。

就像新方法出现时通常会发生的情况一样，埃及人最早的木船非常接近他们建造的芦苇船。后来，设计师们才渐渐学会利用新材料的种种优点。木船上起初没有龙骨和肋材，就像一个茶托一样。外部压力能够把木板挤到一起，而内部货物的重量又会撑开船体。基于这个原因，人们建造了连接两块厚木板的横梁，横梁之上是装载货物的甲板，这样能够确保船的坚固性。但是纵向的安全仍然存在问题：在风浪中前进的时候，船的中央会被高高拱起，船尾向下。为了应对这种情况，人们用粗大的绳子将船体从头到尾绑住。绳子绕在西班牙绞盘机里，所谓的绞盘机，其实就是绕在绳子里的一根木棒。后来，希腊人发明了底带（underbelt），围绕在船体外面，需要的时候拉紧。《使徒行传》的27.15—17，生动地描述了圣保罗公元26年坐船离开罗马时，遇到暴风雨天气的情景：船完全被困在波浪里，不能够前进……他们使用了底带；落入深渊的恐惧，使他们紧紧扭住底带，竟然将船推动了。

修建了吉萨（Giza）大金字塔的埃及法老胡夫（Cheops），公元前2530年

发明的历史
A History of Invention

死去,他的墓葬中有一艘木船,从它身上我们可以清晰地看到当时埃及木船的建造情况。这艘船共用了1124块木板,大部分是雪松,这些木板用榫眼和皮带结合在一起。船上没有真正的龙骨,但是高高的一根或几根轴被纵向放在船的中央。甲板上有做工精巧的船舱。这艘船两边各有5个长矛形状的桨提供驱动,这些桨用销钉钉在船舷上,还有皮带固定。U型桨架是后来才有的发明。当时的桨手似乎是站着的。在船尾,有两只转向桨。胡夫的墓葬船长43米,但由于这是一艘象征胡夫权利的祭祀船,它可能比埃及人通常使用的航船大得多。不过根据当时的记录,还有更大的船,长60米,宽20米,能承载120个船员。

如果要找详细的图片说明,那就要去底比斯(Thebes)看看当地的岩画,这里描绘了公元前1500年,哈特普薛斯特女王(Queen Hatshepsut)派遣的5艘商船去庞特(现在的埃塞俄比亚或索马里)贸易的情景。此时船已经基本定型,后来3000年中人们使用的船大体与之相仿。最重要的变化是桅杆得到了固定,也许是为了在尼罗河的航行中,让风直接作用于船体。要在风中非常轻快地行驶不太可能,而且作用于船体的风太大的话,偏航在所难免。所以,船的每边仍然有15名划手。桅杆成了单独站立,不再两脚站立,这表明船已经有了龙骨,或者一些支架性东西,当然那时候可能还没有肋材。单帆船如今十分普遍,帆还由船首船尾两根船柱固定。甲板的木板还穿过船舷的木板,以增加船的固定性。把下帆桁系在桅杆上的铁具仍然保留着,但这时已经不用西班牙绞盘固定,而是象弓弦一样系在甲板上。

埃及人并没有建立大帝国,但是他们在地中海中部地区进行贸易,并且控制了该地区的港口。为了保护贸易,他们建造军舰,直到公元前1430年被迈锡尼人征服。克里特人则有效地维护了这一地区的"治安",他们居住在缺少防御的克里特岛上,但是他们强大的海军实力让他们有充足的自信。但是在从公元前2000年到公元前350年的漫长岁月里,地中海东部地区最强大的贸易国是腓尼基,它是几个城邦组成的国家,为首的是提尔(Tyre)、比布鲁斯(Byblos)和西顿(Sidon)。腓尼基人突破了地中海地区的界限,到现在英国的康沃尔地区(Cornwall)寻找锡,到波罗的海寻找琥珀,最远到达大西洋,比如现在属于葡萄牙的亚述尔群岛(Azores)。根据希罗多德的记载,大约公元前600年,一群腓尼基人乘船从埃及出发,从阿拉伯开始环游非洲,最后经过直布罗陀海峡到达非洲北部。这次 25,000 公里的航行大约花去了 3 年时光。这件事发生在希罗多德出生之前 1 个世纪，他本人对其真实性持怀疑态度，但是毫无疑问，当时腓尼基人有能力做到环游非洲。

腓尼基人的长途航行主要使用两种船——所谓的希波船（hippo）和塔施船（ship of Tarshish），后者在《圣经·旧约》中被提到过很多次。塔施船似乎是在与塔泰撒斯（Tartessus，在现在西班牙西南部）的金属贸易中出现的。希波船是一种小的圆形船，长宽比例为 2.5:1，船中央有中心桅杆，挂着方形的单帆，后来这种船有了重大改进。1914 年在西顿出土的石棺绘画显示，后来希波船有了两条桅杆，第二条向船尾倾斜，很像后来的船首斜桅。船尾有楼，还有突起的船舱盖，很像后来的西班牙大帆船。船尾仍然有两个方向舵，但是如果艺术家的描绘可信的话，船上已经没有桨手了。

公元前 332 年，经过漫长的围困之后，亚历山大大帝攻克了提尔，在很长一段时间之内，腓尼基的贸易转移到了它最初的殖民地和后来的竞争对手迦太基。在第三次迦太基战役中，罗马人完全摧毁了这座城市。而腓尼基人真正的继承者，是希腊人。希腊人从来没有突破过地中海的界限，除了到达过黑海沿岸的贸易地点。其海盗贸易风格，也显示在桨帆并用的航船设计上，这种船既是货船又是战舰，大约 25 米长，3 米宽，中央桅杆上挂着方形帆，船上有 50 名桨手。这种两用船快速而易操作，远远优于过宽的小型商船。

希腊单甲板大帆船

上面提到的两用船和私掠船同属一类，但是正规的海战需要更加有威力的船，因此希腊人采用了腓尼基人发明的两排桨海船设计，还将这种船改造得更加轻快。改造过的船两侧各有一排桨，中央有挂方形帆的单桅，开战之前桅杆会被放倒。主要武器是伸出船头的巨大金属撞角。随着对手实力的增强，更加强大的船成为必需，于是公元前 6 世纪出现了三层桨座战船。这种战船大约长 43 米，宽 6 米，青铜包裹的金属撞角大约长 3 米。就像船的名字所显示的，船上有三层桨座，每人一桨。这种船有两根桅杆，大约有 200 名船员，其中 170 名是桨手。公元前 480 年，希腊人在萨拉米斯岛（Salamis）海域战胜了数量更大的波斯舰队，证实了三层桨座战船的超强实力。

发明的历史

A History of Invention

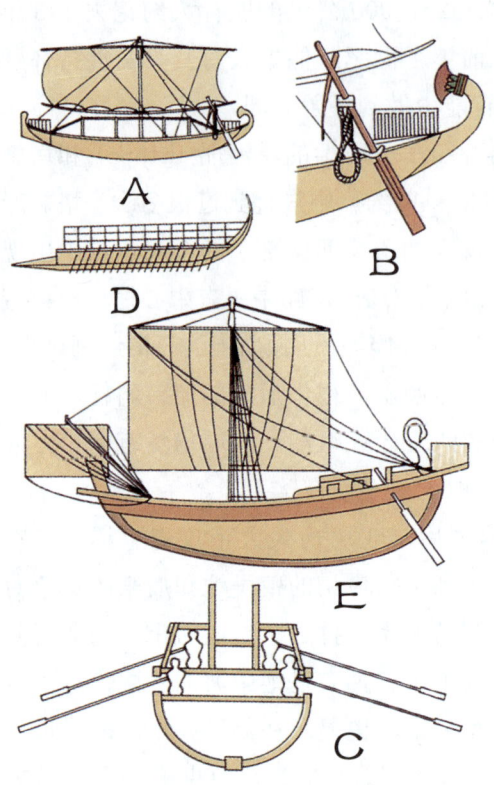

大约公元前1500年,埃及女王哈特普薛斯特派往庞特的贸易船(A),它的中央有一张宽大的帆,有30名桨手。转向系统(B)包括装在船侧面的很大的桨,这支桨能起到方向舵的作用。大约公元前700年亚述人的对排桨船(C),其短小的船体前面有金属撞角(D),用于袭击敌人。这种船由两层桨座,都在船较低的位置,这种安排能够保证船在危险海域和战斗时保持稳定。公元2世纪罗马的商船有3张帆(E),其中一个是主要的大帆上面的上桅帆,还有船头的前桅帆。船尾的桨负责控制方向。

罗马船

罗马人和希腊人不同,他们不是航海民族,他们中更多的是战士而非水手。但是,罗马人通过海运进口大量货物,因此需要战舰保护商队。在庞培(Pompey)时代,罗马战舰达到500艘。它的三层桨座战船仿制于希腊人的设计,只是更加坚固,更有力于冲撞对手。

罗马的商船与之前在地中海地区使用的商船区别甚小。这种船船身短粗,大约55米长,14米宽,有两根桅杆,方形帆上面还有两个三角形上桅帆。第三根桅杆,后来被称之为后桅,似乎是公元1世纪才出现。

中国的造船术

穿过红海与中国进行贸易的船,通常是把货物运输到中国的多桅杆"沙船"(sand ship)中,这种船大约在公元前5世纪的战国时代就出现了。它们首尾都是方形,龙骨并不坚固,排水量也很小,很适合于沿着海岸线的长途运输,由于海岸线泥沙很多,所以它就得名"沙船"。到了公元3世纪,长达70米的远洋航行船已经出现。大约在公元5世纪,比欧洲早一千多年,中国人发明了横断的船舱壁,也许他们是从竹节中得到了启发。由于船舱壁的出现,船漏水的话人们就还能控制。早在公元前8世纪,中国的史料中就有方舟的记载,这是一种双体船。但中国人最早制造的船,可能就是巨大的筏子,两个漂浮物推动装载重物的原始甲板,与美索不达米亚人的克里克很像。根据在亚历山大发现的一块甲板的尺寸看,似乎罗马人也制造过双体船。

早期船的性能

我们只能大概推测早期船的容量和速度,一个重要原因就是早期船的性能很大程度上依靠操作。这样一来,在船上建造船舱会减慢其速度,木材浸水也会减慢速度。除了涂松脂外,船通常用落叶松和冷杉制造,因为这两种木材轻而且易加工。在古代,船每次下水都会由于吸收很多水分,而后不得不花很长时间在沙滩上晒干。

从普林尼的记载和现存的船只碎片来看,当时的人们使用了薄铅板,保护船体不受蛀船虫的侵蚀,这种虫子在温暖的地中海地区非常多。这一办法对付虫子很有效,但是也极大地加大了船的重量。直到18世纪,类似的金属保护措施才被重新使用,英国在西印度的海军将其船的吃水线下部分包上铜保护船体。

当时普遍的货船大约是20米长,8米宽,能够装载150吨货物。公元62年圣保罗所乘坐的失事船只,据说装载了276个人。更大的船只也并非不常见,公元2世纪,希腊作家卢西恩(Lucian)提到了Isis,它大约比普遍的货船大一倍,能够装载1200吨货物。在顺风的情况下,这种船航速能达到5节(船速,1节=1海里/小时),更好的情况下能达到6节:这已经是希腊桨帆并用战舰速度的一半多了。

当然,地中海地区独特的天气条件,决定了这样的理想状况比较少见。长途航行通常只在4月和9月进行,这两个季节中主要风向是西北。公元前31年屋大维在亚克兴角(Actium)战胜埃及人之后,罗马就开始从埃及进口粮食,而这种西北风对进口粮食的船队顺利航行至关重要。有时每年的进口量大约是15万吨,占罗马总需求量的1/3。从罗马奥斯蒂亚(Ostia)到亚历山大港的航行只需要3个星期,而回程,由于是逆风,要花去10个星期。再加上装卸、暴风雨和其他的延迟,只有极少数船能够一年往返两次。所以必须组建大型船队,假设每艘船能够装载100吨,那么为了这项使命,需要一支大约200艘船的船队。

发明的历史
A History of Invention

　　文献记载中有非常大的船的记录。诗人莫西翁（Moschion）描述过一艘巨大的船锡拉库西亚（Syracusia），大约公元前250年由锡拉库扎的希罗二世（Hiero II of Syracuse）建造，据说由阿基米德监制。为了防备海盗，锡拉库西亚有严密的武装，上面有200名士兵，几乎能够装载2000吨货物。但似乎在去亚历山大港的处女航之后，锡拉库西亚就再也没有出过海。锡拉库西亚简直可比早期的大东方号（Great Eastern，英国于1859年完成的巨型客轮，长211米，宽36米，规模是当时普通船的6倍）。

◎ 第四章　建筑

建筑的持久性决定了它们是过去文明的技术成就最明显和丰富的证据。中国的万里长城、埃及金字塔、北欧的巨石阵和罗马斗兽场，直到现在几乎都完整保留着。即使很多建筑已经成为废墟或者被破坏得仅剩地基，我们还是能从残迹中得知建筑的规模和构造方式。即使在木建筑盛行的地方，比如北欧，在建筑主体已经消亡的情况下，我们仍然能从原始建筑中使用的泥块得知建筑的尺寸和构造。总而言之，我们很了解古代建筑的材料和建筑的样式。但说到它们具体是怎么修建的，我们就不这么确定了。

建筑材料

虽然需要的话，可以从遥远的地方进口材料，但是即使是最著名的那些建筑，也大都是通过本地拥有的技术使用本地材料修建而成。这种方式也极大地影响了建筑风格，比如用砖的建筑，就和石头建筑区别很大。气候也是重要的限制因素，太阳晒干的泥砖能够在干燥地区使用，但不能在雨水多的地方使用。

在中东大部分地区，尤其是现在的伊拉克地区，分布着广阔的平原，很少有石块和木材。所以从闪族人生活在时代起，这里最盛行的建筑材料就是晒干的泥砖，原材料遍地都是。在埃及，情况又和中东不同：这里有大量的石块，从最早的时候起就被用于大型公共建筑。但是对于日常生活来讲，石块造价太高，所以最普通的建筑材料仍然是晒干的泥砖。中国人

在气候干燥的地区，能够利用掺过剁碎麦秆的粘土制造适合使用的砖。像这幅拍摄于埃及的照片显示的，这种古老制作方法依然在使用。

发明的历史
A History of Invention

直到拱形出现，世界各地都是梁柱建筑。梁柱建筑也有形状差别，左边的是大约公元前1350年迈锡尼的狮子门(lion gate)，右边是公元前6世纪西西里岛塞利农特(selinunte)的庙宇残迹。庙宇石柱的建筑节奏非常明显，像不断的鼓点一样。

也很早就开始使用砖，但是都用在辅助性建筑上，比如露台和围墙。他们用瓦做屋顶，而房间的其余部分使用木材，他们认为木材是最合适的建筑材料。

虽然现在保存下来的古代砖很多，而且也有很多壁画描绘了制砖的情形，但我们还是缺少这种技术如何工作的直接证据。有一点可以肯定，它不是一项发展很快的技术，公元前1世纪罗马建筑家维特鲁威的《建筑》中对这项技术的详细记载，无疑代表了当时社会上流行已久的实践活动。很有可能最早的砖是手工制作成形的，但是即使在巴勒斯坦古城耶利哥发现的最初级的砖仍然是方形，这表明人们一直在用木制的模具，像今天仍然在使用的一样。在古代埃及，人们会用泥浆把模具装得过满，而后用手把突出来的泥抹掉，让制成的砖有凸起效果。维特鲁威推荐使用富含粘土的土壤，但是世界各地制砖所用的土都是就地取材，有所差别。为了防止制成的砖干燥之后碎裂，粘土里还要混合糠和剁碎的麦秆。他还建议制砖应该在春秋两季进行，夏季太干燥，会导致砖外部已经变干而内部仍然湿润的情况。维特鲁威还引用了在尤蒂卡(Utica)通行的一项准则，该准则要求砖经过几年的干燥才能使用。这个要求有点过分，尤其是罗马帝国晚期的砖在正常情况下厚度为4厘米，长45厘米，宽30厘米。今天，在伊朗制作的这种砖干燥期为几天。而在古代巴比伦和伊特鲁里亚(Etruscan)，砖的厚度达到15厘米，需要的干燥期也就长很多。印度河流域的砖长为28厘米，长久以来一直如此，厚宽长比例为

1∶2∶3。

经过在窑中烧制的砖更加坚固持久,但是这种砖需要很好的粘土,而不仅仅是富含粘土的土壤。早期的埃及人不使用粘土,公元前4世纪初中东地区的人开始使用粘土。公元前4世纪,埃及地区已经在使用烧制的砖,但数量很少。后来到了罗马帝国时期,烧制砖得到了广泛应用,但是在奥古斯塔大帝(Emperor Augustus,即屋大维,公元前63年—公元14年)。维特鲁威没有留下关于烧制砖的记录。

由于泥砖比较大,人们使用了夯土技术。这项广泛应用的技术,是将土夯进平行的木板中,而后把木板抽掉。这样做成的墙随后自然干燥,然后涂上石灰除去水分。虽然这种建筑手法适合干燥气候,在北欧也偶尔能够见到。最早的大规模使用夯土建筑的例子是中国的万里长城。公元前3世纪建筑的最原始的阶段,完全是夯实的土墙,绵延2400公里,动用30万人修筑了10年。

埃及人用石膏制成的灰泥制造束砖。直到希腊和罗马时代,由石灰和沙做成的硬度更高的灰泥才出现。埃及的砖石建筑中也发现了石膏灰泥,这很出乎人们所料,因为埃及人能够预先精确制作好巨大的石块,这些石块不用任何外部材料粘结就能很好地互相结合在一起。有一种意见认为,石膏不是用作粘结,而是作为滑动石块到既定位置的润滑剂。维特鲁威描述了如何制作石膏,他还特别强调了使用哪种沙。当最好的沙被拿在手中摩擦时,会发出强烈的声音,在现代术语中,就是说沙粒必须粗糙。维特鲁威认为,河床里的沙子被水流磨得太圆,而海岸的沙子含有太多盐分,被用作建筑材料的话,会慢慢渗到墙灰的表层。

罗马人还使用石灰,尤其是将阿尔班山(Alban Hills)的火山灰与水混合制成的石灰。它并不很硬,但是遇水就会变硬。在建筑操作中,在这种石灰中还要加入一些粗糙的混合物,制作成类似混凝土的东西,但是罗马人制作混凝土的方法与现在不同。现在我们的方法是把所有混合材料都倒在一起,然后用搅拌机搅拌,而罗马人是用碎石或者卵石填满需要填充的地方,而后将石灰倒上去。之所以会这样做,是因为对当时的罗马人来说,搅拌是非常困难的事情,而且很难达到很好的效果。

至于石头建筑,通常人们使用当地有的材料,当然也会使用别的材料。

发明的历史
A History of Invention

希腊最有名的古代庙宇巴特农神庙，是伯利克里在位时期（公元前447—432年）建造的。它完全用彭蒂里库斯大理石建造，原来有辉煌的前后门，石柱之间还有金属格栅。

罗马人为了制造华丽的效果，从很多地方进口了大量彩色的大理石等石料。而不管情况如何，大多使用当地有的材料，而很多因素也会影响人们的选料。从公元前3世纪开始，埃及人就使用石头建造永久性建筑。最初使用的是石灰石，因为它易于塑形；更加坚硬和持久的花岗岩，则必须用双手握住重约5公斤的大石块敲打才能成形，这是一项艰巨的劳动。当时使用的花岗岩大多来自阿斯旺地区（Aswan）。

伊拉克大部分地区是冲击平原，但北部，尤其是尼尼微北部，出产石头，而中东地区的人从公元前8世纪开始将石头用于建筑。一般性建筑使用石灰石，雕塑则使用柔软的石膏，虽然它会风化。希腊人的情况又有所不同，这里有大量石灰石，还有很多种优质的大理石。最好的大理石产自雅典附近的彭蒂里库斯山（Mount Pentelicus）。很多杰出的建筑使用了彭蒂里库斯大理石，比如雅典卫城的巴特农神庙和厄瑞克修姆庙，后者使用了来自挨勒夫西斯（Eleusis）的黑色大理石作装饰。

与石头一样，各地的人们也根据当地情况选择使用木材。而且从很早时期起，木材交易就开始了，一方面是为了缓解某些地方的建筑材料的短缺，另一方面是为了制造物品，比如柜子。欧洲南部喜欢使用雪松，而阿尔卑斯北部通常使用橡树，很少使用雪松。在罗马时代，15米长的横梁可以从一棵树干上获得。跟石头一样，木材也要经过仔细挑选，然后露天放置一两年，以检查出有问题的木材。公元前3世纪早期，泰奥弗拉斯托斯（Theophrastus）写下了详细的说明，包括什么时候和怎样砍伐树木，罗列了不同种类树木的最佳砍伐季节，例如针叶树应该在春天砍伐，橡树在冬初。

木材、石头和砖是基本的建筑材料，而从很早时候起，人们就开始在建筑中使用金属，尤其是铁。公元前470年在意大利西西里岛阿格里真顿

(Agrigentum)的一座庙宇中，有一根长达5米的铁横梁，公元前435年建造的雅典卫城的前门也使用了不小的铁横梁。古代建筑还广泛使用了铁和青铜钳具和钉销，让建筑更加坚固。在迈锡尼时代，人们就开始使用铅钳具，罗马人用铅建造屋顶和供水系统的水管。

建筑设计

虽然建筑尺寸和外观千差万别，但是它们都会使用一些基本的构造：墙、柱、梁和拱。这些构造具体如何，很大程度上取决于建筑材料和人工，以及建造者的技术能力。当我们开始考虑建筑物的外观，而不是其功能时，我们就已经接触到了门类繁杂的建筑学领域。美索布达米亚平原缺乏树木，由此带来的建筑局限北欧人全无感触，因为北欧木材资源极其丰富；直到拱形建筑被完全掌握之前，建筑中的跨度都很短，不管是用什么材料。

墙

虽然能够用轻便和更加不耐久的材料建造普通房屋，重要建筑的墙壁通常用砖或石建造。到了希腊时代，人们开始修筑更加精巧的建筑，它们最显著的特征就是规模宏

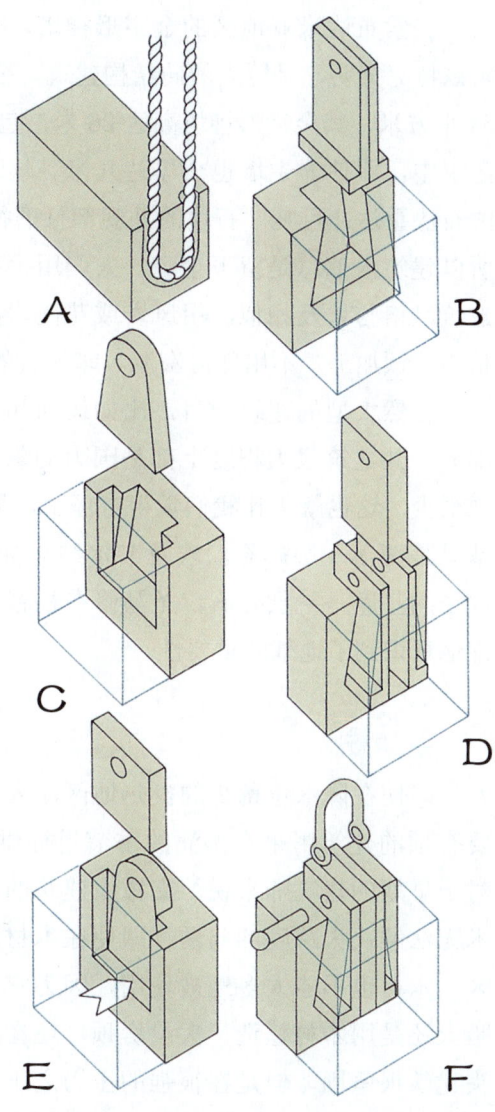

早期的人们提升巨大石块的时候，要在石块两端挖出凹槽(A)，然后将绳子放入这些凹槽。亚历山大城的建筑师希罗(Hero of Alexandria)描绘了铁吊架(B)的使用方法，这种吊架能够放入石块的洞中，并用木板(C)固定。而后人们用绳子拉动吊架，从而提升石块。有一种两个L形铁板制成的吊架(D)，还有一块中间板(E)，吊架和中间板放到位之后，就用一根木拴穿过吊架，同时固定住一个提手(F)。

第四章 建筑

发明的历史
A History of Invention

大。美索布达米亚地区的金字形神塔，见于该地区的所有重要城市和美洲的阿兹特克文明，是巨大的砖结构建筑。公元前2000年的城市乌尔，方圆75×54平方米，其金字形神塔高达26米，包围着内城的外墙厚约2.5米。在公共建筑中，即使非主墙也会厚达几米。埃及人通常将巨大的石块用于建筑，有的石块重达几百吨。石块的外观都打磨得十分精确仔细，而石块进深并不深，所以建筑内部总是留下空隙，人们用手头的碎石填补这些空隙。印加帝国的建筑风格与埃及相似，用斑岩或花岗岩建造很厚的墙壁，每个石块都经过了精心的预加工，不用任何灰泥。印加人的建筑并不高，很少超过5米。

虽然大型的建筑项目，比如运河和水渠，都有着重要的实用目的，但大部分公共建筑很大程度上都是国力的象征。所以很长时期内，人们对地基重视很少，这也就不让我们觉得奇怪了。尼尼微的城墙厚度超过20米，但是地基只是薄薄一层碎石，埃及卡尔纳克神庙的巨大墙壁地基是半米深的沙子，柱子的基底是一层碎石。圣马修在福音书里提到了在沙子上建筑的危险，也许他意识到了地基的重要性。

梁和柱

即使在降水量稀少的炎热地区，人们的生活大部分在露天进行，但也需要有顶的建筑用来在湿润的季节里提供保护，在别的时间提供阴凉和遮蔽。对于早期的建筑师来说，支撑大建筑的顶是一个关键的问题，因为当时的技术无法解决大跨度的问题。即使在木材丰富的地区，或者木材进口方便的地区，木材也不能太多地被使用，因为它易腐蚀和易燃。虽然有这些困难，希腊人还是用木材建造了大量房顶，还在木材表面涂明矾以防止起火。虽然石头建筑很坚固，但是在很强的压力之下，石头会断裂。在现实中，用作横梁的石灰石不能超过3米。即使埃及人使用的砂岩，从尼罗河第一瀑布附近的西塞拉（Silsila）运来，长度超过10米的话也会带来不安全。

解决之道就是使用成排的石柱支撑，石柱的间距是保证横梁稳固的最大距离。这种办法的不足之处是使得建筑内部不可能有太大的无障碍的空间，除了露天的庭院。

早期的建筑房顶是平的或者接近平的。横梁的两端或者搭在外墙上，或者搭在柱子上。一些中央石柱可能会承受4根横梁的重量，两根十字交叉，两根纵向。这种需要使得人们制造的柱子必须有很大的横截面，这样才能有足够的空间支撑横梁。在建筑内部，横梁之间互相咬合能够增加稳定性，但是更加独立的建筑还需要额外的安全保障措施。

例如英国的巨石阵，直立石柱的顶端有隆起，很像承重装置。有一种合理的观点认为，这里原来应该有木质的装置。巨石阵取代了，或者是仿制于古代的木建筑。巨石阵的建造者们当然是当地建造大型木质建筑传统的继承人。这个大约公元前3400年建于汉姆布雷顿山（Hambledon Hill）的巨型防御建筑，首尾相距50公里，包含不下于1万座笨重的橡木制造的柱状物。

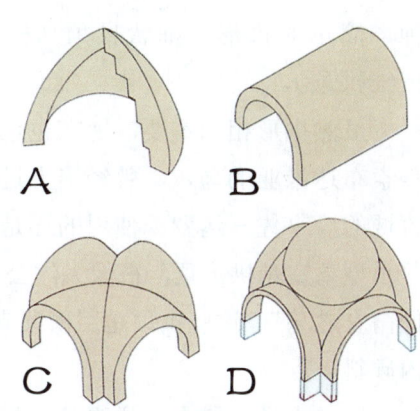

上图：横梁支撑的拱顶(A)由很多块石头组成。凸起的角被削掉，制造出平滑的表面。桶状的拱顶(B)是拱形的延伸。交叉的拱顶(C)是两个桶形拱顶直角交叉形成。拜占庭式拱顶(D)也由横梁支撑，架在交叉拱顶中由单个墩子或托座支承的部分。

虽然石梁和石头或者泥板做的房顶重量很大，但是水平屋顶结构有一大优势。作用于柱子上的压力是垂直的，只要地基是稳的，横梁和房顶就不会有变动。后来出现了举架起来的房顶，尤其是拱形结构出现之后，人们不得不面对新的问题。如果举架很高，就会对支撑的墙和柱子产生垂直和侧面的压力，所以必须想办法缓解这种压力。虽然希腊人也采用了一些举架，但他们从未使用过倾斜超过30度的举架。

就像本书前面所提到的，古代的人们并不害怕重物，他们能够运输重达500吨的巨大石块，并且将其打磨成型，但是柱子通常是分段制作的。柱子事先被分成很多鼓状的节，这样便于后期的必要加工，加工完毕后，一节柱子就被垂直放置在地下的垂直插口上。即使是分成很多节，每一节的重量也都不小，需要小心操作。公元前5世纪修建巴特农神庙的时候，每一根柱子都高达10米，分成11节，每一节重8吨。

拱形

拱形的出现促成了两项重要的建筑进步。它使得单个跨度的长度增加，而且也能够用小的组合跨度代替单个大的跨度。从根本上讲，拱形有3

发明的历史
A History of Invention

种：简单的拱形、桶状拱顶（一种直线延长的拱形）和圆形拱顶（一种三维拱顶）。

虽然拱形相当重要，现在也已变得普遍，但是它的发展却非常缓慢。在美索布达米亚的乌尔，曾经出土过排水道的拱形屋顶，而在同一时期印度河流域的摩亨佐-达罗，使用的还是长而平的砖砌成的屋顶。在乌尔，还有一些小型墓室是拱形顶，很像大约公元前1450年在迈锡尼修建的蜂窝状的"阿伽门农之墓"。这些拱顶是用横梁支撑的，就是说，允许每一块石块都稍微向内倾斜一点。

埃及人像希腊人一样青睐梁柱建筑，但是他们从很早的时代起就知道拱形了。大约公元前2世纪中期在西比斯（Thebes）修筑的 个谷仓，包含了一个跨度为4米的拱形。在中国，早在公元前3世纪就出现了石制拱顶。后来，不同种类的拱形就开始流传开来，对此人们有清楚的记录，比如哥特式拱顶。但是我们难以弄清的是，到底是唯一的发明不断流传，还是各地的人们分别发明了各自的拱顶。

拱顶的第一批伟大实例出现在罗马，罗马人发明了很多新的装置。在建筑过程中，他们使用临时的木支架支撑，并且使用楔形的石头或拱石。在拱形的中心，人们使用了拱心石，它起到让整个结构坚固完整的作用。罗马人建筑设计的一个不足之处，是他们的拱顶是半圆形，使拱顶高度必须只能是跨度的一半。尖拱顶有凸起的拱心和S形的侧面，公元2世纪在印度出现，但将近一千年之后才流传到欧洲。

罗马人也广泛使用了水泥，它比石头要轻得多，但是加在罗马的大型拱形和拱顶支架上的侧压仍然非常大。罗马人主要的分散压力的方式是作为扶墙使用的交叉拱顶，起到了很好的效果。罗马皇帝戴克里先宫殿的拱形屋顶跨度达35米，而公元120年完工的巴特农神殿半圆顶，其建造只用了4年时间，跨度将近50米。

在中东和地中海地区，负责家用和公共建筑的人主要考虑的是干躁的气候。而随着罗马帝国疆域的向北扩展，罗马人不得不越来越注重建筑的保暖功能。为了取暖，通常使用的是火盆，而在北部的英国、高卢和德国地区，很多人使用火炕供暖系统，通过地板之下和墙内的管道取暖。寒冷通常伴随着潮湿，所以维特鲁威建议这些地区采用通风良好的空心墙。

家用建筑

今天看来,当时大多数人的家只能算个小窝棚,就是一个粗糙的单独房间,使用任何能得到的最方便的原材料建成。少数特权阶层的家要奢华很多。人们重建公元2世纪罗马港口城市奥斯蒂亚的住宅区时,发现当时就有4到5层的楼房,每一家大概占5到6间房屋,每一家都有独立的木制楼梯上下。整栋建筑用砖建造,墙中间有石灰,有几层还带着阳台。窗户上没有玻璃,虽然当时玻璃已经不能算是稀罕。没有独立的供水,必须从附近的饮水池取水。另外,还有公共浴池和供游玩的花园。

下图:拱形的出现带来了建筑上新的可能,它使得单个跨度的长度增加,而且也能够用小的组合跨度代替单个大的跨度。此图显示的罗马式拱顶,是公元5世纪叙利亚的加拉特(Qalaat)的一座庙宇,这个拱顶是半圆形,这带来了一定的限制:拱形的跨度必须是其高度的2倍。

国内工程

之前我们只考虑了有人居住的建筑,不管是公共建筑还是特权阶层的建筑。其实从很早的时候起,随着日益复杂的城市化生活发展,人类就开始建造能满足不同领域需求的功能性建筑。虽然所用的原料和技术大都相同,这些建筑的功能却不一样,应该分开探讨。为了满足日常使用和农业需要,人们都很需要供水系统,所以古代的供水工程往往十分浩大。

供水系统

用堆积碎片拦住水流的方法非常普遍,所以人造拦水坝这种观念几乎不用思考就能想到,而令人惊讶的是早期人类所建造的水坝规模。因为水坝规模很大,而且通常离人类居住的地方很远,还要防止它们受到意外或者人为的破坏。很多古代水坝得以保留下来,有一些仍然在使用。也许人类最早修筑的水坝是埃及东部沙漠里的瓦蒂·格拉维(Wadi Gerrawi)水坝,它大

第四章 建筑

发明的历史
A History of Invention

古代建筑的主要特色就是它们的绝对规模。埃及人非常善于使用巨大的石块，这幅图显示的是阿斯旺的采石场（右上方图）。西比斯这个多柱式的大厅（左上方图），大约公元前1293年由著名的塞提一世(Seti I)兴建，其巨大的石柱非常令人震撼，高达22米。在欧洲北部，早期的人类也喜欢巨大的石块建筑，比如英国的巨石阵（下左图），注意左边巨石顶部的凸起，那里原来安置着石梁，这凸起是固定石梁用的。这幅图展示的是真正的拱形（而不是横梁支撑的拱顶）（中右图），它出现的年代相对较晚，位于墨西哥的伊特萨(Chichen Itza)，这种建筑结构更加轻便。

约建于公元前 2500 年。瓦蒂·格拉维水坝宽 90 米，长 125 米。一千年之后，埃及的工程师们又修筑了一个更大的水坝，拦住了叙利亚奥兰德河(Orontes)的水，形成了著名的霍姆斯湖，方圆 50 平方公里。

适合建造水坝的地方并不容易找到，而且水利工程师们还必须解决长距离输送所拦截到的水的问题。这里涉及到的不仅仅是建筑问题，还要根据不同的地形设计水渠，通常涵沟和高架渠都会用到。公元前 691 年西拿基立(Sennacherib)修筑的从白万(Bavian)到尼尼微的高架水渠就是很好的例子，它总长 80 公里，有些地方宽 20 米，而有的地方水流要通过 5 个拱支撑的 300 米长的高架渠越过峡谷。这项工程用去了 200 万块石块，整个水渠用石料建筑，用沥青密封。全部石料均来自白万的采石场，尼尼微不产石料，而且随着水渠的修筑，似乎工程师们把建成的水渠当作了运送石料的工具。上面所说的都是大型水渠，实际上人类还修筑了成千上万的小水渠。公元前 1 世纪到公元 1 世纪，西拿基立在巴勒斯坦南部内盖夫(Negev)和约旦南部的统治达到极盛，以佩特拉(Petra)为都城。西拿基立家族的人非常热衷于保存偶尔的降雨带来的水资源，在奥夫达(Ovdat)老城周围 130 平方公里的范围内，大约修筑了 2 万个低矮水坝，平均每个长 50 公里。

在干燥地区的灌溉系统中，开放式水渠中很多珍贵的水会蒸发消耗掉。纳巴顿人(Nabataen)很了解这一点，他们建造了规模宏大的地下渠道系统。此图是纳巴顿人古老的阿夫达特城(Avdat)。

罗马人非常熟悉西拿基立的灌溉系统以及早期的希腊水利工程，在整个罗马帝国统治中，他们也一直在修建浩大的水利工程。罗马人是优秀的工程师和组织者，也很富裕。在尼禄(Nero)皇帝的恣意下，人们在阿涅内河上修筑了两条水坝，仅仅是为了制造出一个湖泊，供皇帝玩乐。其中一个水坝高 45 米，这个纪录直到 1594 年才由西班牙的阿利坎特水坝打破。大部分早期水坝是直线型，不像现在的水坝都建成拱形，这样水流撞击坝体的压力以及

发明的历史
A History of Invention

回冲力都被河岸吸收掉。公元前2世纪，在普罗旺斯的格朗姆(Glanum)修建的一条水坝，可能是这种拱形结构。公元6世纪，普罗科匹厄斯(Procopius)记载了一条拱形石水坝，由克里塞斯(Chryses)在波斯前线的达拉建造。

在气候干燥的地区，开放式水渠的水很容易蒸发消耗，所以西拿基立修筑了很多地下水渠。地表的水渠通常有遮盖，这样也阻止了灰尘。当遇到高的坡起时，就需为水渠开凿隧道，由于当时有大量的廉价劳动力，所以修隧道并不困难。公元前6世纪，尤帕利诺斯(Eupalinos)在萨默斯岛(Samos)修筑的隧道，穿越了一座高约300米的小山，整个隧道长1100米，横截面积为1.75平方米。隧道从两端同时开挖，而两支挖掘队伍能够在中间相遇，就要归功于当时人们使用的精确观测方法。普遍的做法是在隧道之上的表面划线，并沿着线打凿出一些垂直的孔洞，然后将很长的杆子放入孔洞中，这些

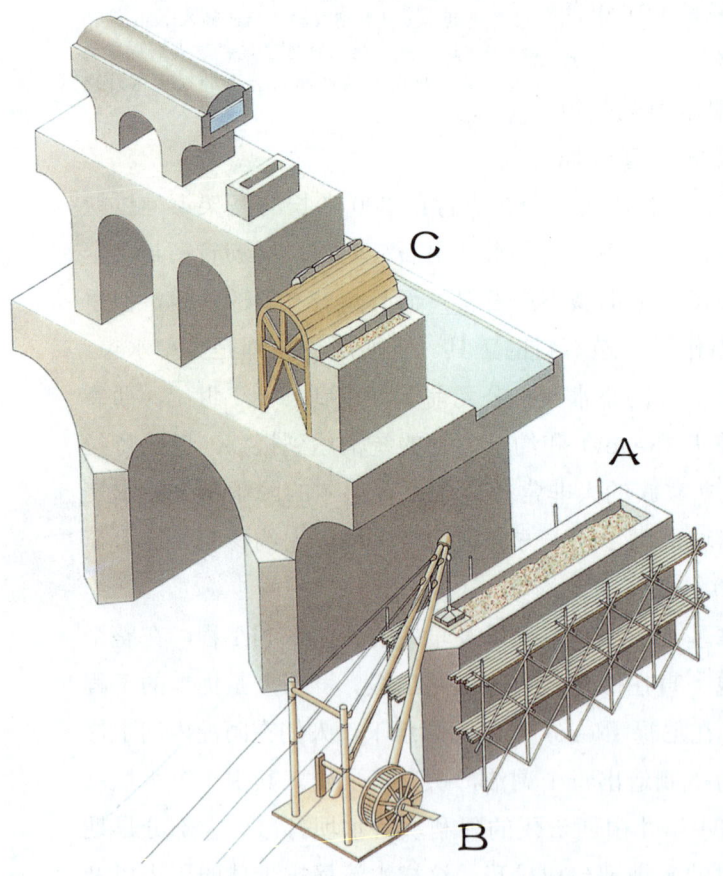

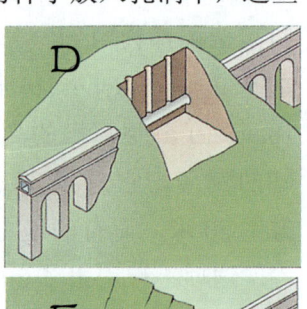

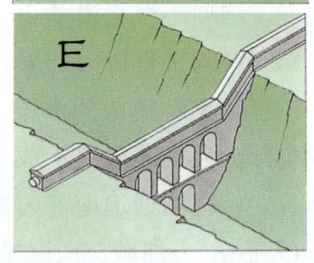

法国南部的加德水道(Pont du Gard)，其拱形是通过很多层中间填塞碎石的石块(A)所建造的桥墩建成。石块用吊车(B)安放到位，然后由脚手架上的工人最终安置。然后，人们先在两个桥墩之上放木制的模型(C)，再在其上放拱石。水通过山体中的隧道(D)输送，这条隧道也是通过在地表放长杆修建。穿越峡谷的时候就用插入的虹吸管：如果峡谷太深，虹吸管就会在水渠(E)之上，因为位置太低的话，虹吸管会由于压力太大爆掉。

杆子的末端就是隧道的必经之地,工人们只要把这些杆子的末端一一挖掘连通起来就可以了。

水渠必须穿越水流浅的峡谷时,人们会修筑堤坝架高水渠,而如果架高高度超过2米,人们就会使用拱桥。如果高度达到20米,保持稳定的结构就需要巨大的柱子和狭窄的拱桥。即使建成这种结构,也几乎不能避免大风或者塌方的危险。解决的办法就是在第一层拱桥之上建第二层拱桥,如果有必要再建第三层。在这方面,最著名的例子就是法国尼姆附近的加德水道,建于公元1世纪,从峡谷地面到其最高处是55米,现在仍然在发挥作用。

现在,上面所提到的水渠很少见了。如今人们都是用封闭式管道沿着峡谷输水,穿越峡谷的时候就从峡谷一边入地,从另一边钻出地表。古希腊和罗马人管这种运输方式叫"胃式输水法"(Stomach),我们称之为反向虹吸管。罗马人和希腊人都没有大量使用反向虹吸管,而他们都知道其原理,这多少让人感到奇怪。其中原因出自工程方面,反向虹吸管系统的最低处要承受很大压力,而且很难保证管道的接口处不漏水。而且在陡坡处,这种系统产生的更大的张力,很难被消解掉。虽然有种种困难,但是古代人也修筑了一些反向虹吸管系统,最著名的就是修建于公元前200年的贝尔加玛(Bergama)。它显然并不是很合格的水渠,因为建成之后不久就被拆除,随后被一座地上

罗马人在各种不同建筑中广泛使用了拱桥。图中所示的是公元前19年阿格里帕(Agrippa)修建的加德水道,它用于向法国南部的尼姆(Nimes)供水。下图是叙利亚的阿夫林河(Afrin)上的三拱桥。

第四章 建筑

发明的历史
A History of Invention

水渠取代。它的失败并不让人意外，计算表明他管道内的压力达到每平方厘米 18.5 千克，是汽车轮胎内压力的 10 倍。

水利分配

公元 97 年，英国的一位统治者弗朗蒂努斯 (Frontinus)，负责罗马的供水。他留下的《论罗马城的供水问题》详尽记载了当时复杂的供水系统，说它复杂不仅仅指技术，还指管理。弗朗蒂努斯领导着 700 人的工作队伍，每天要负责将大约 9 亿升水通过总长 400 公里各式各样的管道运到罗马。弗朗蒂努斯要向罗马的公共蓄水池和家庭供水，根据所使用水龙头的大小收取相应的水费：一共有 24 个型号的水龙头。根据弗朗蒂努斯的记载，当时显然有很多舞弊行为，比如将水龙头加大或换掉。

弗朗蒂努斯并没有就输水管道本身讲很多，但维特鲁威留下了关于陶制和铅管道的记录。维特鲁威赞成使用陶管道，他认为修筑铅管道的管子工都脸色苍白，表明他们在工作中中了毒，这是一种早期的职业病。陶管还有别的好处：它们能够很容易被连接，只须使用生石灰加油做成的水泥即可，一般的砌砖工人就能操作。而铅管必须焊接才能连接，这是一项难度更高的工艺。

与维特鲁威一样，弗朗蒂努斯也认为罗马的成功，来自于用实际态度对待现实问题的方法。在《论罗马城的供水问题》中，他写道："有了这样一个稳固的结构……把金字塔和希腊人著名却毫无用处的艺术比了下去"。这种观点与希腊哲学大相径庭，公元前 4 世纪，

就像罗马的建筑，罗马的道路也以规模著称，它们比现代公路厚得多，能够承载更大的重量。也正因如此，它们很多都保留了下来。图中所示的是亚壁古道 (Appian Way)，建于公元前 312 年。

罗马历史学家色诺芬（Xenophon）概括道：被称作机械艺术的东西，带来了社会性的耻辱，并让我们的城市蒙羞。因为这些艺术让工人或者监工们进行长期乏味的劳动，损害了他们的身体……这种肉体的衰弱也导致了精神的堕落。

中国人的作风更接近罗马人，而不是希腊人。公元9世纪，伊斯兰哲学家阿尔·哈兹（Al-Jahzi）做了这样的类比：奇怪的是，希腊人对理论很感兴趣，但很少付诸实践；中国人正好相反，对实践很有兴趣，却不搞什么理论。

桥

不管是为穿越河流运货还是作为水渠的承载，石桥都非常合适。几乎在同样的时期，罗马人在欧洲，中国人在东方都修筑了很多石桥，一个著名的例子就是公元前200年，在洛阳宫殿附近修筑的旅人桥。为了克服陡峭的坡度，罗马人使用了半圆形拱桥，这极大地方便了车辆。晚一些的时候，才出现了椭圆形的拱桥，比较著名的例子是中国的安济桥（赵州桥），建于公元600年。

拱桥是后来才出现的复杂发明。早期的桥以及后来的很多桥，就是简单的梁柱结构。在建筑中使用拱形的时候，困难在于跨度必须短，而且对于长的横越，需要很多层拱。面对又深又急的河流，再雄心勃勃的桥梁工程师也感到一筹莫展。为了越过这样的河流，人们通常在重要路线设置渡口，也使用浮桥。公元前516年，波斯国王大流士（Darius）穿越波斯普鲁斯海峡时，就使用了浮桥。

路

在极盛时期，罗马人修筑了大约8万公里的道路系统，这张道路网络北到英国的哈德良长城，东到幼发拉底河流域，南到撒哈拉地区。到了公元4世纪，这些道路已经变得年久失修，但它们直到18世纪才被取代。在罗马帝国以外，从来没有出现过如此庞大的道路系统，这不是说在世界其他地区没有修筑良好和广泛使用的整体交通，而是那些道路被称作路线更合适，当它们破损严重和需要维护的时候，往往被放弃。

罗马的道路最初并不是为了军事目的而修建，因为沿途的居住地点都是

第四章 建筑

发明的历史
A History of Invention

后来而不是提前建成。这些道路的主要功能是满足行政和贸易需要，当然也包括在需要的时候转移军队的功能。普通的路面宽 5～6 米，而主要的通道宽度可达 10 米。路面上铺着石板、多层燧石、挤碎的石头和砂子。罗马道路最显著的特点就是其出众的厚度，通常超过 3 米。相比之下，现在为重型汽车交通设计的道路厚度很少超过 1.5 米，而现代的承重比罗马时代大得多。

运河交通

前面我们只是从供水的角度考察了运河，实际上运河也担负运输的功能。早在公元前 510 年，波斯国王大流士就开凿了一条运河，连通尼罗河和红海。罗马人在欧洲一些大河之间修筑了运河，部分是为了交通运输，但通常是为了控制洪水。

古代世界中，最伟大的运河出现在中国。中国人开凿了很多有重要功能的运河，比如公元前 133 年修筑的连通汉朝都城长安与黄河的运河，长 150 公里。更宏伟的是大运河，通过这条水路，进献给皇帝和首都的粮食从淮河和长江下游运到洛阳。大运河的第一部分于公元 610 年竣工，据称这条运河的建设使用了 500 万人力，总长接近 1000 公里。到了 8 世纪，它每天运送的货物不少于 200 万吨。

运河修筑中主要的问题，就是怎样消解水位变化的影响。公元前 4 世纪，中国已经在使用一种最简单的办法，即修建与运河相通的水位调节部分，二者之间的滑道能够供船只进出。在其它的地方，人们使用闸门控制水位，这种方法在灌溉水渠中也经常用到。闸室直到中世纪才出现。

◎ 第五章　动力和机械

古代文明的缔造者们成功地修建了很多巨型建筑，即使运用现代工程设备，修建这些建筑也绝非容易事。早在公元纪元开始之前，著名的人类建筑就有埃及金字塔、中国的万里长城、巨大的商船"锡拉库西亚"、尤帕利诺斯在萨默斯岛修筑的隧道、北欧的巨石阵和罗马万神殿。非常明显，这些建筑都需要使用某种机械并耗费大量体力，但是迄今为止，我们对此知之甚少。

通常来讲，古代人能够使用的只有人力和畜力。除了在航海中，风力和水力几乎没有为人类做出什么贡献。但当时人们对鼎鼎有名的蒸汽动力已经有所认识，但这种动力只应用在机械的玩具中。事实上蒸汽动力对于工业革命来说，也只是促进力量，而非启动力量。

人力

古代有很多廉价劳动力，包括奴隶，这是动力机械装置发展的一大优势。然而很容易被忽略的是：人力如果要发挥效率，必须经过适当地调配使用。一个人能够负担40公斤行走很长距离，比如60公里。理论上讲，20个男人能够将重1吨的重物提升到指定位置，这大约相当于一块1立方米的石块。但是，不管这20个人怎样站位，他们都不能抓住这么小的石块，他们几乎不能将其提升1米。依靠一些机械帮助是必要的。

人们需要帮助提升的装置，还需要持续的能量供给。实验表明，一个男人几分钟内能够产生的能量相当于

这幅在尼尼微的西拿基立的宫殿（建于公元前7世纪）中发现的浅浮雕表明，进行巨大的建筑项目时，古代社会非常依赖奴隶的劳动力。

发明的历史

A History of Invention

吉萨(Giza)的3座金字塔（上图）和狮身人面像，是为了纪念埃及第四王朝的国王和他们的宫廷，大约公元前2600年他们的统治达到鼎盛。这些金字塔使用了巨大的石块，有一些重达100吨。在现在看来，处理这样大的重量都不是容易的事。这体现了古代工程师的高超技艺。

左赛王的阶梯金字塔(Step Pyramid of Djoser)（下图），修建于第三王朝时期（大约公元前2560年），与吉萨的金字塔差别很大。它代表的是一个较短的时期，当时通常使用小型石建筑。

一匹马的1/3，但是其持续工作的能力不及马的1/10。1马力（746瓦特）相当于一个小型汽油或电马达，那种在除草机和别的小型设备上使用的驱动装置。

将这个统计套用到古代，我们会发现，在古希腊，一种桨帆并用的战舰所使用的桨手的力量，相当于12马力。再把水阻力这样的因素考虑在内，人们计算得出这些能量能够支持产生不小于10节（18.5公里/小时）的速度。这与公元前5世纪希腊著名历史学家修希德狄斯(Thucydides)所记载的一次航行情况相符。当时希腊人宣布，反叛的米蒂利尼(Mytilene)城中全部男人将被屠杀，并派了一艘三排桨战舰去执行屠杀任务。后来希腊人又改变了主意，另派了一艘三排桨战舰去收回成命。在这种情况下，由于能得到更多报酬以及救人心切，第二艘船上的人把船划得飞快，追赶上了早出发24小时的第一艘船。第二艘船的速度是 8 节多一些。

桨就是一条长杠杆,而桨座就是杠杆支点。虽然这种装置有很多形式,但是它们的设计目的都是利用一些机械便利。亚述人留下的浅浮雕中,可以看到成群的人通过拉绳子将重物拖到另一些人背上,另有一些人在拉绳子的人后面操纵杠杆。古代的劳动力资源充足,埃及人比希腊和罗马人更加善于使用这些资源,通过上述方式能够产生巨大能量。公元前 4 世纪,人们发现了杠杆原理。到了公元前 3 世纪,希腊数学家帕普斯(Pappus)骄傲地说:"给我一个支点,我能撬起地球。"

在古代世界,为了将石块移到高处,用人力踏车提供动力的吊车得到了广泛的使用。这幅详细描绘当时建筑方法的图来自阿提力纪念碑(Atterii Monument),公元前1世纪它在罗马建成。

楔子是另一种古代建筑工具——石斧实际上也就是装着把手的楔子。从机械上讲,楔子很像杠杆:锤子敲打时引起的长距离向前运动,又转化为短距离的垂直上升。它能够用来做很多工作,比如提升重物和将石头粉碎。在土木工程中,有很多倾斜平面和斜坡,这些同样只是大型的楔子。不同仅仅在于楔子移动时,重物是固定的;倾斜平面是固定的,而重物通过杠杆被拖拽到其上。人们推测古代建筑一定使用了土斜坡,比如将巨大的横梁放到高大的巨石阵和其他巨石建筑上方。至于修建金字塔的时候它们做了什么贡献,就是另外一个问题了。

在萨加拉(Saggara)的左赛王的阶梯金字塔,大约修建于公元前 2650 年,它的独特之处在于使用小型石块建造,高度达到 60 米。大约 1 个世纪之后,基奥普斯(Cheops)修建的吉萨大金字塔则是另一种风貌:高 146 米,用巨大的石块建造,有的石块重达几百吨。由于当时有大量的劳动力资源,所以运送材料显然是用雪橇推动。希罗多德生动地描述了一条大型的石铺道,长约 1 公里,专门为将石头从采石场运到施工点建造。为了把石头从低洼处向高处运输,可能就会使用斜坡,为了保证一定的坡度,土坡可能会建得很长。希

发明的历史
A History of Invention

罗多德很肯定地说，为了将石头一级一级运往高处，人们使用了一系列杠杆，不过他的记载也不完全可信，因为他记录的是发生在他出生2000年前的事情。希罗多德亲眼看见了石铺路，除此之外似乎也很少有显示古代建筑方式的直接证据。

同属于早期机械工具的，还有螺丝，通过轻微但持续的扭矩（转动力）就能产生强大直线冲力的工具。它比杠杆和楔子出现得晚得多，但是很难确定具体出现日期，亚历山大里亚（Hero of Alexandria）在公元1世纪记录过一种双螺丝的压榨工具。从机械角度来看，螺丝的螺纹就是卷曲成螺旋的倾斜平面。

将东西提升到高处，最简单的设备就是绳子和滑轮，亚述人很早就开始使用它们。如果只用一根绳子，就不会有什么机械优势，虽然可以几个人拉一条绳子，希腊人和罗马人使用的系统复杂得多。比如"滑轮组"，上面有三个滑轮，下面有两个，将绳子依次穿过这些滑轮，就能产生5：1的机械优势。希腊戏剧家，尤其是公元前5世纪的欧里庇得斯（Euripides），创造了大量神从天而降的戏剧场景，他一定使用了滑轮系统来达到这种效果。根据普卢塔克（Plutarch）的说法，阿基米德曾经用单手拉动过一艘三桅帆船，依靠的就是多滑轮系统。这件事的真实性可疑，因为这种多滑轮系统会遇到一个重要的问题：摩擦造成的能量损失。

滑轮系统通常用于吊车中。其中最简单的一种是两脚架，形状就像颠倒的"V"型，通过绳子固定，直到如今这种剪刀型脚架依然在广泛使用。在更精巧的系统中，滑轮固定在起重臂上，保持水平位置，能够上升或者下降。

在简单的吊车中，绳子不用时可以放在地上，但通常它们都卷在鼓形圆桶上。因此，也为了其它目的，就需要旋转运动，这能够通过多种方式实现。最简单的方式是推动绞盘或辘轳的把手，把手与所要转动的轴成直角并且连为一体。在这里会出现的问题是，一旦操作者松手，重量就会拉动绳子，让轴向后转，也许会失去控

庞培城于公元79年毁灭时，留下了这个巨大的石磨。

安提凯希拉机械（左）是公元前87年在罗得斯岛制造的机械日历，是古代精密齿轮技术的杰出代表。古代使用的大型机械，很多现在仍然在使用，比如塞浦路斯的这个榨橄榄油的装置（右）。

制。现代的人使用防倒转的制转杆和棘齿，有证据表明这种装置公元前5世纪就出现了。英雄亚历山大里亚详细记载过为了防止军用弹弓提前发射而采用的类似装置。

  关于现在非常普遍的转动工具曲柄，其起源存在争议。在中国，一座古墓中出土的扬谷器模型清晰地描绘了曲柄，这个画像不晚于公元200年，而在西方，直到公元830年才出现了曲柄的图案。如果把曲柄当作弯成直角的轴的话，情况就是这样。但是还可以将曲柄看作直角装在轮状物上的柄，就像在老式的熨平机上那样。从这个意义上讲，公元纪元开始之前欧洲人广泛使用的手推磨碾玉米，就是用曲柄操作：上面的圆形磨石边缘有个孔，插着一根木柄。

  在像装卸船上的货物这种并不经常的应用中，绞盘既简单又实用。对于其他应用，比如碾玉米、提水或者主要的建筑施工，罗马人通常使用踏车提供稳定的动力。踏车包括横档连接的两个垂直的轮子，就像梯子一样连接。操作者站到这个封闭的梯子上时，其重量就会推动轮子转动，他用力越大，轮子转动越快。根据现存的图象资料，一些巨大的轮子需要很多组人踩动。

  操作者的重量所作用的扭矩，取决于他相对于轴的水平位移：最佳位置相当于钟表中3点的位置，但是在巨大的轮子中，总是保持最佳位置显然不可能。如果操作者站在轮子外面，比如在提升水的轮子中，这个定理就不适

第五章 动力和机械

发明的历史
A History of Invention

拜占庭日晷仪的各个部件。它大约出现于公元4世纪到7世纪,是早期精密齿轮工艺的完美体现。

用了。如果在 3 点钟位置工作,就能源源不断产生最大扭矩。踏车的使用方式又不一样,比如为灌溉渠水而采用的大型阿基米德螺旋,外部装有木质的板条,能够用脚踩踏实现转动。

踏车的轴当然得是水平的,而为了特定的目的,比如推动磨碾碎玉米,还需要垂直的立轴,这样就需要安装齿轮了。罗马时代,最普遍使用的是如今叫做冕形齿轮的齿轮。到了公元 1 世纪,所有简单的齿轮种类都已出现,并且亚历山大里亚在书中作了详细地介绍。在这里特别要提到蜗轮,它是另外一种将能量从立轴通过直角传递到另外的轴的工具,本质上说它是螺丝的变体。

齿轮不仅能够在轴之间传递转动产生的能量,还能获得预定的机械优势。如果一个齿轮的齿数是驱动齿轮的 10 倍,驱动齿轮转动一圈,该齿轮也会转动一圈,而它产生的扭矩却是驱动齿轮的 10 倍。所以加在驱动齿轮上的能量,将转变成加在被驱动齿轮上的 10 倍的能量。理论上讲,这种转变没有任何限制。所以在中世纪,有人才有这样的幻想:一个人呼出一口气,通过一长列齿轮让沉重的机器开动。而在实际当中,齿轮传动过程中能量损耗很严重,限制了传动能量的效率。

安提凯希拉(Antikythera)机械是早期齿轮链的代表,尽管它只是小型而非大型机械装置。1900 年,这种装置出土于附近的一艘沉船上,大约是公元前 87 年在爱琴海罗得斯岛(Rhodes)制造,是极其精巧的机械日历,包含至少 25 个青铜齿轮。通过这个装置,人们能够预知太阳和月亮的位置,以及一部分星座的升落时间。在大型的机械中,比如石磨,齿轮的比例并不重要。而对于安提凯希拉日历这样的小型装置,齿轮之间必须搭配得很好,所以必须根据机械公式计算出各个齿轮精确的尺寸,这需要很高的机械水平。

畜力

人类很早就开始将挽畜用于运输和农业,出于经济原因,牛比马更受青睐。人们很少用马驱动机器，也只是偶尔用驴子拉磨。而通常情况下，挽畜都套着与一根垂直立轴连在一起的长车辕，牲畜移动时，立轴也随之平稳转动。

对于推动石磨的劳动（比如榨橄榄油）来说，这种安排可谓完美。从庞培残留的一间面包房中，人们发现了一个巨大的磨玉米用的石磨，就是一个很好的例证。

到了公元4世纪，罗马帝国的劳动力，甚至是奴隶，都变得很少，《De rebus bellicis》（大约作于公元370年）的佚名作者提到了野蛮民族被忽视的发明能力。用现代话讲，这位作者的任务就是让军队机械化，以节省人力。在他的一系列建议中，有一个是踏板驱动的战船，提供动力的是绑在绞盘上的牛。这艘船能不能建成很值得怀疑，这位作者和达芬奇一样，想象力已经超越了当时可用的资源，但这是机械发明的有趣案例。

水力和风力

踏车作为能源的一大优势，就是能够根据需要在任何地方建立，用完就拆卸并移到新的地方，如果距离不长的话还能滚着走。相比之下，水车只能在固定地点工作，而风力永远变幻无常，让使用风车也变得很麻烦。其实直到蒸汽机出现之前，水力和风力才日渐重要。而古希腊和罗马人已经开始使用水能。

由于考古资料、文献和图像的缺乏，我们对于古代水轮的发展知之甚少。

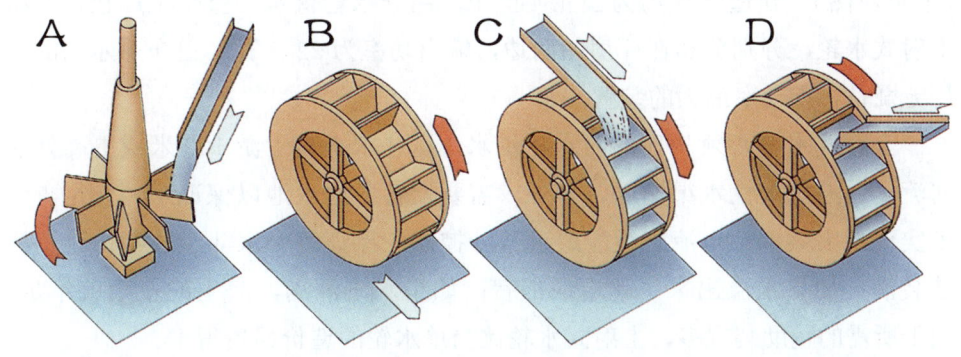

水车轮的种类：希腊或挪威水轮(A)、下射式水轮(B)、上射式水轮(C)和中射式水轮(D)。希腊水轮的立轴能够直接驱动石磨，而其他水轮则需要齿轮帮助才能实现这个功能。

第五章 动力和机械

发明的历史
A History of Invention

也许首先介绍三种主要的水轮及它们的特征，我们就能更加容易理解水轮装置。第一种是连在垂直立轴上的水轮，立轴上有成60°角分布的水平桨叶：从水闸中倾泻出来的水推动桨叶，从而转动水轮。第二种是下射式水轮，"轮"如其名，这种水轮被浸入流淌的河水中。第三种是上射式水轮，轮子被分成独立的几部分，称为水斗，通过水轮之上的喷口向水斗中注水：水的重量使水轮转动，每个水斗都在到达底端时倾空。

通常，垂直的水轮被认为是最原始和最早的一种，但是找不到现存的证据。当然，现在使用的高速水涡轮也有垂直立轴，而它与原始水轮区别甚大。垂直水轮也被称作希腊或挪威水轮，直到近代还在欧洲北部使用。它完全用木材建造，所以没有流传下来也并不让人意外。更重要的是，没有关于这个发明的早期记录，也就是说它的出现较晚，在公元纪年前的欧洲和公元3世纪之前的中国，都没有这种水轮的踪迹。它的工作需要湍急的水流，所以通常建在山区。磨碎玉米的时候，立轴的优势是能够直接驱动石磨。

与挪威水轮相比，下射式水轮需要的辅助设施同样很少。它所产生的能量，与水流速度与桨叶转速之间的差异成比例。水轮转速减慢而工作强度增加时，相应扭矩也增加。维特鲁威记载过这种水轮，这表明它当时一定很普遍，所以我们可以放心地断定它的出现大约在公元前2世纪。维特鲁威没有记载上射式水轮，可能是因为他不知道，也可能是因为这种水轮在当时非常少见。

这是建在阿尔勒（Arles）附近巴布盖尔山（Barbegal）的古罗马面粉厂（下页左图），建造年代约为公元4世纪，由导水管供水。整个工厂包括8组上射式水轮，分别分布在厂房的两边，输出功率为22千瓦。巴布盖尔山的工厂无疑是古代功率最大的装置。

上射式水轮必须从顶部向水轮供水，这些水来自上游100米或更高处的河流，通过永久性水渠输送。另外，需要配备备用水池以保证水源充足，为了实现最大效率，水流必须能通过桨叶控制，保证每个水斗经过喷口时正好被装满：如果水溢出来，就造成浪费；如果水没灌满，产生的扭矩就不足。由于所需的辅助装置多，上射式水轮比简单水轮的造价昂贵得多。

上射式水轮的起源我们还不清楚，但是有一种可能是它源于提水用于灌溉的斗轮。从效果上讲，它就是与斗轮工作程序相反的装置。公元前1世纪，

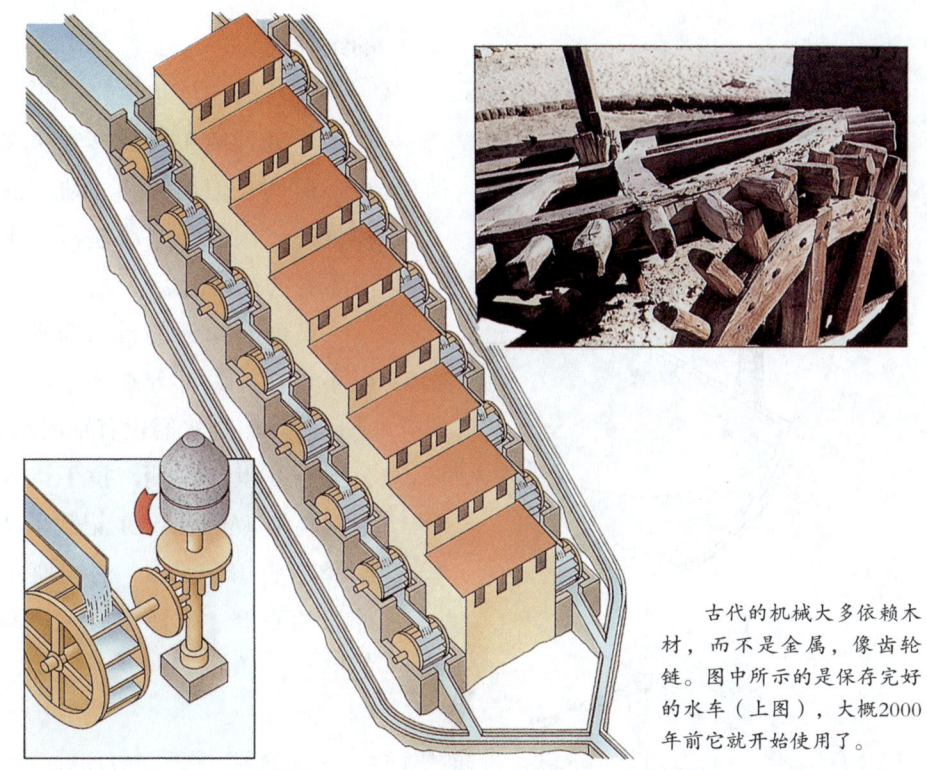

古代的机械大多依赖木材，而不是金属，像齿轮链。图中所示的是保存完好的水车（上图），大概2000年前它就开始使用了。

一位希腊诗人的诗中提到了上射式水轮：水跳进轮子上方……推动沉重的Nisyrian石磨。

在罗马，向城市里的玉米磨坊供水的水渠有重要的战略意义，公元537年，它们被围困罗马的哥特人截断。军事统帅贝利萨留（Belisarius）将水轮放在一对停泊的船之间，解决了这个问题。这种磨后来在欧洲和中东地区得到广泛使用。

水轮产生的能量，取决于水轮的尺寸、水的流速和机械效率等因素。我们可以基本认定下射式水轮平均产生的能量是1/10马力，而大型的上射式水轮能产生2马力的能量，效率高得多。

古代社会最大的水磨之一在巴布盖尔，大约修建于公元4世纪，它供应阿尔勒地区所有的面粉需求，当时的总人口是1万，包括罗马的驻军。很多石建筑保存了下来，而且被分拆以研究这个包含8对上射式水轮的巨大装置。它的工作能力尚无定论，而它似乎每天能够磨大约10吨粮食。所有水轮一起开动的时候，产生的能量不超过30马力。在欧洲，这是很多年都没有被超越

第五章 动力和机械

发明的历史
A History of Invention

的纪录。

磨坊的选址也值得一说。经过干燥处理的粮食能够安全保存很长时间,但肉类和面粉不能这样处理。因此,磨坊通常位于它所服务的社区附近。

磨面是每天的日常需求,所以不奇怪,大部分水磨都用于这个目的。但是水磨也有别的用途。公元前4世纪中期,拉丁诗人奥尼索乌斯(Ausonius)记载了法国摩泽尔省(Moselle)的一座用于碎石的石磨。摩泽尔省生产易碎的皂石。

风力和蒸汽动力

早期的船就使用帆驱动,而令人感到意外的是古代人从来没有使用过风车。风车可能最早于公元7世纪出现在波斯,由挂在垂直桅杆上的帆组成。唯一的例外是希罗制造的非常小的风车,目的是向风琴中吹气,跟玩具差不多。

在古代社会,蒸汽动力也受到了和风力一样的待遇:人们认识到了它的作用,但是没有有效利用它。这次还是希罗给我们留下了唯一的记载,他描述了现代人称之为反动式涡轮的机械,这

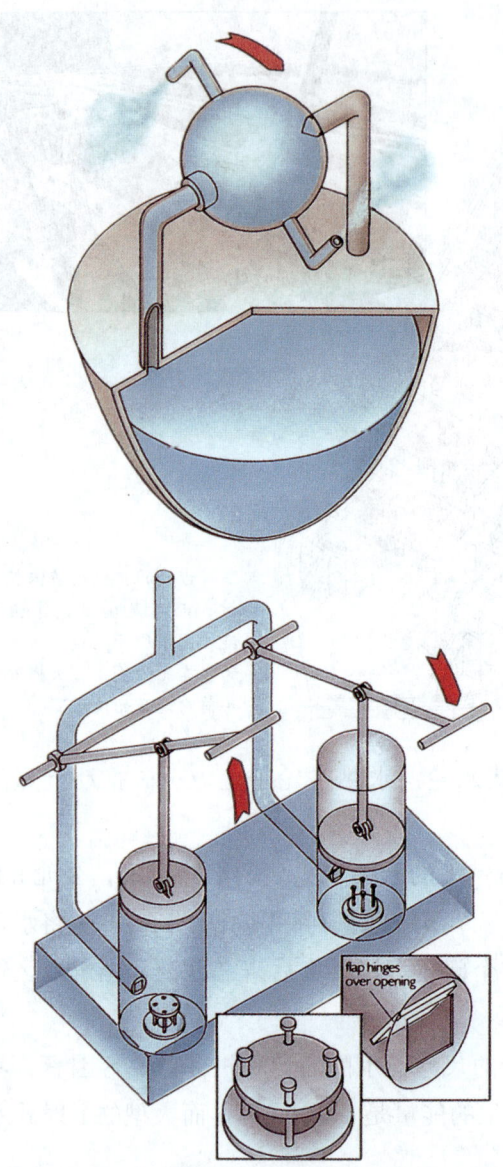

公元1世纪希罗(Hero)发明的蒸汽机(上图),是第一台热力发动机。蒸汽通过加热器进入球形容器,又通过喷嘴被释放,从而推动球形容器转动。公元前2世纪,蒂西比奥斯(Ctesibius)制造出了水泵(下图)活塞升降的时候,它通过简单的进口阀和出口阀控制气缸中水的流动。

是一种高级的蒸汽机。蒸汽从加热器进入金属球状容器，在球形直径的两端，各有一条弯成直角的管子。蒸汽从这些喷嘴里喷出时，球状容器由于喷气作用开始转动，就像轮转烟火一样。希罗的描述相当详细，现代人据此复制了这种蒸汽机，转速高达每分钟1500转。

这个蒸汽机也只是个玩具，有很多原因表明，它被放大后也没有实用价值。其中一个原因是这种蒸汽机必须高速运转才有效率，但是涡轮传动装置又会造成巨大的能量损失，所以它的工作效率很低。更致命的一点，当时的建筑方法不适合高强度蒸汽机，除了爆炸的危险，房屋裂缝会造成很大的能量损失，所需要的燃料也非常多。

那么，也许有人会问：为什么希腊和罗马人不开发低压力的蒸汽机呢，就像18世纪出现的早期蒸汽机？它们使用简单的气动装置，只需基本部件：比如抽水机中使用的那种活塞、简单的片状阀、蒸汽加热器。而古人之所以没有将这些部件组装成蒸汽机，大概是由于当时根本没有这种需要。当时人们生活节奏缓慢，劳动力充足而且廉价，已经出现的装置完全能够满足当时的需求。

2

发现新世界

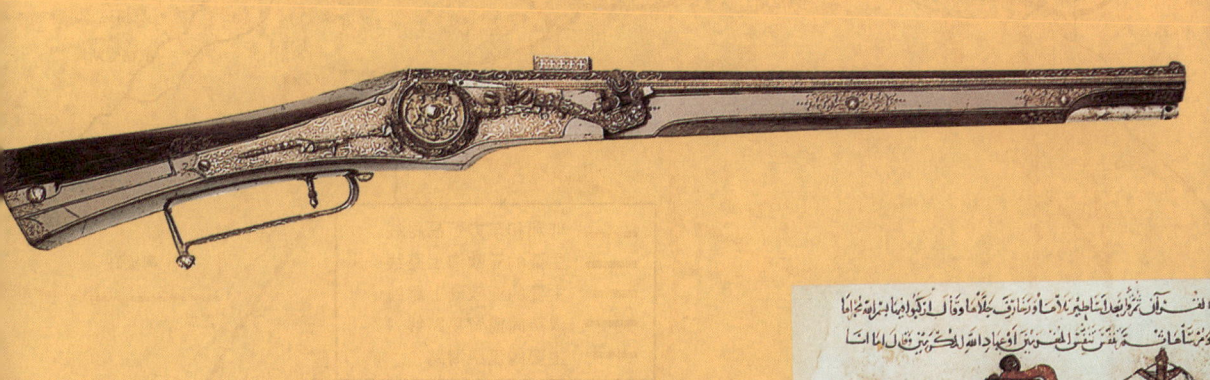

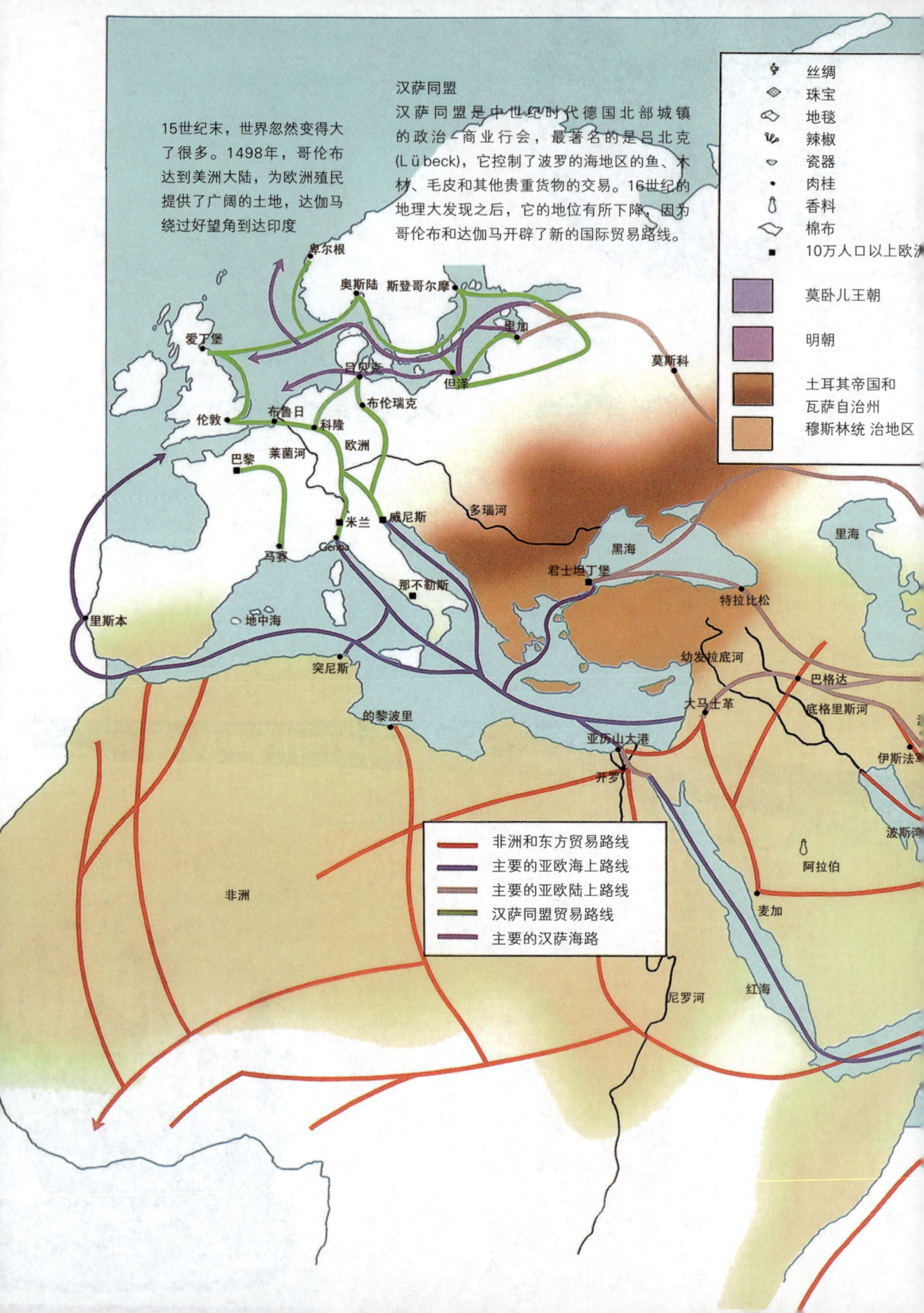

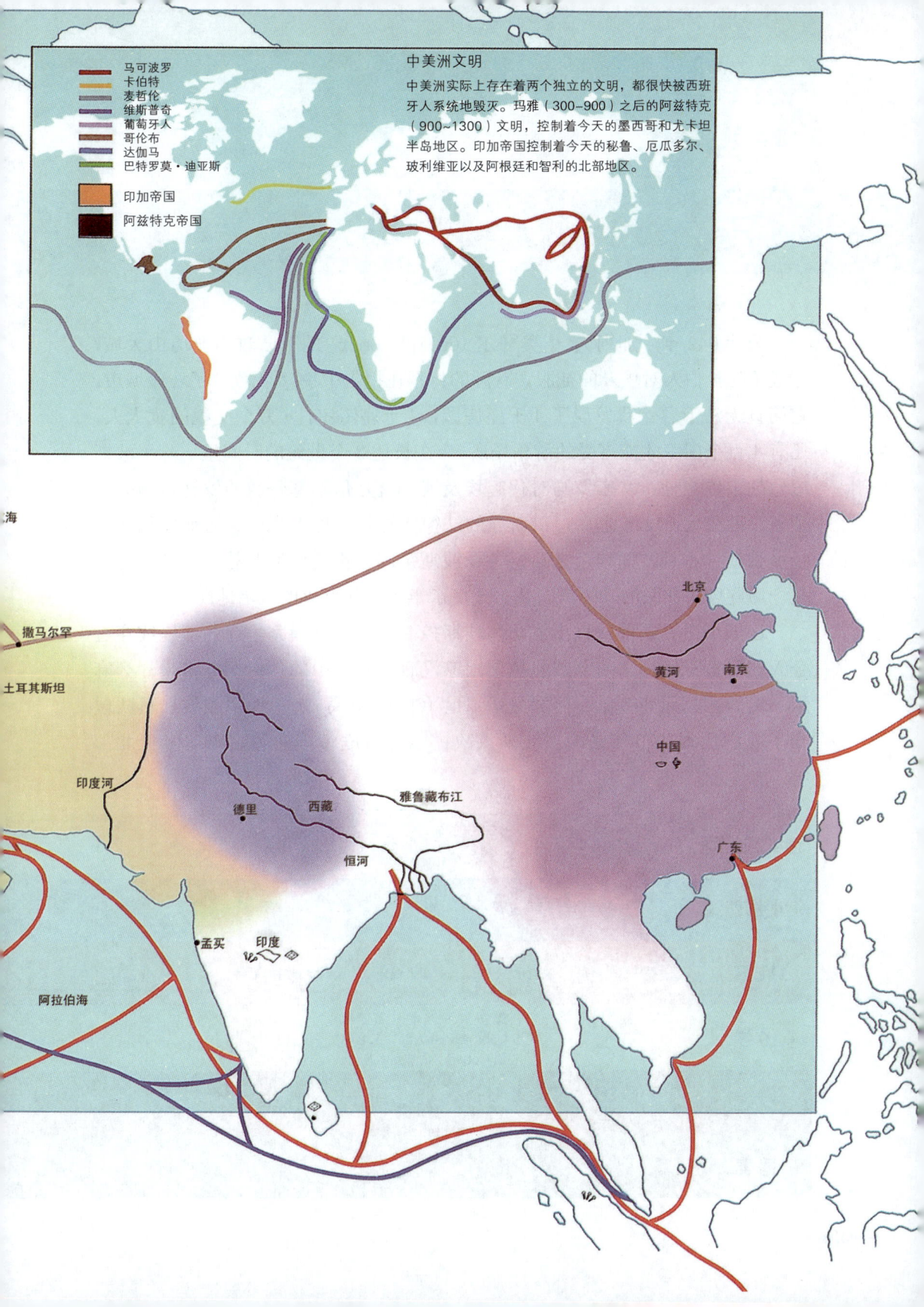

◎ 第六章　从伊斯兰的兴起到文艺复兴

公元642年，加列夫·奥马尔（Caliph Omar）的军队攻陷亚历山大城，完成了阿拉伯人对埃及的征服。获胜的将军在报告中说："我攻占了一座城市，它简直无法形容。我发现了4千座庄园，4千座浴室，4万个交税的犹太人，还有4百个国王才能享受的游乐场所。"在长达3个世纪的时间里，除了波斯短暂的占领之外，从东罗马时代起埃及就一直是信奉基督教的罗马帝国的一个省。而公元642年之后，伊斯兰的法律在这片土地上生效。之前叙利亚已经被穆斯林占领，而埃及之后，整个波斯帝国也都被伊斯兰教徒占领。这只是一场旋风式征服的开端，它几乎改变了半个古代世界的政治地图。

这半个世界之前一直由罗马和波斯控制，这两个国家争夺的边境线穿过今天的伊拉克境内，南部的阿拉伯国家没有给它们中的任何一方带来什么麻烦。然而在公元607年，柯罗艾斯二世（Chosroes II）忽然率领波斯军队展开了胜利征程。10年之内，波斯人攻占了拜占庭帝国在美索布达米亚北部

	500	600	700	800	900
造纸和印刷	造纸术从中国传到朝鲜和日本		中亚出现纸张	中国木版印刷	最早的雕版作品《金刚经》（公元868年）
造船和航海		维京人的船采用龙骨和桅杆		中国脚踏船 三角帆 奥赛堡船（Oseberg）	果克斯塔船（Gokstad）
机 械	罗马水上磨坊	波斯风车	中国机械表	欧洲曲柄记载	
化 学			贾布尔·伊本·海亚恩（Jabir ibn Heyyan，又名格伯[Geber]）的炼金术著作		
建 筑	圣索非亚大教堂建成	中国京杭大运河扩建	教堂釉面玻璃		伊斯兰尖拱建筑
武 器			君士坦丁堡保卫战中希腊人使用火器		

地区的各个堡垒，占领了叙利亚和埃及。622年，东罗马帝国国王希拉克略(Heraclius)组织军队开始反击。希拉克略统治下的国土只是罗马帝国的残照余晖，从公元5世纪日耳曼人入侵罗马开始，欧洲已经分裂成了很多国家，包括法兰克、意大利北部的伦巴底以及西班牙的西哥特(Visigoths)。从政治上来讲，基督教世界已经支离破碎。

在查士丁尼(Justinian)创造辉煌之后，即使在地中海东部地区，罗马帝国的疆域也已经开始缩减。查士丁尼死于公元565年，他修建了君士坦丁堡的索非亚大教堂和拉文纳(Ravenna)的圣维托教堂(San Vitale)。由于波斯人连连得胜，君士坦丁堡很快就被围困。但通过6年奋勇抗战，希拉克略收复了被攻占的东部领土，柯罗艾斯二世被废黜，并被波斯贵族暗杀。而基督教国家的胜利和古代权力平衡的重建，很快就被一个不速之客打断。

新信仰的出现

阿拉伯的广大地区，相当于1/3个欧洲，但除了其海岸地区，它在古代世界中是一块未得到人们认识的土地。所谓的香料之路(Incense Route)从红海的示巴王国(Sabaea)，穿过麦地那和佩特拉(Petra)到达叙利亚。阿拉伯的大部分地区是真正的沙漠，没有水，没有植被生长，对征服者吸引力

	1000	1100	1200	1300	1400	1500
	中国泥活版排字	欧洲第一次出现木版印刷		欧洲木刻版印刷书籍	古腾堡使用活字排版	
	指南针首次在中国使用	西方使用艉柱舵		航海图表(Rutters)	轻快帆船；四分仪和星盘用于航海	地中海三桅帆船葡萄牙人绕非洲航行
	欧洲广泛使用水车	欧洲立式水车	欧洲出现嵌齿轮	立轴横杆式钟表 塔式风车	东蒂的天文钟	脚踏车床；弹簧表；曲柄和连杆
		蒸馏法制造酒精	罗杰·培根(Roger Bacon)的《大作品》	硫酸发现		托马斯·诺顿(Thomas Norton)的《炼金术之序》
	苛性钾发现；	彩色玻璃窗户；圣但以理修道院(Abbey St Denis)预示哥特式建筑风格到来				
	山林城堡	中国人开发出以火药为基础的炸药；骑士堡(Krak des Chevaliers)		中国炮；欧洲炮	便携式火器	

发明的历史
A History of Invention

虽然穆罕默德的宗教生涯很短暂，但他的影响巨大而深远，波及到了世界上大部分地区。这幅出自一份16世纪土耳其手稿的绘画，表现了穆罕默德向他的第一批追随者布道的情景。有成千上万幅画以此为题材。

很小。阿拉伯是一个游牧民族，分成很多部落，每个部落占领一个有水源和植被的绿洲。从根本上讲，阿拉伯人是男性偶像崇拜者，宗教信仰也包括波斯拜火教、基督教和犹太教的元素。他们的宗教圣地是麦加，那里的天房(Kaaba)内陈列着神圣的黑石头，是上天赐予亚伯拉罕的礼物。大约公元570年，穆罕默德降生，虽然他出身于守护天房的柯雷士蒂部落(Koreishites)，但很多年的时间里他只是个牧羊人。他宣称大天使加布里埃尔(Gabriel)在沙漠中向他显灵，命令他创建新的信仰。它最主要的教义就是：只有一个真主，穆罕默德是真主的使者。最初穆罕默德吸引了几个追随者，但是他的宗教教义激怒了柯雷士蒂部落。公元622年，他逃到了邻近的麦地那，穆斯林就从这一年开始计算年份。在麦地那，穆罕默德得到了很多支持，他逐渐变成宗教领袖，带领追随者有组织地袭击属于麦加的富裕商队。毫无疑问，麦加也进行了报复，但公元630年，穆罕默德以征服者的身份重新回到麦加。两年之后他死去，死之前他激励自己的追随者：要坚持信仰在全世界宣扬他的教义。

伊斯兰的传播

从波斯往北，阿拉伯的军队将新信仰传播到包括突厥在内的中亚部落；在埃及他们传播到了整个北非海岸、东罗马帝国的省份（公元698年迦太基陷落）和如今是摩洛哥的柏柏尔人部落。狭窄的直布罗陀海峡将欧洲大陆与阿拉伯世界分开，而这条界限也于公元711年被越过。公元712年，阿拉伯人占领了西哥特的基督教首都托莱多（Toledo）。至此，整个伊比利亚半岛除了北部的一条狭窄海岸，全部被伊斯兰文明占领。阿拉伯的军队越过比利牛斯山（Pyrenees），进入法兰克王国，似乎整个欧洲都要变成伊斯兰的属地。公元732年，恰好在先知穆罕默德去世一个世纪之后，查理曼大帝的祖父查理·马特（Charles Martel，绰号大锤查理），重创了阿拉伯军队。地中海的另一边，阿拉伯军队在公元688年到达博斯普鲁斯海峡，但是在国王利奥三世（Leo III）的顽强抵抗下，也在名为"希腊之火"的军事帮助下，君士坦丁堡没有沦陷。

这是人类历史上最不寻常的一个重要世纪：这个世纪开始时，阿拉伯还是默默无闻的游牧民族，而到了末期，他们成了黄袍加身的统治者。在没有任何军事技术创新的情况下，他们打败了技术比他们高明得多的欧洲军队。这件事究竟为什么会发生，我们在这里不需要讨论，而这些胜利大部分来自对敌人财富的渴望。阿拉伯人的生活很艰苦，基本跟舒适无缘。而且，他们的信仰极端而狂热：在对抗不信仰伊斯兰教的战斗中死去，就能升入天国。

在阿拉伯广阔的新疆域中，阿拉伯语是官方语言。在阿拉伯半岛之外，统治者并不强迫人们信仰伊斯兰教，但是不信仰的人要交纳贡金。这样做的一个重要结果，就是犹太人社区继续繁盛，在穆斯林的学术中心，犹太学者和翻译受到重用。

公元750年，阿巴斯王朝（Abbasid Dynasty）在底格里斯河畔的巴格达建立，并统治阿拉伯500年。尤其是在8世纪末和9世纪，在传奇色彩的哈里发诃伦·阿尔·拉西德（Harun-al-Rashid）的统治下，巴格达成为辉煌的人类中心，欧洲的查理曼大帝统治下的巴黎与之相比也逊色很多。伊斯兰帝国的疆域从大西洋一直到印度，包含了亚历山大帝国的全部疆土，从面积上讲也超过了罗马帝国。当然巴格达无法统治这么广阔的土地，于是

第六章 从伊斯兰的兴起到文艺复兴　93

发明的历史
A History of Invention

在开罗和西班牙科尔多瓦（Cordova）也成立了哈里法王国。

英雄时代结束之后，阿拉伯的扩张仍在继续。9世纪末，西西里岛成为伊斯兰帝国的一个省，即使在法国人重新征服西西里200年之后，阿拉伯的影响依然存在：公元12世纪，伟大的阿拉伯地理学家伊德里斯（Idrisi）与西西里岛的统治者罗杰二世（Roger II）在宫廷会面。12世纪末，阿富汗的统治者格尔的穆罕默德（Mohammed of Gor）在印度德里确立了苏丹的统治，将印度的科学和数学成就纳入了阿拉伯帝国。1305年，地理学家伊本·巴图塔（Ibn Batuta）出生于摩洛哥的丹吉尔（Tangier），他在德里宫廷生活了8年，而后作为使节到了中国的元朝。根据他的旅行记录，他到过阿拉伯商人在锡兰（Ceylon，即斯里兰卡）和苏门答腊岛亚齐（Achin）苏丹帝国的贸易中转站，这是当时对国际社会最广阔的一次考察。

伊斯兰文化

阿拉伯人没有对技术的直接发展作多

虽然是靠武力获取疆域，伊斯兰也很注重宗教和文化。就像欧洲的教堂一样，礼拜场所对阿拉伯人极端重要，而人们也给了这些礼拜场所相当多的关注。图中的清真寺就代表了典型的阿拉伯礼拜场所风格（左图）。阿拉伯人对建筑的影响也非常广泛，就像这座12世纪建于西西里岛帕勒莫（Palermo）的教堂，注意图中右上图的尖拱。

少贡献,但是即便没有创新,阿拉伯的工匠们还是制造了中世纪最好的黄铜制品、玻璃、香料、纺织品、皮制品、陶瓷和染料。也许是由于他们用刀剑传播信仰的教义,阿拉伯人极大地发展了炼铁和炼钢的技术。大马士革刀刀刃锋利,在全世界都赫赫有名,而且挥舞起来银光闪烁。大马士革刀使用的原料是伍兹钢,从印度南部进口。

唐朝(公元618-907年)是中国历史上科技和文化辉煌灿烂的时代,图中所示的是唐朝女皇帝武则天的墓葬乾陵的飞马雕像。

阿拉伯对世界历史有长期而深远的影响。阿拉伯学者汇集和传播了古代世界的经典学识,也推广了自己的哲学思想。他们不仅翻译希腊典籍,还从中国、印度、波斯等古老文明中汲取精华。阿拉伯正好处于东西方之间,随着阿拉伯人成为富裕的贸易民族,他们极大地刺激了用于会计和审查的数学、用于称量和测量的度量衡、天文知识(不仅与航海和日历制定有关,还与神学需要相关,比如确定麦加的精确方向和斋月的开始日期)的发展。他们从印度引进了数字和十进位制,并传往西方,被称作"阿拉伯数字",对罗马笨拙的符号记录起了巨大的推动作用。阿拉伯人没有满足单纯进口知识,他们在化学、物理学和医学上都有重大发现。可以说阿拉伯学者涉及了各个领域,研究结果汇集在丰富的典籍和几部大型百科全书中。他们还在中心城市,比如巴格达、开罗、巴士拉(Basra)、托莱多和科尔多瓦,还建立了巨大的图书馆,到公元1000年,科尔多瓦图书馆已经藏书50万卷。这些城市也成为教学和学术论战的中心,希腊、罗马、伊斯兰和犹太学者们互相交流和争鸣。西方世界的全部知识都汇集到了伊斯兰之下。

中国

公元7世纪初,在遥远的东方也发生了重大变化。和伊斯兰文明兴起一样,它有着举足轻重的意义。公元618年,古老的中国文明在经历了长期分裂之后,由唐朝实现了统一。在之后的3个世纪中,中国文化重新焕发了生

发明的历史

A History of Invention

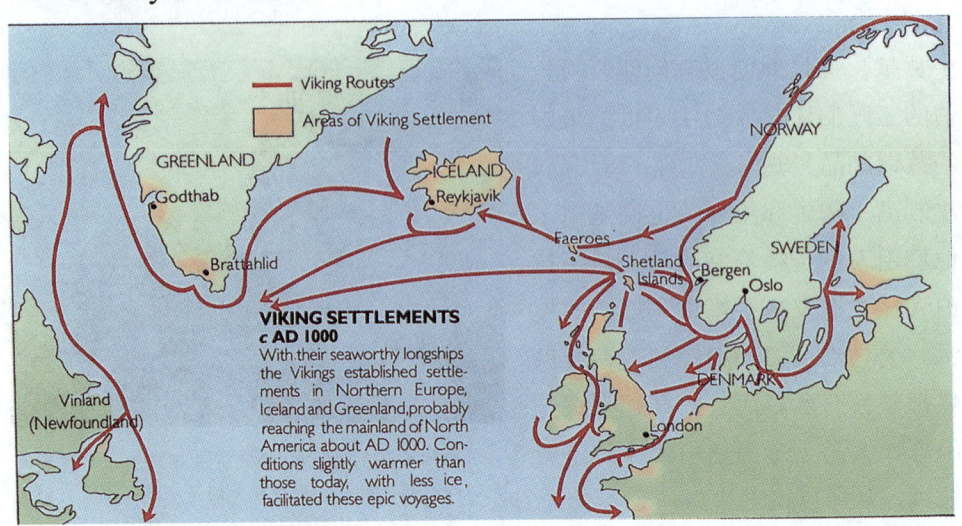

维京人依靠他们适于航海的长船到达北欧、冰岛和格陵兰岛,在那里开辟了定居地。其实很有可能在1000年前后到达了美洲大陆。当时的气候比现在略暖,海上较少的冰成就了这些史诗般的航行。

机。虽然在公元751年的塔拉斯河(Talas River)战役中,阿拉伯人阻止了中国人在中亚地区的扩张,但唐朝通过与印度的贸易,将影响继续向南方扩展。在国内,唐朝建立了中央集权制度,通过科举考试选拔政府官员,修筑了巨大的运河系统,用于交通和贸易。

在唐朝以及随后的宋朝(公元960—1279年)统治下,茶叶和棉花种植成为主要的产业,印刷术得到很大的发展,中国人发明的纸张也开始向外传播:公元751年,伊斯兰统治下的撒马尔罕建立了一个造纸厂。宋朝的军队装备了火药武器,包括炸药,它的船队使用指南针导航。后来成吉思汗率领的蒙古部落,在大都(今北京)建立了自己的政权,取代了宋朝。蒙古人的帝国扫荡了整个西伯利亚草原,征服了众多的草原民族,建立了元朝,正是在这个时期,马可波罗等欧洲旅行家来到中国。14世纪60年代,明朝灭掉蒙古人建立的元朝之后,中国开始闭关锁国。中国人发明的很多重要的技术,都传到了西方,推动了西方文明的繁盛。

中世纪的欧洲

公元476年,罗马帝国最后一个皇帝被废黜,而远在此之前帝国就岌岌可危了。接下来的3个世纪是欧洲的黑暗年代,战乱频繁,知识发展停滞,这是作为侵略者的继承者为了稳固统治而建立组织严密甚至是专制的政府所致。作为灭亡帝国仅存的管理机构，罗马的教皇逐步扩大了自己的影响力，他们的信念是：不管在政治上有多么敌对，统治者必须是基督徒。查理曼大帝的法兰克王国从德国的易北河(Elbe)一直到西班牙的埃布罗河(Ebro)，向南一直延伸入意大利境内。公元800年的圣诞节，教皇为查理曼大帝在罗马加冕，宣布他为神圣罗马帝国的国王。这次加冕带来了知识和艺术的复兴，代表是法兰克帝国的北都亚琛(Aachen)，在这里一群学者掀起了复兴的潮流。公元9世纪，地理学家和自然历史学家阿尔·贾西兹(Al-Jahiz)这样描述了西方、阿拉伯和东方的力量对比：智慧在三种事物上闪烁：法兰克人的头脑、中国人的双手和阿拉伯人的嘴。

9世纪时，法兰克帝国的加洛琳王朝分裂，欧洲陷入了新的威胁，它来自挪威维京人在欧洲的河流中纵横捭阖的长船。这种船制作精细，吃水浅，非常适合航行。在这种相当于新式海军技术的帮助下，野心勃勃的维京海盗建立了诺曼底公国和基辅公国。公元982年，红发埃里克发现了格陵兰岛，并开始在那里殖民。

在欧洲东部，新出现的日耳曼帝国统治者，在955年的利岑菲尔德(Lechfeld)战役中，一举击败马扎尔人(Magyars)。由于重骑兵的发展，欧洲军队的战斗力大大增强（大部分归功于马具的发展，比如马镫）。11世纪90年代的第一次十字军东征中，欧洲人取得了基督教世界之外的首次胜利。当时欧洲处于封建社会，经济上远远没有达到富裕的程度，它建立在军事力量与劳动力忠诚的相互交换之上，通过农民和小工商业者的劳动支持花费昂贵的军队。

跨越国界的教堂组织，也被纳入封建体系当中。教会摒弃了原始的思想，再抱这种思想的统统被当作异教徒。教会是传习知识的场所，而且它还是大地主，促进了农业发展。从大约公元1100年起，法国的西多修道院(Abbey of Citeaux)和他的兄弟教堂，为欧洲发展做出了更深入的贡

这个石榴红色的金胸针，大约制作于公元8世纪，出土自立农(Linon)。它是欧洲野蛮人工艺的很好代表。

第六章 从伊斯兰的兴起到文艺复兴

发明的历史
A History of Invention

献。西多会的修士们远离纷繁的世界,到偏僻的地方寻求虔诚的生活,开辟新土地、发展羊毛工业,他们饲养了大量优质绵羊。

在意大利北部,快速扩展的城镇贸易为这些城镇奠定了繁荣的基础。更为重要的是,人们精神生活变得更加自由,有些学者开始脱离修道院和教堂,成立了自己的教学场所,成为后来大学的雏形。

那个时候,伊斯兰知识的影响开始减弱,但仍然存在。很多久被遗忘的经典著作,还有阿维森纳(Avicenna)这样的大学者的丰富评注,都从阿拉伯文翻译成拉丁文,在欧洲传播。对于很多阿拉伯语的技术术语,拉丁文都没有相应的说法,这些词语就单纯换成了罗马字母拼写,比如 alembic(蒸馏器)、alcohol(酒精)、alkali(碱)等等。欧洲的学者们通过各种途径获取阿拉伯经典,其中成就突出的是阿拉伯人统治下的西班牙。克罗默纳的热拉尔德(Gerald of Cremona, 1114—1187),在托莱多生活,他是当时欧洲学者的代表:关注阿拉伯在每个领域的丰富典籍,同时也发现欧洲人在同样领域的薄弱,他将毕生精力投入到翻译事业中。12世纪,另一位孜孜不倦和多产的翻译家是巴斯的埃德拉德(Adelard of Bath),他尖锐地指出,欧洲对于权威的恭敬和阿拉伯学派的思想自由形成鲜明对比。

当时,欧洲的精神生活集中在巴黎的 studia generale 和别处。学者们自己组成团体,和工匠与商人的行会差不多。13世纪,圣托马斯·阿奎那(St. Thomas Aquinas)致力于将新知识融入基督教神学传统,但他的思想也深受很多阿拉伯学者影响,比如犹太哲学家迈蒙尼德(Maimonides)。最重要的影响来自阿威罗伊(Averroes),直到15和16世纪他对亚里士多德的评论仍然极具影响。早期大学中的佼佼

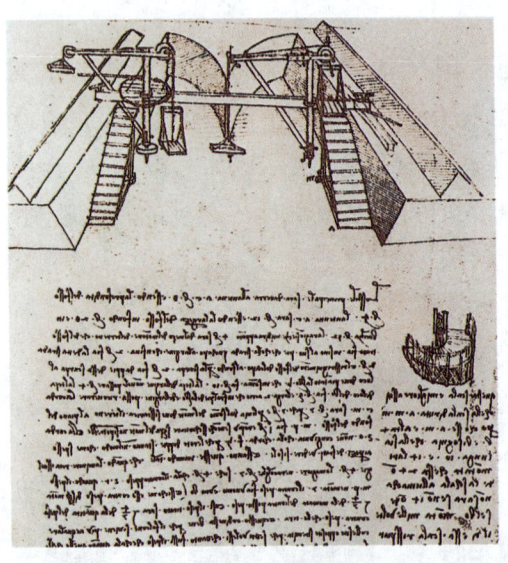

达芬奇是天才的画家和雕刻家,还是才华出众的工程师和建筑师。这份图纸,上面的字是有达芬奇特色的倒写,是一个水渠挖掘机的设计,伦巴底平原的灌溉是当时的热门话题。然而达芬奇层出不穷的想象力经常超越技术的发展,他的很多发明,比如飞行机器,在当时根本无法实现。

者是巴黎大学、波隆纳（Bologna）大学和牛津大学，到公元 1400 年，全欧洲共有 80 座大学。它们的主要使命是传承过去的知识，而非推动知识发展，当时这仍然是危险的事情。

欧洲文艺复兴

知识的发展为文艺复兴作了铺垫，这场伟大的文化革命 14 世纪从意大利开始，逐渐地影响了整个欧洲的生活和思想。意大利的城市通过复杂的欧洲贸易网络变得富裕，它们还是从东方来的香料和奢侈品的分销站，从中获得了巨大利润。新的商人和银行家阶层诞生，并且成为文学艺术的支持者。但并不只是文化革命，米开朗基罗和达芬奇对设计使用的设备兴趣浓厚，比如机械和防御工事，他们的雕刻与绘画也达到了无法超越的水平。希腊人对各种知识和其应用都有极大兴趣，提出了很多世纪的难题，这让伊斯兰的哲学家都感到困惑。现在，这些困惑都被对技术程序日益增长的兴趣取代。

很多影响深远的变革，都加强了未来技术的重要性。其中最重要的是活字印刷术，由中国人发明，并于 15 世纪中期传到欧洲。印刷术传入之前，欧洲人只能手工抄写，所以印刷术将知识传播的速度加快了很多倍。中国人的另外一个发明——火药，改变了战争的方式。还有一项归功于船舶设计重大改进的重要发展，是葡萄牙人和随后西班牙人的远洋航行，这是为了打破意大利人对东方与欧洲之间利润丰厚的贸易的垄断。1492 年，哥伦布开始向西航行，希望能到达印度，这一年阿拉伯人被逐出西班牙，费迪南德（Ferdinand）和伊莎贝拉（Isabella）的统治得以巩固。哥伦布的航行揭开了欧洲人向美洲移民的序幕，也开启了未来一个文明的发展历程。这些事件的直接后果就是西班牙的崛起，大量金、银，以及奎宁和橡胶这样的新事物涌入欧洲。这场航行也带来了悲剧，欧洲人用野蛮的方式灭绝了美洲的玛雅和印加文明，并且用这些独特文明的毁灭为代价，开始了向美洲移民的过程。

◎ 第七章　造船和航海

在古代，造船是一项发展很好的行业。几乎没有潮汐的地中海各个港口，被复杂的船运系统连接在一起；从红海的港口起航的船与来自中国和印度的船定期进行贸易；腓尼基人早就越过直布罗陀海峡，到达了波涛汹涌的大西洋；希罗多德记载的腓尼基人环非洲的航行值得怀疑，但可能性的确存在。进入远离陆地的海洋进行航行很危险，但这是正常贸易的一部分。水运是最便宜的运输方式，世界上最适于航行的河流和运河，都承载了相当大的运输量。

从古代世界到铁船壳和蒸汽机出现之前，船舶的基本构造都已成型。就是说，一个5世纪的海员，可以毫不费力地驾驶19世纪的快速帆船——帆船发展的最高形式。当然，仍然有很多重大的改变，改变更多的是在海运系统上，比如船体、掌舵、驱动、导航等，而不是在船的构造上。

虽然我们对古代船舶已经了解得很多，但仍然有空白，比如我们对东罗马帝国的船知之甚少。艺术家们经常为我们留下浪漫的描绘，但是其真实性

近年来，随着很多古代沉船的发现（有一些甚至是公元前的船），人们对于古代船舶的构造有了更多了解。左图中所示的是一艘著名的沉船，英国战船玛丽·罗斯(Mary Rose)，1545年在朴次茅斯(Portsmouth)沉没，全体船员殉难。1982年它被打捞出来。

另一艘著名的沉船是瓦萨号(Vasa)，17世纪在斯德哥尔摩湾沉没。它于1961年被打捞上来，船体和内部陈设都被复原，现在用于永久展示。

维京人将船和其他私人财物给首领当陪葬的做法,让现代的考古学家有了丰富的参考资料。最早的长船之一是上图中的科克斯塔德号(Gokstad),它的桅杆很短、龙骨突出、每边都有16个安插桨的孔。这种船通常都有精心装饰的艏标,就像在比利时斯克尔特河(Scheldt)发现的一艘几乎同时代的船的标志(上图)。

科克斯塔德号船(右图)被埋入地下1000年后,于1880年在奥斯陆湾的科克斯塔德农场被发现。这种长船依靠桨手驱动,能够进行穿越大西洋的航行。1893年,根据科克斯塔德号仿制的一艘船穿越了大西洋。

并不强,而且古代的木船很容易破裂或腐烂。但是也有例外,我们对维京人的船了解很多,因为他们有将船当作首领陪葬的习俗。

近年来,新的水下考古技术的出现,使得定位和勘查沉船变得更加容易,而埋在淤泥或沙土下的沉船往往保存得很好。一些古代沉船和船上的物品几乎完整地保存了下来,比较有名的是1545年在朴次茅斯沉没的玛丽·罗斯号。通过对古代甲板的调查研究,能够得到当时船舶的尺寸和特征资料。

船体

有一种观点认为,北欧最早的木船,尤其是斯堪的纳维亚的木船,来自地中海地区。但是除了当时这种交流根本不可能发生之外,两个地区的木船发展路线也不一样,只有在交流更加自由之后,才会出现这种现象现象。即使有相近之处也并不奇怪,不同地区的人类往往面临同样的实际问题,他们各自独立找出的解决之道有时候会一模一样。

两者之间有两项重要不同。龙骨,支撑整个船体的纵向构材,很早就被引入地中海地区,而直到公元6世纪,真正的龙骨(而不是装在船底部的长木板)才在斯堪的纳维亚船上出现。而且,地中海的船以平铺法钉造(木板

发明的历史
A History of Invention

对接），而斯堪的纳维亚船是重叠搭造（木板重叠）。与地中海的船相比，斯堪的纳维亚船还有一个显著特点：直到公元 7 世纪，都没有桅杆。桅杆与龙骨的出现相辅相成，龙骨为桅杆提供了坚固的底座。一个例子是奥塞贝格（Oseberg）船，大约造于公元 800 年，20 世纪初被发现。她长 21 米，每边有 15 支桨，有一根很短的桅杆，挂着方形帆。

最著名的维京长船（之所以这么叫，是因为它的长宽比例）大概要数科克斯塔德号，制造于公元 900 年，1880 年被重新发现。它大约重 50 吨，海盗首领 Erik the Red 和他的儿子列夫·埃利森（Leif Ericsson）就是乘坐它到达格陵兰岛，也许还到达了北美洲的海岸（比哥伦布早 5 个世纪），完成了收获颇丰的航行。1893 年，人们根据科克斯塔德号仿制了一艘船，完成了穿越大西洋的航行，这艘船曾在芝加哥世界博览会展出。学者们也许会质疑维京人发现过美洲，但是鉴于维京人在格陵兰岛建立了几千人的殖民地，并且定期向那里供应物资，很难相信他们不再前进一小步，到达美洲大陆。

在北欧，很多世纪以来长船一直是主要航海工具。英格兰的国王阿尔弗烈德（Alfred）靠它战胜了丹麦人的入侵（当时阿尔弗烈德最大的船有 60 名桨手），征服者威廉，即英国国王威廉一世，也是靠它征服英格兰。直到 13 世纪，波罗的海的许多贸易城市结成汉萨同盟（Hanseatic League），它同英国和荷兰有密切关系，这时又出现了另一种船：克格船（cog）。它的船首是直的，船尾与长而直的龙骨成一定角度，即使在

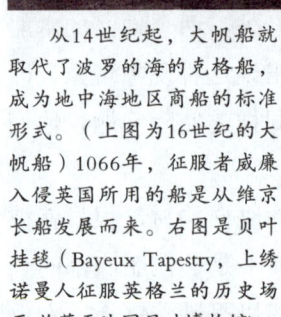

从 14 世纪起，大帆船就取代了波罗的海的克格船，成为地中海地区商船的标准形式。（上图为 16 世纪的大帆船）1066 年，征服者威廉入侵英国所用的船是从维京长船发展而来。右图是贝叶挂毯（Bayeux Tapestry，上绣诺曼人征服英格兰的历史场面,收藏于法国贝叶博物馆）

恶劣的天气仍能够维持船的稳定。克格船只有一根桅杆，总长大约 30 米，宽 8 米，几乎像一个桶，地中海地区的商人往往长成这个样子。比较引人注目的是船首尾各有一个高大建筑，船首的较小，船尾的较大。起初它们是作为船体的附加建筑出现，而后来却成了不可缺少的一部分。它们被称作堡垒，就像这个名字所暗示的，它们既能够当作哨台，又能够当作发射台，向敌人的船只发射火药。第三个堡垒在桅杆上，通常用作瞭望台，但是 13 世纪的印刷作品中，也有弓箭手出现在这个堡垒中。在海盗横行的年代，这种防御是必要的，也体现了商船和战船合一的趋势。在英国，还出现了另一种克格船，它有着传统的雕刻艏柱，龙骨更短。

公元157年的勒班图战役中，奥地利的Don John打败了土耳其人，这次战役很有纪念意义，因为它是最后一次单层甲板大帆船作主力的战斗。此图生动地描述了战斗的场面和所使用帆船的外观尺寸。留意船首的金属撞角，这是早期希腊人的武器，而从这次战役之后，它又风行了2000年。

14 世纪，克格船开始在地中海地区出现，大部分是意大利的大贸易商人定做的。这些船遵从了当地的传统，以平铺法钉造。一项重大的改进是在主桅后面出现了第二根桅杆，后来船尾楼上面又出现了较小的第三根。这种船最初是西班牙人和葡萄牙人使用，叫做西班牙大帆船，从 14 世纪起它成为地中海地区的标准帆船。14 世纪初的时候，250 吨的船就被认为是大船，而到了该世纪末，1000 吨甚至以上的船已经很平常。1418 年，亨利五世建造的伟大的亨利 (Grace Dieu) 重达 1400 吨，这在当时是个例外。伟大的亨利遗骸在汉宝河 (Hamble River) 被发现。还有一种吃水较浅和体型更小的帆船是葡萄牙帆船，15 世纪地理大发现的航海活动中大都使用这种帆船，葡萄牙的航海家亨利王子 (Prince Henry the Navigator) 推动了它的使用。桶状的克格船很快被按照 1-2-3 模式建造的船取代，1-2-3 表示船体的长度是宽度的 3 倍，而宽度又是高度的 2 倍。

第七章 造船和航海

发明的历史

A History of Invention

三角帆能够更加紧密地依靠风力,它最初由阿拉伯人在独桅帆船中使用。

伟大的亨利号遗骸的发现,提供了当时造船方法的有趣证据。重叠的木板分作三层,总厚 10 米,这些木板通过铁栓固定在船的肋材上。在北欧,大帆船一直没被广泛采用,虽然平铺钉造法逐渐取代重叠搭造法。在北欧流行的是扩大的克格船,长度是普通克格船的 2 倍,有 3 根桅杆。这种船最初被称作哈克船(hulk),它是帆桅等的装备完整的一种船。亨利八世 1512 年建造的伟大的哈里(Grace a Dieu),于 1545 年重建,是当时大型船舶的代表。它有 4 根桅杆,2 个大型堡垒,装载 700 名船员,其设计足以抵御任何敌人的袭击。关于当时船的设计方案,我们所知甚少,似乎通常人们在设计室的地板上用粉笔画出很多船横截面,用以测量尺寸。通常人们会制造精致的模型,很多现在仍然保留着。中国 5 世纪的一份档案有这样的片段:温州地方县令接到中央军事长官送来的两卷船舶设计图。根据命令,要分派官员们去购买建造 25 艘海船所需的木材。也许文中提到的设计图只是草图和采购要求,17 世纪之前中国的船舶设计到现在仍然是个谜。

在过去,造船与木材供应有很大关系。一棵好的橡树能够提供 2 吨可用木材。每公顷土地长 100 棵树的话,伟大的哈里这样的船就需要 6 公顷的树木。这 6 公顷树木砍伐完后,需要 1 个世纪才能再恢复,而一艘船的寿命只有不到 20 年。

装饰一直是船的一大特点，比如维京长船雕刻和镀金的船首以及船舷上缘的盾牌。16 世纪通行绘画装饰，很少用雕刻。17 世纪，很多著名的船上都有丰富繁杂的装饰，有时候甚至会妨碍船的性能。最有名的这类装饰就是精巧的人头像。

转向

用踏板或桨驱动的船，能够通过改变某一边的节奏实现转向；在需要突然转向时，可以在一边倒着踩踏板。从古代起，一些辅助性的转向设备就出现了，最早的这类工具（在埃及的壁画、希腊的瓶画和罗马的战船雕刻中都有描绘）是很宽的桨，装在船尾附近，由舵手控制。有的船上有两个这种桨，两边各有一个。

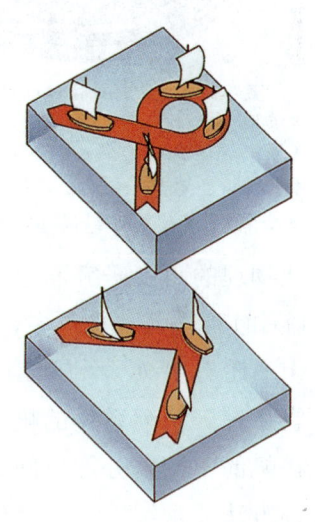

现代人很熟悉的艉柱方向舵，能够控制船向左右转动，在欧洲是比较新的发明。这种方向舵在中国的汉墓中被发现过，而直到 13 世纪，这种重要的发明才在西方出现，大概是东罗马人最先使用了它。大约 1242 年波兰易宾市（Elbing）的一枚印章上，发现了装有方向舵的单桅帆船图案。部分由于高大的艉柱，部分由于传统，方向舵最初由船尾的舵手通过曲柄杆控制，就像控制方向桨一样。直到今天，人们仍然能在斯堪的纳维亚看到这种方向舵。到了 15 世纪，现代的舵柄控制的方向舵已经出现，通过凿在船尾的孔洞控制，船尾再也不是单独的艉柱结构，而变成了方形。

驱动

对于我们现在所探讨的年代，在所有的实际应用中，只有两种驱动方式：桨和帆。这两种方式通常结合使用，而出于经济原因，帆的使用率更高，只在狭窄水道运输笨重的东西时才会单独使用桨。划船的奴隶也逐渐涉及到资本投入，使得劳动力成本越来越高。一艘威尼斯大船大约需要 200 名桨手，

发明的历史
A History of Invention

最早的航海者只是通过观察太阳、月亮和星辰航行。到16世纪，航海活动开始使用多种工具，都是对天文学家长期使用的工具的改进。其中最重要的一种工具是星盘（上图）：这个星盘是1548年在德国纽伦堡制造。

成本非常高。

在世界上大部分地区，风在一年四季都有固定的风向，而航海可以利用这些风向。即使风向与龙骨正横（成直角），也可以通过调整帆的倾斜度，让风从特定的角度吹向帆，带来向前的推动力。当然，这样做也有不利之处。第一，比起全部风力都作用于推动船前进，这样的情况下船速会慢；第二，风作用到别的方向的力会让船偏离航线；第三，船会在风中颠簸，只能通过转向舵调整。在一本关于机械的作品中，亚里士多德讨论了如何应对第三个问题，他认为可以通过卷帆索减小帆的面积，从而减少作用在帆上的风力。不过他只是从物理的角度研究问题，而船员们面临的实际困难要多得多。

还有另外一种利用风力的办法，它通过一系列系住的帆角，让风作用在帆的不同部分，迂回曲折前进。这种方法非常缓慢，不仅仅是比正常风力作用下速度慢了很多，还要航行比正常状态下长得多的路线。而且，在每次更换帆角以让风吹动应该吹的部分时，都要把船停下，重新设置帆的位置。在狭窄的水域、能见度低和风向多变的情况下，这种方法很困难或者根本不可能完成预期的航行。

有一些人会想，是不是对怎样逆风航行关注太多了。一方面，这是海

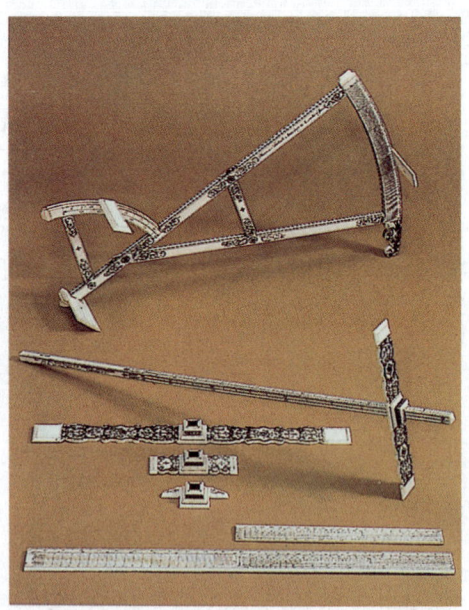

大约18世纪制造的精细航海工具：背直角器(back-staff)（上）、横木可拆卸的直角器（中）以及一对格尺（下）。

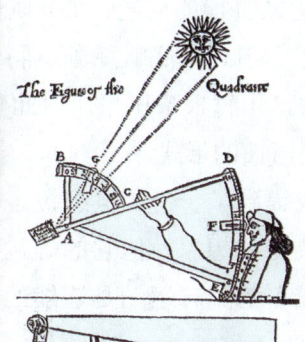

现代人绘制的古代航海工具示意图，这些工具用于测量太阳和其他天体的地平纬度：1493年德国制造的星盘（右下）、1538年荷兰制造的直角器（右中）以及1669年英国制造的直角器（右上）。

很多世纪里，托勒密(Ptolemy)世界地图（左上）得到广泛的信任。该地图1486年在德国乌尔姆(Ulm)出版。但通常航海者需要更加详细的地图，比如这幅1535年出版的葡萄牙地图，表示的是北大西洋地区的情况（左下角）。

员的技巧，而它也与帆本身有关。阿拉伯人作出了一项重要的改进，它迅速流传到地中海地区，就是三角帆。在这种设计中，帆的位置可以在桅杆前后变动，而不再是与桅杆成直角。帆的弧度产生空气动力，就像飞机机翼一样，即使在完全逆风的情况下，也能够推动船前进。

更强的控制能力，推动了15世纪伊比利亚半岛的航海探险，人们使用的船大部分是三角大帆船。船长们再也不用担心因为风向问题而找不到回航路线（正是这种恐惧阻止了葡萄牙人1413年越过非洲西部突出的陆地部分），也能以更大的信心进入未知的危险水域。

对中国这个时期的船舶设备，我们的知识并不完整，这部分因为中国很大，根据各地的不同情况人们发展了不同的装备，部分因为中国人的记载有时候过于随意。比如"船上的头巾状物能够使船升高，并且让船更加轻快"，我们可以把"头巾状物"理解为某种上桅帆，但是这并不能解释该装备的特征，以及它怎样及什么时候使用。但是明显的一点是，中国船运技术的发展不逊于西方。船的顺风漂移问题，通常用下风板来解决，它装在水面之下的船壳上，增强对水的侧抵抗力。一位13世纪的作家很清楚地记载说，人们已

第七章 造船和航海

发明的历史
A History of Invention

经有效地解决了逆风航行的问题：8个风向中，只有一个是死风向，船在这个方向无法航行。中国式平底帆船独具特色的帆的设计，就是解决之道。每一张帆都分成几块，用竹板条压平，由此整张帆可以更加贴近风。与之相比，西方的船采用的是弯曲的形式。

在上文中，我提到了一份4世纪拉丁文献中记载的用牛拉的踏车驱动的船，它被当作太离奇的想象。但它的确包含着重要的机械规律：与划桨动作的不连续相比，踏车的旋转运动是连续的，能够减少动作重复之间造成的能量损失。

在西方人发明蒸汽机近十个世纪之前，中国人广泛使用了脚踏船。公元5世纪末就有了关于脚踏船的明确记载，到了782年，李高（音）详细记录了"一艘战船……由两个踏车明轮驱动，在风雨中能像帆船一样行动自如"。这种描述让我们了解到的仍然有限，但是到了12世纪，情况又发生了变化。此时，在长江和洞庭湖上，大量脚踏驱动的战船得到广泛使用，尤其是1130年农民起义军的军事首领杨幺。根据我们了解的情况，一些大船长达100米，船上有将近1000人。这些"飞虎"都有很多踏板，每边船舷有大约12个踏板。从12世纪直到现在，中国人一直在使用这种脚踏船。但虽然中国人制造了大量脚踏船，但这种船从未流行开来，因为人工成本太高：250吨的船需要42个人踩踏板，非常大的船可能需要多达200人。

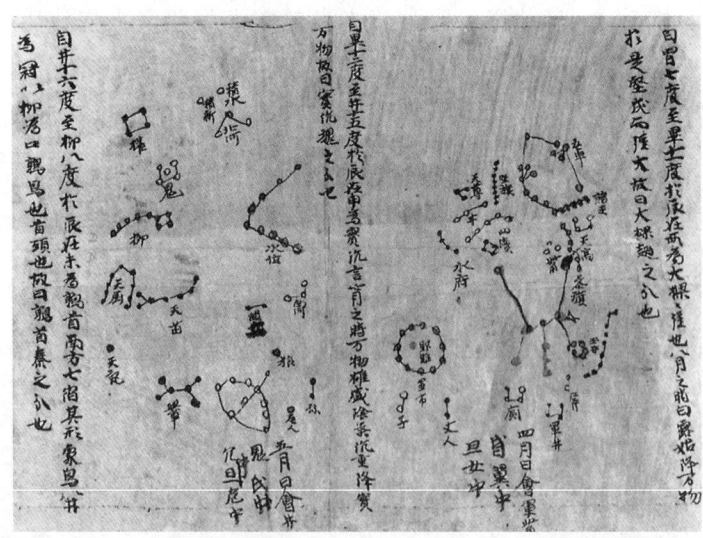

从公元前4世纪起，中国的天文学家就开始制作历法和星象图。最早的形象记录时间是公元940年，在甘肃省的敦煌洞穴中出土。它标明了各种星座，比如小犬座和巨蟹座（左）、大犬座和猎户座（右）。三行文字，是三位中国伟大天文学家对星座位置的推断。

航海技术

人类很早就知道地球是球形的,公元前 3 世纪,希腊学者埃拉托色尼(Eratosthenes)在观察天象的基础上估计赤道的长度是 46000 公里,这与用顶尖的现代仪器测算出的结果 40000 公里相差不是很大。

世界上早期的地理学家,比如公元 1 世纪的托勒密,在描述世界面貌时在精确程度上往往有误差。绘制地图时,他们使用当时能用的天文观测方式,也非常依靠旅行者的估计来确定地理距离(基于旅行时间)和方位(从来没能精确)。所以,越容易到达的地方,信息资源就越丰富和准确。欧洲、地中海地区和中东地区的地图都很详尽,而亚洲地区的地图则与实际偏差很大,而且距离被大大地高估了。这对后来的西方人产生了很大影响,他们认为从欧洲向西航行,能够更快地到达亚洲,这完全与事实相反。

图是根据16世纪的原型模仿制造的航海用罗盘,罗盘最早由中国人在12世纪使用。早期的使用面临一些困难,除了不同地区磁偏角的不同,还有怎样将罗盘上的方向与海图上的方位联系起来的问题。根本的问题是如何将三维的球体上的方向转化为二维平面方向。下图所示为墨卡托(Mercator)球体效果。

然而对于地球上的广大地区,古代的地图所提供的信息一点都不可靠,绘图者们不过是凭借想象将它们填满。古代人坚信,为了与北部面积很大的亚洲保持平衡,地球南部一定有一个巨大的大洲,16 世纪荷兰的地图学家奥特利乌斯(Ortelius)称之为"未知的南部陆地"。而托勒密则把印度洋描绘成了一个内海。当然,还有地球是平面的说法,而航海者们肯定不相信这个理论,因为那样一来他们就可能从地球边缘掉下去。相反,航海者们很清楚:只要海洋是相通的,就完全能够环游地球。

伟大的地图学者考虑描绘地球时,普通的航海者不得不依赖更小范围的海图,比如著

第七章 造船和航海　109

发明的历史
A History of Invention

名的 14 世纪地中海地图——世界地图 (Mappa Mundi)。这种地图包含了很多实用的航海信息——潮汐、浅滩、主要风向、地标等。航行方向在运输图中加以注明。同一时期，中国人也创造了类似的导航地图。牛津大学图书馆收藏了一幅 14 世纪中国手稿，名字是《一路顺风》(Favorable winds escort you)，它出自中国 14 世纪印刷的航海地图。

在海上航行的时候，航海者们使用航位推测法估计自己的位置，每一点方位和速度的变化都要考虑进去。如果所用的资料正确，就能得出正确的结论，但是实际上有很多不确定因素，比如洋流的影响和风向使船发生横移，所以这种计算可能会出现很大的错误。整个早期的太平洋探险历史中，人们发现并记录了很多新的地方，但是它们都没有被再次找到，因为地图把它们的位置标错了，通常是偏离了几百公里；有些地方在得到确认之前，往往被发现好几次。

航海者也有办法克服这些错误，就是运用一系列航海工具测定他们所在位置的经度和纬度。纬度表示的是从赤道到极地角度数，经度是按照事先确定的子午线测出的角度数。实际操作中，确定纬度不是很难，只要观察一下太阳或者北极星这些天体的位置就可以。但是在颠簸的甲板上，做到这一点并不容易，何况有时候还有云和雾连绵几天不散，根本无法观测，在北部的高纬度地区尤其如此。

测量地平纬度最常用的仪器是四分仪，一边带瞄准器的 1/4 圆的铁片或木片。四分仪的刻度从 0 到 90 度，还有一根铅垂线，用于在瞄准器对准星座的时候测量纬度。天文学家所用的星盘，也被简化用于航海。另一个简易装置是直角器，它包括一根大约 1 米长的杆子，上面有一根垂直的横木。横木的一端对准地平线，另一端对准要观测的太阳或星辰。直角器的一个重要改进是背直角器，由约翰·戴维斯 (John Davis) 1594 年发明，能够使观测者背对太阳观测。

利用简单的工具就能相当精确地测出纬度，需要的观测条件也很容易得到。而经度的测量却是另外一回事，这涉及到将当地时间与子午线时间做比较。直到 18 世纪下半叶，海上计时器发明，这个问题才得到满意的解决。

还有一些简单工具值得一提。其中一种是测深绳，它不仅能用来测量海水深度，还能通过在末端系一块油脂探测海床的特征，对于老练的航海者这是很有用的信息。还有一种是测程器，这个简单的装置用于测量船速。它包含一块很重的水平木板，能够抵抗水流漂浮在水面。板上系着一根绳子，每14.5米打一个结。需要测速的时候，将板扔进海里，然后在用沙漏确定的一段固定时间内，计算送出去的结的数量。现在，船速仍用"节"作单位，1节就是1海里/小时（1海里相当于1.85公里）。威廉·伯恩（William Bourne）1574年首次出版了关于测程器的记录，但在那之前它已经是很成熟的一种设备。测程器相当重要，所以人们会专门用"航海日志"（log-book）来记录它的测量结果，这种日志后来演变成航程的每日记录。

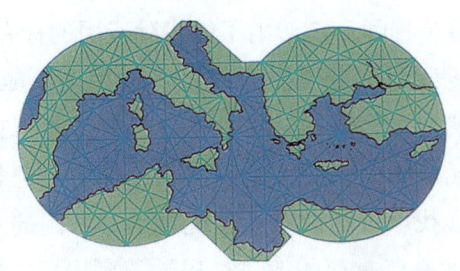

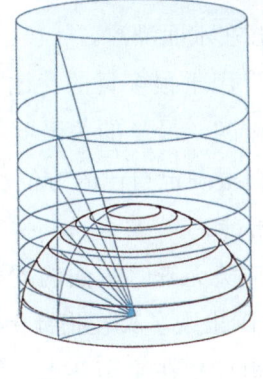

上图是大约1275年绘制的Carte Pisana，是根据指南针测定的方位和距离绘制的现存最早的地图，它绘出了地中海，但是不很精确。1568年，墨卡托发展了圆柱投影方法（中图），用二维的方法表现地球弯曲的表面。离赤道越远，纬线就相互离得越远，而经线是平行的（下图）。虽然墨卡托的投影扭曲了地球形状，但是它包含了直线方向，让航海者们更容易找到航向。

罗盘

航海工具中最重要的创新是罗盘。罗马人和中国汉朝人都发现了天然磁石（有磁性的氧化铁）的吸引力。但认识到磁铁有指南指北的能力，是另外一回事。在欧洲，最早关于这种能力的记录大约出现在1190年，由亚历山大·内克汉姆（Alexander Neckham）所作。1269年，彼得·佩雷里诺斯（Peter Perelinus）在其所著的《关于磁铁的通信集》中，描述了经过与天然磁石摩擦后，一块由一小片木头支撑起来的铁能够指向正南正北方向。罗杰·培根（Roger Bacon）称佩雷里诺斯为"实验大师"，而后者对磁铁的兴趣显然超出了学术范围。他是

第七章 造船和航海 111

发明的历史
A History of Invention

一位军事工程师，制造出了能实际应用的标有磁极和刻度的罗盘。

毫无疑问，是中国人最早将这种现象应用于实际。早在公元前5世纪，中国人就把天然磁石刻成勺子的形状，这种工具被称作"司南"，用于寻找方向。公元前4世纪的《鬼谷子》一书中，记载了玉石矿开采者使用司南，帮助他们寻找珍贵的矿石。从此之后，中国的文献中多次提到司南，但是直到11世纪才有了重要的改进：磁铁得到应用。很薄的铁片被刻成鱼形，通过与天然磁石摩擦磁化，能够在水面漂浮。

中国人将这种"鱼"用于很多目的。比如，中国人很重视房屋、寺庙和其他建筑的风水，趋吉避凶。最早的关于罗盘用于航海的记载，出现在1119年，它这样写道：水手们很确定自己的方位，晚上他们看星星，白天看太阳，阴天的时候，他们用指南针。

不过，指南针并非完美无缺。平面的罗盘使用起来并不是很方便，所以到了16世纪，欧洲和中国出现了架在指针上的罗盘，就是现在的指南针。16世纪，欧洲人开始将指南针架在平衡环上，而在中国这种装置的出现要早很多。更关键的问题是，实际上指南针并不指向真正的北方，而是磁极的北方。中国的哲学家们早在1050年就知道了这个偏差，而当时欧洲人还不知道指南针的特性。而且这个偏差也并没有固定值，随着时间和地点而改变，简单的矫正于事无补。而幸运的是，世界各地的方位不同很小，而且改变很缓慢。

那么，东西方指南针的发展有什么联系呢？没有证据表明，指南针经陆路从中国传到欧洲，但是很有可能是通过海上由来已久的贸易航线，通过阿拉伯人传播的。但是，在1232年之前，阿拉伯文献中没有指南针的记载，而欧洲已经有记载。所以现在这个问题还没有满意的答案，也可能是东西方各自独立发明了指南针。

1519年，麦哲伦开始首次环球航行时，他带了21个四分仪、7个星盘、18个沙漏、23张海图和37个指针，大概是当时远洋航行的典型装备。海图与指南针的结合很有效，但是由于二者的局限性，航行很有可能出现偏差。事实上，1521年麦哲伦到达菲律宾时，他的领航员计算的位置偏差了5400公里。海图的一个主要问题，是无法将地球仪上的三维图形，用二维方式表现出来。直到1569年，墨卡托运用投影的方法绘制出更加精确的世界地图，这个问题才得到很好的解决。

◎ 第八章　机械化开端

就像我早就在文章中讲过的,封建社会之前人类几乎完全依靠人力和畜力,后来使用了简单的机械,比如杠杆和滑轮。虽然人们通过使用帆船已经有效地使用了风力,但从现存的水车和风车来看,它们的功率很有限,其贡献甚至可以忽略,尽管对于当地的人来说它们可能很重要。西罗马帝国灭亡时,这种状况有了改变。这时奴隶越来越少,而使用人力就需要付工资,人们很自然地就想到了用机器代替人力,和19世纪在美国发生的情形一样。当然,仅仅把能源和机械发展看成是人力的替代,未免太简单,还有其他的经济和技术因素在推动它的发展。资本积累、银行的发展以及技术能力的提升,共同促进了能源和机械的应用。而改进的程度也随着时代和地区变化而不同:在欧洲,自然灾害(比如14世纪的黑死病)加剧了劳动力短缺现象,而与此同时,亚洲绝大部分地区的生活模式没有丝毫改变。变革发生的时候,总会遇到阻力:早在卢德派(Luddite,在1811年到1816年期间骚乱,并捣毁节省劳动力的纺织机器的英国工人。他们认为这些机器会减少就业)之前,劳动者就已经对机械带来的威胁进行了抵制。如果从全球的角度看,改变就是一个渐进的过程,在18世纪的工业革命达到顶点。而在这里,我们将把目光投向文艺复兴之前大约一百年的时期,看看这时候发生了哪些革新。

风车

风车的起源扑朔迷离。一方面,

发明的历史
A History of Invention

水车和风车都是很常见的乡村风景，从15世纪起经常出现在绘画作品中。这幅17世纪画作作者是雅各布·范·鲁斯达尔(Jacob van Ruisdael)。插画是水轮上的木齿轮。

可以把它们和船帆联系起来，一种地中海帆船，主要出现在克里特岛和爱琴海附近，但在葡萄牙偶尔也能发现。它的三角帆能够根据风的状况，卷起或者张开。另一方面，可能是人们模仿希腊或者挪威的水车，而建造了最早的风车。最早的风车出现在波斯。这里似乎存在着两条独立的发展路线，分别由中东地区的人和北欧人完成。

　　7世纪之前，波斯还没有风车，它也许与西藏和亚洲其他地区风力推动的转经轮有关系。其重要的一个特点就是垂直的立轴，因为没有用任何齿轮，所以立轴也用于碾磨谷物。不过最初风车也许只是用来抽水，尤其是在锡斯坦(Seistan)。通常这种风车有6到12块帆，周围有围墙，保证风向一个方向吹，风车之内也有控制其强度的百叶窗。太快的转速不仅可能会烧毁帆，还有可能烧毁谷物。这些帆的位置都比磨石低，与希腊的水车一样，这似乎揭示了二者的关系。我们再往东看，在中国，13世纪的时候出现了另一种风车，也带着船帆的迹象。中国的风车帆没有直接绑在立柱上，而是绑在立柱上的六块撑木或者叫一个六角形突起上，这些帆很像中国平底帆船的帆。风车随着风力转动时，这些帆时而涨满时而变空，波斯式的围墙也保留着。所有的风车大都修建在海岸线附近，也许是由于那里有技术的帆匠比较多。

没有争议的一点是风车起源于波斯，向东传到中国，并由中国人进行了设计上的改进；向西通过阿拉伯人传到西班牙，而后又传到西印度群岛的甘蔗种植园。那里直到 17 世纪，很接近锡斯坦风格的风车。

在此之前，北欧出现了另外一种风车，它发展成了一种更加复杂的装置。这种风车的一个显著特点就是它的轴是水平的（这表明它来自维特鲁威的水车设计），上面有 4 块帆。与波斯风车相比，北欧风车的效率大大提高，因为风连续作用在整块帆上，而不是在帆的一部分。当然，只有帆完全迎着风，才能取得整块帆受风的优势，为此人们采用了两种装置。从 12 世纪起就有的单柱风车，整个风车安

这幅 17 世纪晚期的锻造炉绘图，体现了早期的机械能量应用装置的工作情形。图中所示为下射式水轮。水轮的转动通过一根曲柄轴和连杆提供能量，推动火炉之下的一套杠杆装置运转。水轮还带动一个凸轮转动，让铁锤抬起和砸下。

装在一根中心柱上，通过水平的长臂状物推动运行。大约 2 个世纪之后，塔式风车（tower-mill）出现：这种风车大都是石制，帆装在顶部，迎风而动。在这两种风车里，机械装置都在帆的下面。早期的风车里，水平轴会对帆之外的整个风车产生很大的压力，人们将轴微微向上倾斜，让压力释放到更加低和稳固的地方。

到 1430 年，欧洲风车还只用于碾磨谷物，但它逐渐成为了一种能源工具，用于多种目的，比如排水。利用风车，欧洲低地国家、英国的沼泽和其他地区都得到了很好的排水治理。我们并不清楚这种风车的功率，但是以现存的 18 世纪的荷兰风车作参照，它的功率大概是 5 马力。

水轮

从罗马时代到中世纪，水轮的设计和制作很少改变，显著的改变就是它应用的范围和应用的目的扩大。最初，水车和风车一样只用于碾磨谷物。而

发明的历史

A History of Invention

16世纪德国制造,早期的机械表,由摆轮心轴和平衡摆控制。锯齿状的水平杆状物(即平衡摆)的位置,通过调节一对小型重物进行调整。即使这样,效果也很差,很少能每天运行超过一小时,正因如此,才只装了一个指针。

后来,水车开始用于其他用途,矿山抽水、木材砍伐、金属铸造、衣物剪裁等。我们不知道它们在这个时期的所有应用,但是1086年的《英国土地志》记录了不下5624座水车,它们全部在英格兰的特伦特河(Trent)之南。每座风车的功率都不一样,但是可以肯定地推断,平均功率大约是2马力。这些水车有很重要的经济意义,体现在当时关于控制用水的立法数量非常多,而水车是靠水工作的。

到了中世纪,浮动水车开始在欧洲大行其道,贝里萨留斯(Belisarius,查士丁尼一世大帝部下的拜占庭将军,他率领了反击北部非洲野蛮人和意大利的战役)在公元537年围攻罗马时使用过。这些水车通常系泊在桥拱旁边的水面,由于数量太多,经常妨碍水上交通,13世纪的巴黎就发生过这种情形。浮动水车也在底格里斯河和幼发拉底河流域的城镇出现过。

在合适的地点,还可以修建潮汐水车。潮汐到来的时候,会被引入一个蓄水池,而后再通过狭窄的水道流走,流走的同时转动水道里的水轮。虽然直到18世纪,这种水车并不常使用,但是16世纪之前,它在多佛尔、巴约讷(Bayonne)、威尼斯和巴士拉都得到了使用。

机械

水力和风力的出现,很大程度上使一些基本劳动程序得到机械化,而此前它们完全依靠人力或畜力完成。但局限性也存在,原动力装置巨大,而按照现代标准其功率却很小。就像我们看到的,风车和水车的功率很少超过5马力。它们驱动的机器也同样笨重,大部分是木制,也用铁加固。粗糙的设备和传动装置造成的摩擦能量损失很大。18世纪早期,一些风车装配了很大的滚子，但直到1772年才出现滚球轴承。

最常见的应用是碾磨谷物，为了满足不断增长的人口的粮食需求，这是一项必须每天都进行的繁重劳动。第二常见的也许是抽水，在北欧是为了将低地改造成农田，在中东是为了灌溉，在世界很多地区是为了抽出矿井里的水。采矿和冶金都涉及到很需要机械能量的任务：用杵锤捣碎矿石、将矿石从矿井底部抽上来、砍伐树木制作水管等等。很多应用都需要重复运动，而水车和风车能提供连续的旋转运动。为了传递能量，人们发明了曲柄轴和连杆，大约1430年的一份德国手稿中清晰地绘出了这两种工具。另一重工具是凸轮，轴上的一个凸起，能够提升或放下锤子或杆子。

为了繁重工作设计的机器都巨大而笨重，而很多种机械工具，尤其是为天文观测和航海设计的那些，制作却非常精细，装饰精美，因此直到现在仍然受到收藏家们的喜爱。15世纪，最重要的机械制造中心是巴伐利亚的城市纽伦堡，这里加工的金属工具十分有名。纽伦堡所处的位置很有战略意义，正好在意大利和低地国家贸易路线上，这条路线一直延伸到英国。直到19世纪，人们才在制作大机器的时候考虑到了必要的精确度问题。

1688年制造的灯笼表，由钟摆通过简单的擒纵轮控制。后面的板状物控制报时的敲打声。

通过按照固定速率释放来自弹性或重量的能量，擒纵轮控制钟表的运动。锚形擒纵机，又叫棘轮装置，有一个跟随钟摆一起来回运动的锚(A)。钟摆每摆动一下，锚就释放一个轮齿(B)。锚的棘爪总是抓住擒纵轮的两个齿，既是保证擒纵轮的正常运动，也推动钟摆持续摆动(C)。擒纵轮再推动指针走动。

机械表

在中国，公元2世纪时，天文学家张衡制造了浑天仪，它由漏壶或者叫水计时驱动，能够模拟天上的星象变化。到了8世纪，一行法师和梁令瓒制造了机械表。沿着这条发展路线，后来在1088年出现

发明的历史

A History of Invention

1540年,伦敦的汉普顿王宫内安装了一个天文钟,能够表明月亮的盈亏变动。1649年,克伦威尔将其改造成摆轮心轴和平衡摆控制,并增加了漂亮的表盘(上图),用于显示时间、日期和太阳的运行轨迹。另一座著名的钟表是14世纪的天文钟,由意大利人德东蒂(de' Dondi)制作,图中所示为现代的仿制(下图)。

了最著名的用水驱动的水运仪象台,能模拟天体的运动,主持制作这个伟大装置的是天文学家苏颂,他也是中国宋代宰相级的高官。

到了14世纪中期,水运仪象台停止了使用,20世纪50年代中国但是根据史书中的详细记载按照1∶5的比例复制了一个水运仪象台,放在北京的中国历史博物馆(现国家博物馆)中。原始的钟塔高12米,包含1个直径3米的水轮,还有一套戽斗,用作漏壶。当一个戽斗装满水之后,水轮就转动一步,这个运动通过一个齿轮系统,传递到仪象台的机械装置中。

欧洲第一块机械表原理非常简单。一条绳子缠在一个驱动轴上,从绳子上垂下一个重物。重物不断下降,于是轴转动,带动表的指针转动。很多早期的表中,只有时针。最重要的是规范运动,让指针按照固定速率转动。

这种钟表大约出现在14世纪,带有一个擒纵轮,它包括一对安装在摆轮心轴之上的平衡摆,还带着一个突起的棘爪,用以抓住齿轮的齿冠。平衡摆摆动的速度,大概是通过一系列重量的滑动得到控制。时间显示很不准确。此类钟表现存的最早代表是英国萨里斯堡大教堂(Salisbury Cathedral)的钟,大约制造于1386年,但现存的钟里面安装的不是最初的擒纵轮。

其实在此之前,已经有人制造出了很精密的钟表,比如意大利帕多瓦人乔万尼·德东蒂(de' Dondi)制造的天文钟,制造年代在1348到1362年之间，它不但能够显示小时，还能够显示太阳、月亮和五大行星的运转情况，还包含一个万年历。

最早的钟很可能在西班牙的半岛战役中在圣斯特女修道院中被付之一炬。16世纪的时候查理五世将这座钟带到了那里。但是像苏颂一样，德东蒂也留下了非常详细的制作记录，于是后来出现了很多仿制的精品，其中一个现藏于华盛顿的史密斯森学院。它属于重量驱动的钟表。弹性驱动装置直到15世纪中叶才出现，弹性装置最早用在座钟上。15世纪末怀表出现。

弹性装置的出现，带来了新的问题：弹簧伸展开时，弹力会逐渐变小。最早的满意的解决方案是均力圆锥轮：一种缠绕有绳索或链条的带螺旋状槽的圆锥轮。绳索或链条松开时，由于驱动弹簧的作用，圆锥轮的活动半径就会加大，从而产生更大的旋转力。该装置发明于是16世纪上半叶。

当时，日和夜各被分为12个小时，日间的小时与夜间小时不同，而两者都随季节变化。现在，不论是公共建筑还是家里的钟表，都有着同样长短的时间单位，不管是什么季节的白天或夜晚。

由于摆轮心轴和平衡摆只能保证钟表每天正常工作一小时，所以就有必要经常用日晷进行校时。随着计时装置的进步，日晷也越来越常用。

直到17世纪，克里斯蒂安·惠更斯(Christiaan Huygens)发明了两个装置，为计时带来了革命性变化。其一是1657年发明的钟摆擒纵轮，伽利略1581年最早提出了这个设想，这个装置用于重量驱动的钟表。其二是1675年发明的游丝发条，用于弹性驱动的钟表。从此，表盘上开始出现分针。

3

工业化诞生

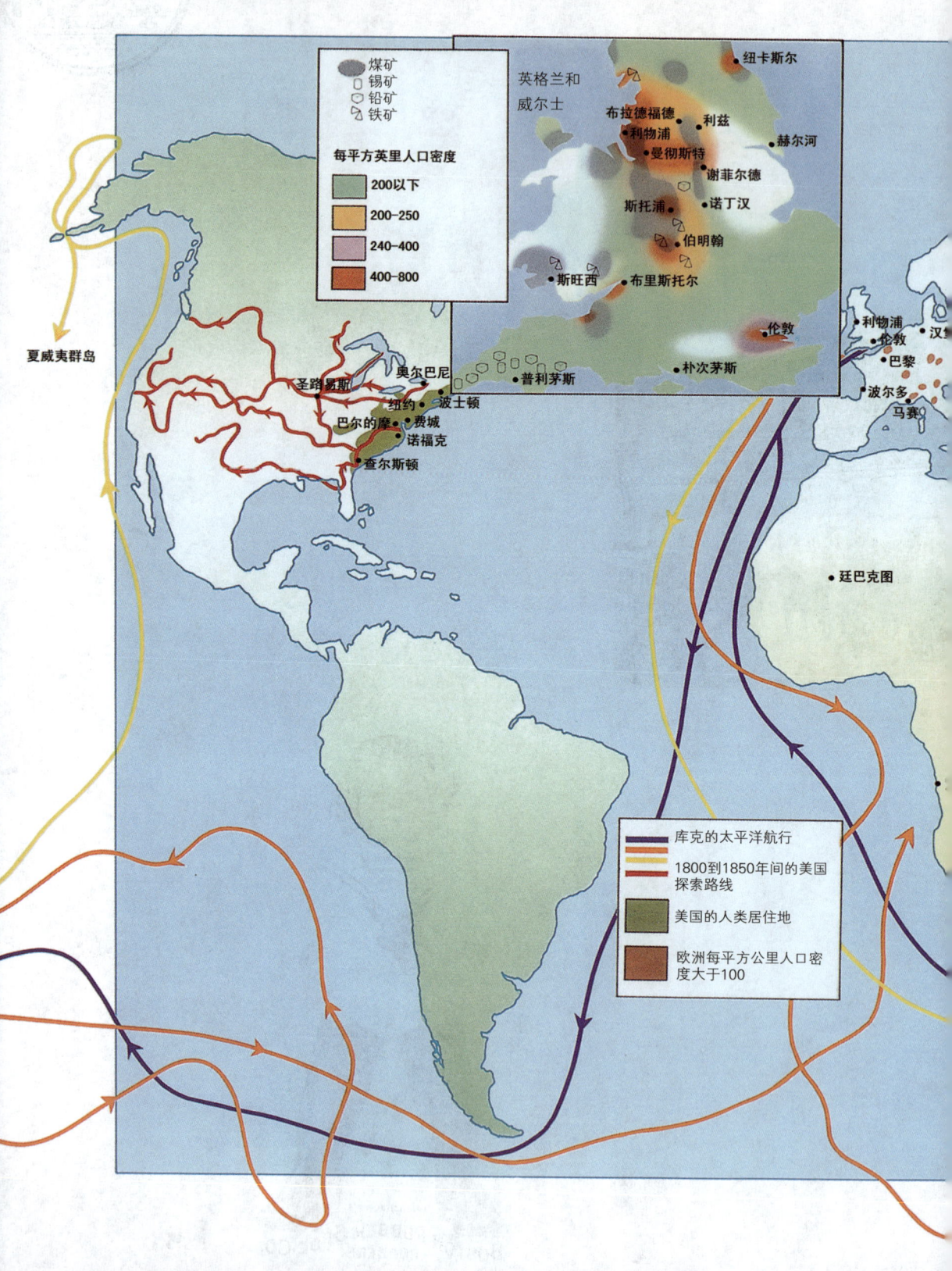

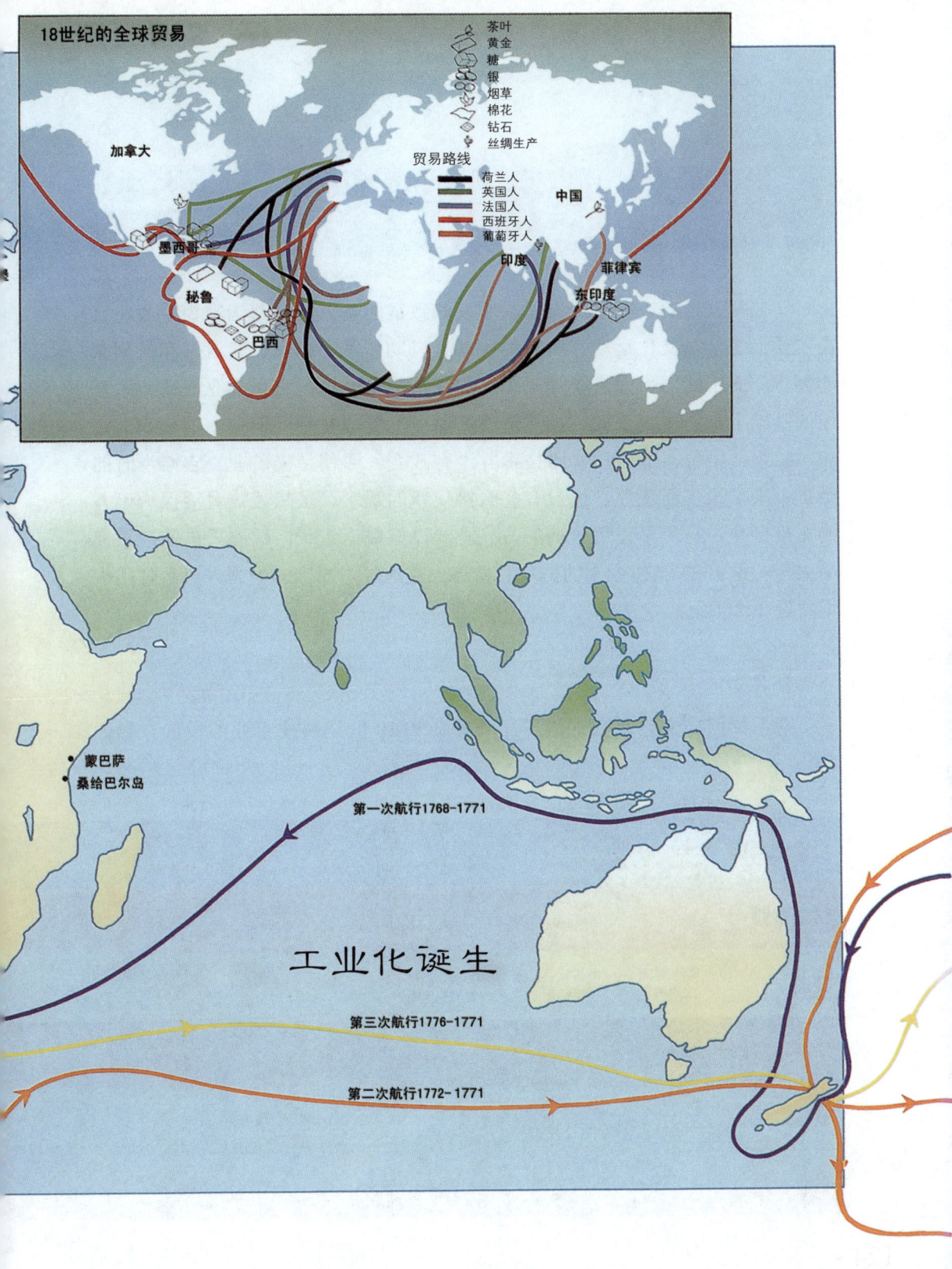

◎ 第九章　现代社会初露端倪

文艺复兴运动以在东西方贸易中发家致富的意大利城邦国家为中心。它在本质上是一场文化运动。富有的赞助人资助作家、画家、建筑家和雕刻家的创作，而工匠们也改进了加工银饰和皮革的工艺。但它是建立在商业大发展的基础上，而不是工业。虽然最终产品可能更加复杂，但基本的建筑、农业、纺织、染色、造船和修路技术并没有改变。即使是采矿业，它给当时的经济带来了很多新现象，也没有怎么接受新的观念。虽然轰炸对手保护矿井的军事堡垒，是最早使用火药的方式之一，但根据记载，欧洲采矿业最早使用火药，是1627年在今天的捷克和斯洛伐克地区，而当时中国人已经使用火炮将近3个世纪。

科技社会

毫无疑问，文艺复兴促进了工业革命和19世纪科技工业的发展。意大

	1500	1550	1600	1650	1700	1750
发明和发现	霍雷汀(Horentine)软瓷	钟摆的平衡摆动被发现	猞猁学院 望远镜发明	伦敦皇家科学院 巴黎科学院 有钟摆的钟表	梅森陶瓷 凯发明的飞梭	
动力装置			居里克(Guericke)的空气力学实验	萨弗里(Savery)的火力电机	帕平(Papin)蒸煮器	纽可门(Newcome)的光波发动机(beam engine)
交通	第一次环球旅行	墨累托投影地图	施奈尔(Snell)使用三角测量绘制地图	哈克路特(Hakluyt)旅行；格林威治天文台	法国道桥学院；经度委员会成立	铁路；有轨电车；六分仪 海上计时器	气球、库格特(Cugnot)汽机车
采矿和金属	阿格克拉(Agricola)的《矿冶全书》	菱锌黄铜	纽伦堡的大型泡钢生产	火药用于开矿	木炭炼铁	伯勒姆(Polhem)的齿轮切割机器
家庭生活		哈灵顿盥洗室	德国出现第一份定期出版报纸		牛痘防疫在英国出现；避雷针	
农业	菲茨伯特(Fitzherbert)的《Boke of Husbandrie》；欧洲引进西红柿	南美洲橡胶传入欧洲	茶叶首次运到欧洲	英国沼泽抽干 新的草料作物 新的作物轮作系统	欧洲条播机	弯曲模板

17世纪时,一些自然科学院成立了,它们成为新一代自然科学家交流思想的场所。其中著名的有伦敦的皇家科学院和法国的巴黎科学院。图中显示的是法国科学家们在新的聚会场所讨论,背景是他们所使用的研究工具。

利16世纪的知识精英们,都赞成通过实验进行独立的科学研究。1560年,为了给自然科学家们提供交流思想的平台,那不勒斯成立了自然科学学院,加入学院的条件是要有新的自然科学发明。在这里我们能看到一个曲折的发展历程:983年,诚实兄弟会诞生在曾为阿拉伯文献翻译中心的西西里岛。这是一个为促进科技知识发展而成立的伊斯兰教组织。这个兄弟会很短命,接下来是1603年的猞猁学院(Accademia dei Lincei),它的后继者是1657年成立的西芒托学院(Accademia del Cimento),有两位热爱科学的美第奇家族成员赞助。西芒托学院的成员包括伽利略,伽利略的助手和继承人伊万格里斯塔·托里拆利(Evangelista Torricelli)和生理学家乔万尼·阿尔方

1800	1820	1840		1860	1880		1900	
	第一幅照片(Niépce);负片摄影	美国哲学协会成立;纺纱机、轧棉机、水利织布机、梭织机、自动织布机、电报		美国油井;赛璐珞;安全吊车	加固水泥;电话	无线电波	电子;辐射	X光
特改良汽机	热动力原理;水泵	电动马达		符合蒸汽机	内燃发动机	蓄电池	蒸汽泵	汽油发动机	柴油发动机
汽船船 汽机车	火车隧道开凿盾	螺旋驱动船	电报	凯雷(Cayley)滑翔机	伟大的东方号轮船 地下铁路;自行车	苏伊士运河;电车和火车	油轮;充气轮胎;涡轮船;汽车;潜水艇	
特(Cort)炼法	白金容器	矿井排水采矿工人安全灯	保险丝 蒸汽锤	电镀	六角车床	贝塞默转换器	平炉炼钢法	风钻 黄色炸药 铬钢	电子化学;铝萃取
加德(Argand);物保存;专利锁	汽灯	罐装食品	橡胶纤维	煤气灶	缝纫机	合成染料 打字机	人造黄油	发电站	留声机 电炉 照片	电影院
粒机 需打磨的锋头 厂建立		过磷酸盐肥	收割机	蒸汽锋头	挤奶机		巴斯德杀菌法 橡胶种植园		奶油分离器

125

索·波雷利（Giovanni Alfonso Borelli）。

意大利的一枝独秀，并没有持续很长时间。在北方，1660年伦敦成立了皇家科学院，如今它是世界上最古老的科学机构。1666年法国成立了巴黎科学院，这两个机构都致力于促进科学和有益的艺术创作。在德国，17世纪早期成立了类似的组织，但是直到18世纪才出现全国性的科学机构——柏林的皇家科学学院。瑞典、丹麦和匈牙利的王室都在推动科学研究。自然科学在整个欧洲都被景仰，成为一种时尚的追求。

当时，欧洲是世界科学研究的领导者，但是挑战者正在出现，虽然还构不成重要威胁。成立皇家科学院的想法在英国内战时期成形，在一段时间里，有人提议将它建在美洲，叫自然知识促进协会，由康涅狄格总督约翰·温斯鲁普（John Winthrop）领导。在王政复辟时代，科学院的计划被搁置，查理二世成为它的赞助人，而温斯鲁普及本杰明·富兰克林都是科学院院士。其实早在1683年，波士顿就成立了一个短命的哲学学会，后来在美国又陆续出现了其它类似的学会。1743年，美国哲学学会成立。

如今，技术已然几乎等同于应用科学，整个科学体系都是建立在17和18世纪科学发现的基础上。当然，真正实现工业革命的大都不是科学家，而且"工业革命"这个词直到1840年才出现。工业革命的缔造者是没有受过教育或者正式教育，眼睛紧盯着利润的实干家们。他们有金钱和地位，比如早期的化工实业家阿齐巴尔德·柯奇逊（Archibald Cochrane），第九代东纳德伯爵（Earl of Dundonald），他们接受的几乎都是传统教育。实际上，思想方法可能完全对生产无益，17世纪的哲学家培根说过："'伟大的技术发现'比哲学和艺术更古老……当思想和教条的科学出现时，有用的技术发现工作也就停止了。"培根本人就是一位著名学者，寻求"科技的伟大复兴"，关于人类知识的纲领。

钟表和经度问题

但这并不是说，新的科学研究没有产生立即有用的成果。在天文学领域，科学研究对航海者们探索世界，尤其是太平洋，提供了极大的帮助；对于进行贸易航行的商人来说，无论他们的船队从欧洲经过好望角到印度，还是从欧洲经过南美洲的合恩角（Horn）到加利福尼亚，都得益于科学。在这些航行中，在海上确定经度的问题仍然是个大困难，而且会带来危险。1675 年，英国在格林威治成立了皇家天文台，由约翰·弗莱姆斯蒂德（John Flamsteed）担任首任皇家天文学家。这个天文台的使命是"完善航海艺术"，为了这一使命，它需要绘制月球运动表，这样的话就能够以一颗固定的星星做参照，通过测量月亮对于它的相对移动来确定经度。1667 年，巴黎皇家天文台成立。1676 年，在巴黎的皇家天文台，年轻的丹麦天文学家奥利·罗
默（Ole Romer），根据木星卫星的盈亏在历史上第一次测量了光速，这是对 20 世纪原子物理有基础性重要意义的物理常量。罗默得出的结果是 225000 千米/秒，与现在公认的数值相差不大。

确定经度的根本目的，还是为了不管在世界什么地方，都能够准确地根据标准的子午线确定时间，这条子午线就在今天的伦敦格林威治。早在 16 世纪 80 年代，伽利略就发现，钟摆的摇摆只跟其长度有关，与其振幅无关，一米长的钟摆摆动一次需要两秒钟。但是直到他 1642 年去世之前不久，他才尝试着使用这个原理进行机械表的操控，他的尝试没有成功。直到 1656 年，荷兰科学家惠更斯才成功制造出了这种表。从理论上讲，这种表能够在任何地方确定时间，但是实际上，在海里颠簸的船上它几乎毫无用处。后来惠更斯

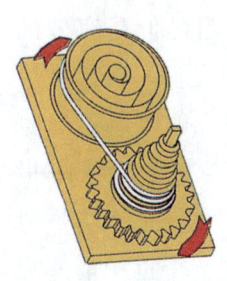

最早精确计时和确定经度的计时器，是约翰·哈里森1759年制造的H-4。图中显示的复制品由拉库姆·肯道尔(Larcum Kendall)制作，曾于1772到1778年间，两次陪伴詹姆斯·库克(James Cook)乘坐"决心"号船进行太平洋的航行。

早期的弹性驱动时间装置中，都包含一个均力圆锥轮，用以补偿弹簧逐渐失去的弹性。

spring-弹簧 fusee-均力圆锥轮 cord-线 drive wheel-驱动轮

发明出了弹性游丝调节器，但它也没能达到航海所要求的精确度：长途旅行要求钟表连续数月都能保持高精确度。解决这个问题十分紧要，为此英国政府于 1714 年成立了经度委员会，对找到解决方法的奖励 2 万英镑，在当时这是很大的数目。约翰·哈里森（John Harrison）最终解决

第九章 现代社会初露端倪 127

发明的历史
A History of Invention

虽然很多工厂的条件很简陋,但是有些工厂主对工人采取了很关心的态度。塞泰尔(Saltaire)是典型的纺纱工厂和城镇,由迪图斯·塞特(Titus Salt)于1851年成立。为了交通方便,它建在利兹(Leeds)和利物浦运河之上,包括商店和图书馆。它的风格很像博尔顿(Boulton)和瓦特的苏和制造厂(Soho Works),这个工厂于1795年重建),是仿照贵族阶层的巨大田园农庄而建。

了这一问题,他利用游丝控制的弹性驱动机械装置制造出了著名的H-4海上计时器。而后设计更加简洁和高效率的计时器也出现了。由此,航海者们得以进行了两个世纪的精确航行。

蒸汽的来临

哈里森的计时器最早的应用之一,就是1768到1779年詹姆斯·库克船长收获颇丰的航海旅行,1779年他在与夏威夷土著人的冲突中悲惨地死去。库克船长的航行改变了欧洲人对太平洋的地理认识。他和后来的航海者们,在木帆船中进行了孤独的长途旅行,他们所用的船与300年前葡萄牙人绕非洲海岸航行所用的船区别并不大,只是更加复杂了一点。早在库克船长死之前,就出现了一项新发明,它不仅注定要为陆上和海上交通带来革命性的变化,还是整个工业革命的根基。1698年,托马斯·塞维里(Thomas Savery)提出了"通过使用火力"提升水的机器。到了托马斯·纽科门(Thomas Newcomen)和后来的詹姆斯·瓦特这里,这种理论变成了粗糙但是有效的蒸汽发动机,它成为了工业革命的核心角色。库克死去8年之后,英国铁厂老板约翰·威尔金森(John Wilkinson)制造了第一艘铁壳船"严厉"号(Severn)。19世纪初,这两项发明开始结合,出现了铁壳蒸汽船。到19世纪中期,法裔英国工程师布鲁内尔(Brunel)完成了巨大的"伟大的东方"号(Great Eastern)。这艘船载客数达到4000人,专门为不到一个世纪前库克船长开辟的从英国到澳大利亚的新航线所设计。"伟大的东方"号在商业上遭遇了失败,因为燃料消耗过多,但它毫无疑问是杰出的技术成就。后来,它参与了被用于第一条穿越大西洋的电报电缆的铺设，并于1866年完成，代表了长途通信的新纪元。

只有到了后来，蒸汽机更加坚固的时候，它才被有效地用于陆上交通。大约19世纪30年代，用于公共目的的蒸汽交通工具出现，与后来的铁路相比，它们取得的成就很小。世界上第一条蒸汽驱动的公共铁路出现在英国，1825年在斯托克顿（Stockton）和达灵顿（Darlington）之间开通。到了19世纪末，英国的铁路总长已经超过3万公里，每年运送的旅客人次超过10亿运送超过4亿吨的货物。当时，铁路交通已经很普遍。美国拥有世界上最大的铁路交通系统，19世纪末其铁路总长度超过30万公里。

纺织

就像我们将在下一章看到的，蒸汽机对工业的第一个影响出现在采矿业，它被用于抽取地底深处的水。18世纪的下半叶，它开始普遍应用于纺织工业，但是并不是实际意义上的应用。在这个行业中，长久以来主要的能源来自水车。蒸汽机出现的时候，它的主要作用是抽水，保证水流有足够的冲击力推动水轮转动。直到瓦特后来发明了更加小型和高效的蒸汽机，它才直接应用于纺织工厂。

在近半个世纪的时间里，在一系列给英国纺织工业带来革命的发明中间，第一项重要的是约翰·凯（John Kay）1733年在兰开夏郡发明的飞梭。此前，一名纺织工人只能够织造窄幅的布料：他必须一只手扔出梭子，再用另一只手接住，如此循环往复。宽幅布料需要两名操作者，各站在房间的一边，不停地扔和接梭子。凯发明的装置能够自动将梭子返回，既加快了这个程序的速度，又节省了人力，从而节省了劳动力成本。

织布程序的加快，需要纺纱的速度也要加快。在这个领域，首先做出突破的是詹姆斯·哈格雷夫斯（James Hargreaves）。据说他在1764年就发明了手工操作的8锭多轴纺织机，而直到1770年才申请专利。他的发明取得了成功。而在这个领域，荣誉通常都要给理查德·阿克莱特（Richard Arkwright），他1769年为自己相对笨重得多的机器申请了专利，两年之后，这种水力纺纱机投放市场。在这里要纠正一点，虽然对于人工操作来讲，它显得笨重，但最初它是为了让马驱动而设计，并非是水力驱动的。大约1770

发明的历史
A History of Invention

在手纺车的线绳制作中（左上），松散的纤维在通过中空的纺纱轴和旋转飞轮之上时被拧到一起，再通过传送带从主轮输送到大滑轮。这时纤维就缠到了线轴上，线轴依靠小型滑轮驱动，转速比飞轮更快，将纤维拉紧制成线绳。

纺织工业的机械化，以及使用水力和后来的蒸汽动力来代替手工劳动，是英国工业革命的核心。这些当时的图片显示了穿经程序（右上）和骡机（下图）。新型的制造厂雇佣了大量妇女。

年，奥克怀特与当地两位针织品商萨米尔·尼德（Samuel Need）和杰蒂阿·斯特鲁特（Jedediah Strutt）合作，在克洛福德（Cromford）开设了水力磨坊。这大概可以被当作工厂体系的开端：机器手工操作时，工人可以在家庭作坊里干活，而一旦有了能源，他们必须到能源所在地工作。当时纯棉布料的销售要征收很高的税，然而1774年，在奥克怀特的请求下，英国国会大幅度消减了税收，这带来纺织工业的迅猛发展。

从1774年到1779年，萨米尔·克洛福德（Samuel Cromford）设计了另一种纺纱机器，它被称作骡机，因为它综合了哈格里夫斯和阿克莱特纺纱机的特点。1785年，阿克莱特的专利被宣布失效，水力纺纱机不再受专利保护。同一年，博尔顿和瓦特的蒸汽机安装在帕佩维克（Papplewick）的一座磨坊里，可以说，现代工厂生产体系已经牢固地建立了起来。

随之而来的是英国棉花工业的巨大发展，尤其在出口方面。1751年，棉花制品的出口额只有4.6万英镑，而到了1800年这一数字达到了540万英镑，1861年是4680万英镑。相对而言，很长一段时期是英国纺织工业主导的羊毛变得越来越不重要，1861年羊毛制品的出口额只有1100万英镑。

凯发明的飞梭大大提高了织布速度，这也成为促使人们开发更快地纺纱方式的动力，但是就像阿克莱特的水利纺纱机这样的机器，其产量很快就带了一种威胁：它们远远超出了织布机的手工操作者的能力。这促使埃德蒙德·卡特莱特（Edmund Cartwright）开始了动力织布机的实验。1787年，他在唐开斯特（Doncaster）开设了自己的工厂，当时他的织布机还并不好用。改进非常缓慢，到了18世纪初的时候，整个英国大约只有不超过2千台动力织布机。但到了1825年，形势发生了决定性转变，当时英国有7.5万台动力织布机和25万台手工织布机。动力织布机和手工织布机的产量大致相当，因为前者的功率大约是后者的3倍。

大量机器的快速引入，导致了大范围的失业，绝望带来了反抗。1782年，在莱斯特郡（Leicestershire）一个愚昧的人内德·勒德（Ned Ludd），破坏了一些织袜机，由此人们就用勒德分子（Luddites）称呼那些阻碍技术进步的人。1811年到1818年间，一些重要的破坏性动乱都有勒德分子的参与，其中不少人被审判和处以死刑。

纺织工业的扩展对于原棉来源有着深远的影响。直到1795年，英国进口的棉花主要来自印度尼西亚、西印度群岛、埃及和印度，还有少量来自美国，1796年乔治亚州开始种植棉花。1793年，埃里·惠特尼（Eli Whitney）发明了自己的轧棉机，这种简单的机器极大地提高了分离棉种和清理棉花的速度。这极大地带动了美国南部各州的棉花产量，也意外地使奴隶制度延长了很多年。1790年，美国有70万名奴隶，1820年是2百万，到了1860年就超过了4百万。1795年，英国从美国进口的棉花达到大约2千吨，到1830年达到9.6万吨，1860年超过55万吨。1860年的纪录直到1881年才打破，因为其间美国爆发了南北战争，来自印度和埃及的竞争也在加强。

随着新机器的出现，英国奠定了自己在新的棉花工业中的领导位置，并且将这个位置一直保持到19世纪中期。据估计，1846年的时候全世界共有

发明的历史
A History of Invention

左上图：埃里·惠特尼用于分离棉纤维和棉种的轧棉机（1793年），极大地刺激了美国棉花工业的发展。到了19世纪80年代，向英国的出口超过每年50万吨。这幅1844年的图片描绘了新奥尔良市新码头的繁忙景象，当时这里是棉花交易的重要中心。

左下图：阿克莱特发明的纺纱机（1769年）被称为水力纺纱机。但实际上，它是按照由马驱动来设计的，后来才应用了水能。

右上：这个装有曲柄的制造厂大约于1790年在约克郡的莫雷(Morley)成立，是第一批使用蒸汽机的工厂。

右下：蒸汽机被引入棉花工业，标志着工厂系统的开端：工人们不得不聚集在能源所在的地方，而不能各自在家工作了。

· 132 ·

2750万个锭子,其中1750万个在英国,750万在欧洲大陆,250万在美国。到了19世纪末,形势就发生了大变化。全世界的产业规模增加了大约3倍,共有1.1亿个锭子,其中不到一半在英国,其数量大致相当于欧洲大陆和美国的数量之和。其余部分大都来自亚洲,尤其是印度。

虽然19世纪的纺织工业由英国辉煌的棉花工业主导,其他方面也同样在机械化和扩展。尽管每年都有波动,羊毛工业仍然平稳增长:英国的羊毛工业久负盛名,其羊毛纺织品的出口在1850到1900年间大约增加了1倍。再说棉花,其供应源也发生了很大变化:1842年来自澳大利亚的进口是大约6千吨,但19世纪末上升到了17.5万吨。南非和南美洲也加入到了供应源行列。

19世纪,棉花工业的形态发生了巨变。在19世纪中期,英国仍然居主导地位,而从20世纪开始,美国与欧洲大陆和亚洲(尤其是印度)的新工厂一起,给英国带来了强大挑战。图中显示的是美国北卡罗来纳州牛顿市(Newton)的纺纱机器,这是20世纪早期的代表性机器。

作为奢侈品,丝绸的生产并没有达到棉花和羊毛的水平,这个行业的机械化比较缓慢也并不奇怪。法国在丝绸生产方面做出了很大的贡献,1801年出现了一项重大改进。约瑟夫·玛丽·雅卡尔(Joseph Marie Jacquard)设计了一种新型织布机,现在仍然以他的名字命名。要织出高质量的丝绸,需要通过复杂的经线和纬线排列制造精细的图案。传统方法是在纺织工人的指导下,由画图工人完成这项工作,而雅卡尔的织布机由纺织工人来做这个工作,依靠踏板来进行。重要之处在于线的运动,原来是由画图工人控制,而现在则是由一串穿孔卡片控制,孔的排列与想画出的图案相一致。早期的计算机编程中也广泛使用了这种打孔系统。

第九章 现代社会初露端倪

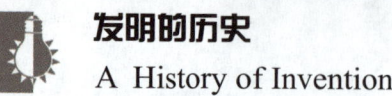

发明的历史
A History of Invention

Portland

制陶

从现存的古代中国、希腊和伊斯兰文物来看，陶器制造技术在很早的时期就发展到了很高的水平。在前面的章节里，我们提到中国人使用一种粘土混合物（这种材料在西方没有）制造坚硬和密封性很好的粗陶器。到了公元8世纪，也就是唐朝，中国人开始制造瓷器，它比陶器更加精致：坚固、洁白、半透明。瓷器使用的烧制技术与陶器接近，只是需要的温度更高，大约是摄氏1300度，而两者的主要区别还是使用的原材料不同。瓷器使用的是高岭土和白墩子的混合，白墩子是风化了的花岗岩，包含石英和长石成分。从14世纪早期开始，瓷器通过丝绸之路传到西方，雅致精美的瓷器得到了西方人的高度赞誉。

高质量的瓷器使得西方人多次尝试模仿。在16世纪70年代，佛罗伦萨的工匠们制造出了幼陶器。之所以这么称呼是因为与真正的陶瓷相比，它烧制所需的温度低得多。幼陶器使用玻璃粉取代了白墩子。这种生产技术从佛罗伦萨传到了法国，尤其是巴黎和卢昂 (Rouen) 附近的圣克鲁 (St Cloud) 附近。而直到18世纪早期，欧洲制造的瓷器才达到了中国瓷器的水准。1707年左右，萨克森选帝侯和波兰国王奥古斯特二世 (Augustus II) 的炼金术士约翰·鲍特格尔 (Johann Bottger)，将不同的石灰质熔剂加入萨克森粘土中进行试验，最终他制造出了优质的白瓷，并且设计了很好的上釉方法。1710年，德累斯顿附近的小城迈斯 (Meissen) 的陶瓷业开始兴起，而鲍特格尔正是其管理者。在法国，人们为制造硬瓷付出了很多努力。1738年，在皇室的资助下樊尚 (Vincennes) 成立了陶瓷制造厂。1756年工厂迁到塞夫勒 (Sèvres)。最初它制造幼陶器，到了1770年，它制造出了能和迈斯瓷相媲美的硬瓷。

在英国，对于制造出真正瓷器的追求也没有停止过。第一个取得成功的人叫威廉·库克沃西 (William Cookworthy)，一个贵格教派牧师，他在普利茅斯（Plymouth）做化学生意。1745年左右，他开始用当地的粘土做实验，并且在圣奥斯泰尔（St Austell）附近发现了包含高岭土和白墩子的理想原料，直到现在，圣奥斯泰尔仍然是最重要的产地，其矿井仍然向全世界提供优质的中国粘土。在当地库克沃西找不到煤炭作瓷窑的燃料，所以他搬到了布里斯托（Bristol），由于经济上的困难，他不得不将专利权转让给了经营伙伴理查德·查姆佩恩（Richard Champion）。但是查姆佩恩运气很不好，该专利很快就受到了来自斯塔福德郡（Staffordshire）的一群陶瓷业者的挑战，其中包括约西亚·维兹武德（Josiah Wedgewood），从1781年起，谢尔顿（Shelton）附近的纽霍尔（New Hall）就开始制造硬瓷。维兹武德本人曾经广泛进行实验，在当地粘土中加入了多种新的矿物。他制造的瓷器很出名，尤其是碧玉细炻瓷（jasper），能够上各种颜色，像石头一样打磨。1790年，他根据著名的波特兰花瓶（Portland Vase）制造出了一件黑色仿制品。在更广的市场中，他一直因作为"女王御用瓷器"的奶油色陶器而闻名，而他也有皇家瓷器商的头衔。1769年，他在伊特鲁里亚（Etruria）建立了著名的陶瓷工厂，他的易碎的产品由此能够通过大干线运河（Grand Trunk Canal）平静的水面安全运到别处。

与此同时，英国的其他陶瓷商人也在推动着另外一种发展。在改进幼陶器的实验中，人们使用了很多添加成分，包括骨灰，大约1750年，伦敦的斯特拉福德－勒布（Stratford-Le-Bow）建成了一个骨瓷制造厂。到了18世纪末19世纪初，约西亚·斯布德（Josiah Spode）开始将骨灰用于硬瓷，也取得了很好的效果。在伍斯特的陶器工厂，人们在实验中使用了另一种当地矿物皂石或者叫滑石作添加物，大约在1751年，也制造出了优质的陶瓷。这样到了18世纪末，在欧洲大陆的迈斯、塞夫勒和英国的几个地方，就出现了能造出与已经有千年制造历史的中国瓷器相媲美甚至有时更好的瓷器制造厂。

不管原材料如何，这些精美的陶瓷，胎薄、半透明、通常用五颜六色的釉彩装饰，大部分仍然是为了贸易生产，就像纺织工业中的丝绸。对于普通市民来说，相对廉价的产品更有吸引力，这就对大规模生产体系产生了很强

发明的历史
A History of Invention

的需求。大约18世纪40年代，斯塔福德郡（Staffordshire）的拉尔夫·丹尼尔（Ralph Daniel），引入了活动铸模的技术，它使用塑性粘土。当粘土充分干燥能够安全操作时，就用通常的方式进行烧制。最初，人们使用金属模具，而后来发现石膏模具更好，因为它能吸收粘土中的水分，并加快其干燥的速度。第二种方法出现得较晚一些，被称作装配法（jigging）。采用这种方法时，被加工物品一面通过将粘土放入石膏模具制作成形，而另一面则是将模板套在其上成形。对于很多日常应用来说，廉价和平常的上釉已经足够，但是有另外用途的瓷器需要额外进行装饰。在大规模生产中，手工上釉的技术太慢而且太昂贵，所以18世纪50年代，人们就预先将图案刻在木板上，再印在瓷器表面。有时候，更加高级的瓷器在进行这种图案转移之后，还要再用手工绘画加强效果。

农业

农业从来不是发展迅速的产业，公正地说即便是现在世界很多地区，尤其是非洲和亚洲，仍然延续着传统的农业生存方式。即使在占地球面积很小一部分的欧洲，农业的发展也是缓慢的。但是新的农作物轮作体系逐步被采纳，而且通过将一些基本的种植流程机械化，比如播种、耕地、除草、脱粒等等，这些体系又扩展到更广大的地区。工业革命时代的人口增长也很迅猛。在英国，1483年人口大约500万，约3个世纪后的1760年，达到900万，而到了1830年，人口达到2400万。70年的时间内人口几乎增加了2倍。

从18世纪晚期开始，农用工具越来越多地使用铁制，但是直到19世纪末期，主要的能源依然来自挽畜和人力。整体来看，蒸汽的作用仍然十分微小，主要体现在耕地和脱粒上。到了20世纪，发动机得到广泛采用，新开发出来的内燃发动机开始普及。使用动物粪便让土地变得肥沃的做法由来已久，但是随着19世纪人造肥料的出现，耕作方式变得更加容易施行。

与旧世界的情形相比，人类新的居住地区南北美洲和澳大利亚的改变更加迅速。这些地方有广阔的未开发土地，人力的缺乏又迫使机械化的步伐加快。当时在欧洲，人口的增加和劳动力从农村转移到城市，造成了一种食品需求的新模式。机械化的纺织工业持续发展，也造成了对棉花和羊毛更多的英国大规模的运河网络修建大都完工于19世纪中期。它是为狭长船只的航行设计的,就像右下图的摄政运河(Regent's Canal)水闸上的1830年浮雕所显示的。在世界其他地区,一些非常大型的项目正在进行,有一些是为远洋航行船只设计。左下图描绘的是苏伊士运河,1869年完工,连接地中海和红海。巴拿马运河穿越巴拿马地峡,它从开工起就连遭挫责,最终于1914年完成。它修筑了6个巨大的水闸,如左图所示,还有一段是深入库莱布拉山(Culebra Hill)11公里。

需求。新财富的增加刺激了对奢侈作物的需求扩展,比如烟草、茶叶、咖啡和糖,除了最后一种可以通过在欧洲种植甜菜获得,其他都是热带作物。

食品技术的发展带来了众多新的机遇。从1795年弗朗索瓦·阿佩尔(Franξois Appert)发明热杀菌储存食物的实验开始,一个庞大的罐头工业成长起来。与此类似,从大约1870年起,人造黄油作为黄油的替代品,成为欧洲各国军队和大量城市贫民的消费品。最后,到19世纪末期,大规模的冷藏食品技术出现,源自澳大利亚、新西兰和阿根廷的肉类也能大批地进口到欧洲。

运河和航道的扩展

从古代起,运输重物最经济和简便的方式就是水运,使用运河和各种航道。铁路出现之后,运河不但继续起到重要作用,而且还吸引了大量新投资。

第九章 现代社会初露端倪

发明的历史
A History of Invention

在英国，1757年山科·沃灵顿运河（Sankey Warrington）开通一个世纪，曼彻斯特运河又构成了6500公里长的水运网，但之后就再也没有什么大动作。在世界其他地区，情况又有不同。在中国，隋朝皇帝杨广在公元7世纪建立了由运河和天然河流组成的庞大的水运网络，用来向都城运送漕粮和方便军队行动。在法国，连接地中海和大西洋的南方运河（Canal du Midi）1681年完工，19世纪又进行了大规模的新工程修建，包括连接索姆河（Somme）、奥伊斯河（Oise）和塞纳河的水道，一边是马恩河（Marne）、隆河（Rhone），另一边是莱茵河（Rhine）。本世纪的最后一年，德国开通了103公里长的多特蒙德-埃姆斯运河（Dortmund-Ems Canal）。

大西洋的彼岸没有修筑运河的传统，但几项重大的工程也在进行。伊利运河是其中最重要的一个工程，它长586公里，1825年开通，是将粮食从五大湖区运送到纽约的重要水道。密歇根-密西西比运河在20世纪的第一天开通。

还有另外一种运河对于世界贸易相当重要，它们就是缩短海上贸易路线的运河，两个杰出的例子是苏伊士运河和巴拿马运河。苏伊士运河连接地中海和红海，1869年完工。巴拿马运河穿越巴拿马地峡，将欧洲到美国西海岸的航程缩短了4800公里，它于1881年开始修建，直到1914年才完工。

与水路和铁路相比，公路修筑方法改进甚少，虽然军事需要经常促进公路系统的改进和扩展，比如拿破仑统治时代的法国。主要的原因是缺乏刺激：重工业的产品可以通过水路或者铁路运输。直到20世纪，随着汽车和各种机动交通工具的出现，公路才得到了巨大发展。

18世纪最后25年，一种新的交通方式诞生了。1783年，法国的蒙戈尔费埃（Montgolfier）兄弟用自己设计制造的热气球进行实验，成功载着两名乘客飞行12公里。从此之后，人类对用比空气轻的飞行工具飞行的兴趣有增无减。但在这方面，未来属于比空气重的飞行工具，但严格说来，这是属于20世纪的成就。

机械工具

除了使用蒸汽作为新的能源，工业革命还大量使用了机械（其中有一些非常独特）来完成从前由手工完成的工作。这些新机器本身也要经过制造，于是很多机械工具就被开发出来，来完成一些基本的工程操作，比如旋转、磨平和碾磨。一方面，钟表和仪器制造者需要精确的车床来切割螺丝和柄轴。另一方面，早期蒸汽机的制造者需要精确钻孔的气缸，直径达到2米，长度达到3米。铸造巨大部件的需要促使詹姆斯·内史密斯（James Nasmyth）1839年发明了汽锤。它非常有力，能够铸造直径将近3米的铁铸块，比如用于新式蒸汽船的踏板轴，也能够做精细的工作，它甚至能挤碎鸡蛋。

这些新机器工具能够完成精密和快速的重复性工作。一个早期的例子，是19世纪初马克·布鲁内尔（Marc Brunel）在朴次茅斯（Portsmouth）造船厂安装的机器，它为英国皇家海军制造木滑轮组。一共有43台机器，由30马力的蒸汽机驱动，将原木制作成三种规格的滑轮组，年产量13万。这些大规模的精密制造，使得生产可互换的部件成为可能，第一次进行这种试验显然是大约1785年法国的军械工人为枪炮制造的枪机。每一个都经过精密制造，随便从库存中拿出一个，就能与其他配件完美组合。

虽然毫无疑问这是"大陆发明"，

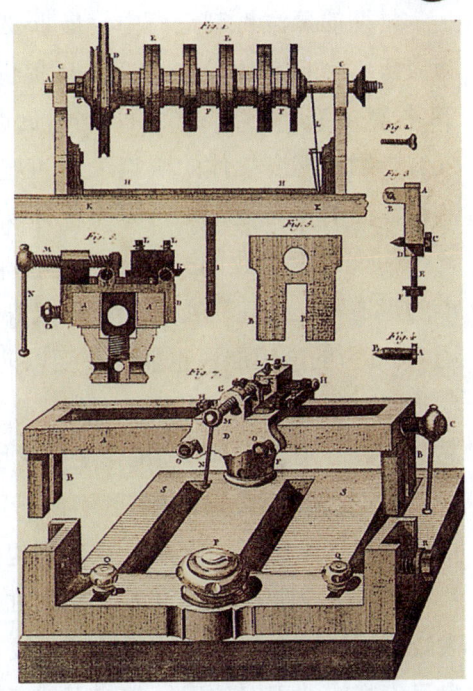

所有工业领域水平越来越多的机械化，带来了对精细加工的更高需求。上图显示的是1789年马努埃尔·古铁雷斯(Manuel Gutierrez)在马德里制成的齿轮切割机器。这些发展的重要性，在法国哲学家狄德罗(Denis Diderot)（1751—1772年）编纂的28卷《科学艺术及专业知识百科全书·贸易和工业图解百科全书》中体现得很明显，此处的插图就是从中摘取的。

第九章 现代社会初露端倪

发明的历史
A History of Invention

但这种技术却被称为"美国系统",因为拥有不断扩展的工业和缺少技术工人的美国非常热情地采纳了它。首批进行实践的人包括埃里·惠特尼(Eli Whitney)、西蒙·沃斯(Simeon Worth)和萨米尔·柯尔特(Samuel Colt),他们为美国政府制造步枪和手枪。到了1853年,因发明左轮手枪而闻名的柯尔特,在自己的军火工厂里使用了1400台机器。钟表工业也使用这种技术制造齿轮,以满足对机械装置越来越多的需求。只有到了1851年之后,这种大批量系统在世界博览会上展出,美国系统才在英国得到采纳,最先采纳的是恩菲尔德(Enfield)的皇家小型武器制造厂。

煤气

早期的蒸汽机制造商中,最重要的是博尔顿和瓦特在伯明翰的公司,它为康沃尔(Cornwall)的很多锡矿提供抽水服务。安装由他们在当地的经理威廉·默多克(William Murdoch)负责。在雷德鲁斯(Redruth),他进行了从煤炭中制造燃烧气体的试验,19世纪早期,博尔顿和瓦特开始在商业基础上制造需要的机器设备,首先为兰开夏郡的一家大型纺织工厂供应煤气。这是一个伟大的新产业的开端,它有着深远的社会影响。到了19世纪中期,城市的街道和公共建筑都开始由煤气灯照明(分销的问题导致农村地区不能使用),贫穷的城镇居民也能够享受以前富人才有的照明。在一个文化繁盛的时代,印刷方法和造纸术都有了很大改进,出版社得以大量出版廉价的文学作品,这对于人们休闲习惯的影响非常巨大。

19世纪结束之前,煤气又有了另外一个用途:供热。在欧洲,煤气照明很快就得到了广泛的采用,在美国也得到了一定应用。但是美国有大量的天然气能源,早期美国人开发天然气并使用它照明。在西欧,直到第二次世界大战之后,天然气才开始被开发,或者说被发现。19世纪末,美国开始开采自己丰富的油田,油田经常与天然气田连在一起。但是由于汽油的主要用途是做内燃机燃料,本质上讲这还是属于19世纪的工业历史。橡胶的情况与此类似,生产汽车轮胎需要大量橡胶,而在19世纪初,防水纤维和其它应用也用到少量橡胶。17世纪,西班牙人侵略秘鲁的时候偶然发现了橡胶,但是直到它一个世纪之后被带到法国,人们才开始认真研究它。

钢铁时代

在大众心目中，工业革命总是与炉火的热、光和烟联系在一起，尤其是瓷窑和熔炉。有很多事实可以表明这一点。在各种机器、新生的铁路的铁轨和建筑中，铁的使用越来越广泛，尤其是18世纪中期亚伯拉罕·达比（Abraham Darby）发现可以用焦炭代替木炭熔化铁矿石之后。1740到1850年间，英国的铁产量从1.7万吨/年飙升到140万吨/年。其中很少一部分铁被制成了钢（含有0.5%～1.5%碳的铁），从公元前人们就开始少量地使用钢。炼钢很困难，只能小批量生产，但是到了19世纪中期，钢产量忽然有了显著增长。原因是新的造价更低的生产流程：其一由美国的威廉·凯利（William Kelly）和英国的亨利·贝塞默（Henry Bessemer）各自独立开发；而在欧洲大陆，德国的西门子–马丁公司创造了平炉炼钢法。1870到1900年间，仅仅30年的时间，世界的钢产量就从50万吨提高到280万吨，美国和德国分居产量的第一和第二位。很多钢材用于建造铁路轨道，当时的铁路交通系统发展迅猛。各种合金钢也被开发并应用于机械工具中，使它们工作更快，使用寿命更长。

在英国，使用邮车送信最早于1784年出现在布里斯托，很快就出现了全国性的邮递系统。这幅当时的图片显示的是1827年皇家邮车离开伦敦伦巴第街（Lombard Street）的情景。从1838年起，人们开始使用火车送信，旧的邮车系统成为新的交通形式的受害者之一。

如果用标志性的金属来概括历史发展的进程，那么在青铜时代和铁器时代之后，人们又进入了钢铁时代。大部分钢材进入了生产工业，但仍有相当一部分用于军事装备。在海上，由厚厚的钢板保护的装甲战舰占据统治地位；在陆地上，枪支的尺寸和威力都在飞快增长。一个主要因素是高性能炸药的出现，瑞典工程师阿尔弗雷德·诺贝尔（Alfred Nobel）是这方面的先锋，他改良了已经有500年历史的火药。

钢铁的兴起是一项有重大意义的技术进步，而另一种新的金属——铝的出现也意义非凡。在化合物中，明矾是最早用于商业贸易的化学品之一，但

发明的历史
A History of Invention

是在 1827 年之前，它没有被分离为单独的金属。1886 年，法国和美国都有人发明了一种方法，能够廉价和大量地制造铝。最初需求并不多，1900 年的产量还不超过 7000 吨，但是到了 20 世纪，这种金属成为新生的飞机工业所需要的轻型合金最主要的成分。

科技基础产业

迄今为止我们考察过的新发展，都在支持这样的观点：工业革命由具有强烈实践特点的有野心的人带动，而非科学家。如果把蒸汽机看作工业革命的中心发明，可以说，科学欠蒸汽机的，比蒸汽机欠科学的要多。这个观点几乎无可辩驳。工业革命的先锋人物中，托马斯·纽科门（Thomas Newcomen）是五金商店的学徒，詹姆斯·瓦特是木匠的儿子，瓦特的合作伙伴马修·博尔顿是扣环制造商的儿子。托马斯·特尔弗德（Thomas Telford），当时伟大的道路、桥梁和运河修筑者，是牧羊人的儿子，所受的只是苏格兰乡村学校能够提供的简陋教育。詹姆斯·布林德利（James Brindley），另外一位伟大的运河修筑者，几乎可以说是半个文盲。改变了陶瓷工业的约西亚·维兹武德，9 岁起就开始工作。机械纺纱的先驱理查德·阿克莱特，职业生涯的第一份工作是理发师。出色的制铁商人亨利·考特（Henry Cort），是砖匠的儿子。这个名单还可以继续往下列，但是这并不是说，这些人与他们时代的科技发展毫无关系。他们的成功大都要归功于看到新发现的实践意义的能力，并且付出巨大的热情和精力将其变成新产业的基础。他们并不缺乏知识能力，这些人晚年的时候很多都被选入皇家学会。大约在 25 年的时间里，伯明翰地区的这些大工业家们中的很多人都定期聚会，他们是享有盛誉的"满月协会"的成员，共同讨论科技新发展的意义。之所以叫满月协会，是因为为了旅行方便，他们每逢月圆之时才聚会。

有这种背景的人能够获得巨大成功，一个主要原因是工业革命起初大都是关于机械和建筑——蒸汽机、纺织机械、运河、铁路、铸造和车床。在这些领域之内，实际经验和机械才能比基本原理知识更重要。大量的成就可以仅通过实际经验获得。但是，这些远远不够，随着工业的发展，单纯的技术考量变得越来越重要。

化学品

基础化学工业必须扩展,以满足快速增长的纺织工业需求。有些人甚至说,化学工业是在纺织工业的庇护下成长起来的。从盐中提取苏打;从页岩中制造明矾;制造氯以用于漂白,因为纺织工业的需要超出了传统日光漂白方法能力的范围;制造合成染料,以补充天然染料的不足。这些涉及到的问题都需要新型的专业化学家的技巧能力。

电

17世纪时,人们开始首次认真地研究一种现象。到了19世纪,这种现象称为一个全新产业的基础,并且深刻地影响到很多产业。从摩擦生电的试验得到启发,迈克尔·法拉第(Michael Faraday)在伦敦的英国科学研究所进行了关键的电磁引力试验。它在19世纪30年代就表明,机械能量能够转化为电能,电能也能作为机械能量的来源。19世纪快结束的时候,发电站已经开始为公共消费供电,而白炽灯也开始挑战煤气灯长久以来的尊贵地位。电车和汽车于19世纪80年代出现,电还被用于电话和电报服务。到1900年,美国已经有100万部电话。在此之前,海因里希·赫兹(Heinrich Hertz)就发现了无线电信技术,到1901年,意大利人马卡罗尼发出了穿越大西洋的无线信号。

1851年世界博览会

由于文艺复兴运动,欧洲成为世界的领先者。这并不是军事意义上的领先,因为东方的政权比如中国和日本,仍能够成功地利用军事力量实行闭关锁国政策。欧洲的领先主要体现在艺术、科学和通过商业积累财富上。在欧洲内部,领导权最终落到英国手中,18世纪中期它以崭新的政府形态出现,其财富和国力建立在制造工业的基础上。当时的英国被称为"世界工厂"。

工业革命的起止时间很难确定,但是根据比较广泛接受的看法,它在1760到1830年间完成。很多人认为,在工业革命后期,英国的强势地位坚不可摧,伦敦举行的世界博览会也许强化了这种印象。这次博览会1851年举行,

发明的历史
A History of Invention

由女王的丈夫赞助。展览汇集了成百上千种产品，从机车到缝纫机，从地毯到钢琴，从烹饪炉到电镀产品，由国际评审团评判。最终，英国的产品大获全胜。

科技时代的教育

虽然有这么辉煌的成就，但是事实上比起欧洲其他国家，英国已经在走下坡路，这在1867年的巴黎博览会上有所显露，英国在这次展览中只获得不到12项奖。这极大地震惊了英国，引发了对出了什么问题和怎样应对的大讨论。英国人提出了很多解释，而最终的共识是：英国的教育体系完全不适合当时的要求。曾经与女王丈夫过从甚密的著名化学家雷昂·普雷法尔（Lyon Playfair）写道：大家都公认的一点论断是，法国、普鲁士、奥地利、比利时和瑞士拥有良好的工业教育体系，为制造厂和工场的经营者和管理者服务，而英国没有。

这个论断毫无疑问很正确。古老而著名的剑桥和牛津大学根本就忽视科学，培养了英国大部分学生的公立学校也是如此。即使在更加重视实用的苏格兰大学中，工科课程的教授也有限而马虎。一个明显的事实是，统治阶层觉得没有必要培训懂技术的人。

◎ 第十章　新的运输方式

直到19世纪，运输方式仍然没有什么大的改观，所有的运输动力都由人、畜或者风提供。即使到了今天，它们还是相当重要——在世界某些地方甚至是主要。但是一种新的动力也在19世纪出现：发动机（尤其是蒸汽机），它应用于陆地与海上，提供强大的动力。自出现开始的很长时期内，发动机扮演了重要的角色，不过直到20世纪，它帮助人类征服了天空之后，才体现出它伟大的作用。有史以来第一次，人类摆脱了地球表面的局限，升上天空。由此也开辟了新的交通领域。

飞行的开始

从远古开始，鸟类就向人类展示飞行的可能性。很多民族都创造过自己的飞行神话，一个例子就是朱庇特的信使墨丘利，他的脚后跟和头盔上长着

145

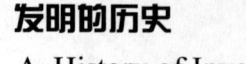

发明的历史
A History of Invention

翅膀。当然，人自己能飞的历史要短得多。

空中运输指的是与地面没有任何连接的飞行工具的飞行，这样风筝就被排除在外，因为有绳子与地面相连。风筝的早期历史很有意思。西方人认为，风筝由古希腊人阿尔西塔斯（Archytas of Tarentum）在公元前4世纪发明，但其实风筝是最早由中国人发明制造，并且得到了广泛的应用，后来流传到远东和欧洲很多地方。除了娱乐功能，很长时期内风筝还肩负着军事用途。中国的史书记载，公元前4世纪，宋国被围困的时候，曾经使用载人的风筝做侦察。当然这件事的真实性值得怀疑，不过公元6世纪时，风筝肯定被当作军事信号使用过。1232年，金朝军队围困宋朝都城开封时，曾经使用风筝向城内发放宣传单。在美国，1752年本杰明·富兰克林作了一个经典的试验：用风筝证实闪电带电。

第一次与地面没有联系的自由飞行，应该归功于蒙特格菲（Montgolfier）兄弟。18世纪80年代，他们开始用热气球作飞行试验。1782年，第一个模型起飞，1783年11月21日，2名乘客在100米的高空飞行了9公里，整个飞行过程持续半个小时。中国人一直有放孔明灯的传统，孔明灯是一种灯笼，也是热气球。当然，在中国古代没有热气球载人的记录。

从1783年到现在，热气球升空的历史就没中断过，有的是为了消遣，有的是为了运输。当然，热气球从来没成为过主流交通工具，虽然直到20世纪，比空气重的飞行工具飞机才出现。热气球有自己的价值，在蒙特格菲兄弟的飞行试验一周之后，人们就开始采用新发现的氢气作为热空气的替代品。到了1785年，人类乘坐热气球飞跃英吉利海峡。在18世纪结束之前，英国、法国和美国都开始将热气球用于军事侦察。1984年，载人的热气球横越大西洋。1999年，有人乘坐热气球环游了地球。

气球的一大不便之处是它必须依赖风，想克服风的影响而采用的发动机和推进器也并不成功，因为没有发动机能提供足够的动力：重量比。蒸汽机就非常不合适。1884年，一艘法国飞船"法国号"被制造成雪茄形状以减少风的阻力，利用电池作能源的电动引擎，进行了8公里的飞行。这些早期的飞船都是压力飞船，就是说内在的气压让它们飞行时保持形状。19世纪末，德国人开发出了坚固的飞船，分量不重的金属支架里面有几个气囊，每一部分都可单独控制。开发者是菲迪南德·冯·齐柏林伯爵，1900年他进行了首次飞行。

重要的事件，9世纪所向披比（Darby）用铁。但是木质直到1890年，仍然有90%都是

旧的特拉法加海击败了法国和西是最后一次大规当时最好的船仍tima Trinidad"，帆船的杰出代表。

这种帆船，根据体积和军备分成不同等级。这种设计使得泛应用，可以大规模生产，有利于加快制造速度和降低

那的造船厂大约制造了70艘这种大船，使用的是当地出法国和英国船厂大量使用的橡木要坚固得多。"Santistima 00吨，有1200名水手和水兵，船壁厚60厘米，它由长达为一个整体。一艘3级船，两层甲板上共有80门炮，大约木材。

种船就是移动的炮台。另一种船是细长的快帆船，主要用于易，以及非洲和美洲之间的奴隶贸易。从上海到伦敦，所花0天。有些天气情况下，快帆船的航速能够达到每小时400海里（1海里相当于1.85公里）。这些"海上灰狗"（灰狗，美国著名的长途汽车公司）的船长与船幅之比为6:1，1812年最早在美国的弗吉尼亚和马里兰制造。除了轻快的设计，它们使用的木料也不是重量大的橡木和其他木料，而是美国海岸生产的轻型木料。这种船很快就会渗水和变形，使用期限大概

第十章 新的运输方式

发明的历史
A History of Invention

"伟大的东方"号正在修建当中,她比之前任何的船都要大五倍以上。技术上,她是巨大的成功,但是商业上却是失败,因为人们严重低估了她的油耗。

是5年。但是它们造价便宜,而且使用这种船的大都是名声不佳的骠悍水手,能够给船东带来丰厚利润。

从18世纪中期开始,这种快帆船主要由东波士顿的唐纳·迈凯(Donald McKay)生产,而他的一些船航行性能极佳。1848年澳大利亚发现金矿,引发了运输热潮,詹姆斯·贝恩(James Baine)在利物浦的黑球航线(Black Ball Line)从迈凯这里订购了几艘快帆船。1854年,其中一艘"詹姆斯·贝恩"号,从伦敦到墨尔本航行1.4万海里,装载了700名乘客和1400吨货物,只用了63.5天。1868年,阿伯丁制造的"塞默皮莱"号(Thermopylae)创造了新的纪录:59天,这个快帆船的纪录一直保持到今天。最高时速可达到20海里,比第一次世界大战前建造的大西洋巡逻舰慢一点。随着苏伊士运河的开通,汽船主导了利润丰厚的茶叶贸易,但是由于澳大利亚养羊业的发展,直到本世纪末,快帆船都用于获利甚丰的羊毛运输。还有别的帆船航线很有竞争性,比如沿着南美洲穿越合恩角进入太平洋的航线,沿途还没有建立装煤站。这条航线需要更大的船,最大的贸易船1911年才在法国开始兴建:8000吨五桅的法兰西二号。这种帆船的帆非常巨大,最大达到5000平米,它也需要大量的船员,在与汽船的竞争中,这是导致其失败的一大劣势。

铁船

晚些时候,船壳开始用钢铁制造,最早的是制铁厂老板约翰·威尔金森1787年建造的"严厉"号,它是一艘长21米的驳船。但是在之后近半个世纪的时间里,铁船并没有在行业内引起人们的注意。美国的第一艘铁船建于1825年,是长18米的"科德罗斯"号(Codorus)。在欧洲,英国已经成为重要的造船中心,但即使是最大的造船公司卡米尔·莱德船厂(Cammel

Laird），也直到 1829 年才开始制造铁船，这是在第一艘汽船横渡英吉利海峡 7 年后。铁船的发展，与蒸汽取代帆成为驱动力的发展同时进行。

在不平静的海洋上，船要承受巨大的压力，因为在航行的时候船体的各个点受力不一样。虽然从埃及时代起，造船者们就知道这种波动起伏，但是他们只能完全根据经验找到解决方法。在实际运用中，这使得木船的长度被限制在大约 100 米之内。到了 19 世纪中期，海上建筑师们已经明白了其中的原理，并将其应用到更长的铁船的设计中。

第一艘取得成功的汽船是"夏洛特·邓达斯"号（上图），此处显示的是1802年它试航的情景。下面的这幅平版印刷画，是约翰·斯各特·拉塞尔(John Scott Russell)1860年为"伟大的东方"号设计的一系列图画之一，此举意在在这艘船遭遇失败之后，为自己挽回名声。

木质船壳不坚固的一大原因就是，它们只能用长度相对较短的木料建造，因为树木生长的长度有限。这种建造方法影响十分深远，所以人们最开始建造铁船的时候也使用它，因此铁的强大能力并未完全被认识到。到了 19 世纪中期，主要的构件都能够卷起来或者一体制造。船体包含标准尺寸的铁板，它们还在红热状态时就被用铆钉钉入船壳的孔中，并用铁锤夯平。直到 19 世纪末，才出现了风动铆接机。到了 19 世纪 50 年代，贝塞默和西门子加工方法出现，钢才作为建筑材料越来越普及。到 1880 年，它还只是在造船工业中零星使用，而 10 年后几乎应用到了所有的船上。

驱动

作为船的驱动，蒸汽机有着显而易见的吸引力：即使是在平静的水面，它仍能提供平稳的动力。它主要的不足在于相对其产生的能量，它的重量和尺寸太大，耗煤量也很大。对于在固定地点或在海岸线工作的船，不存在耗煤量问题，但是对于远洋轮船，只能靠装载大量的煤炭（这意味着装载的货

发明的历史
A History of Invention

物或乘客减少）或建立固定的装煤站系统。就是因为燃料问题和军队的保守主义，在商业船队已经在固定航线上采用汽船很久之后，海军仍然对于是否使用汽船犹豫不决。海军的船必须能够在不引起注意的情况下，在偏远水域执行任务，而且任务周期通常很长。

　　基本问题就是将蒸汽机的运动转化为船的前进运动，在这方面还没有先例。基于两个原因，明轮得到采用。其一，它是一种长期存在的水轮运动形式；其二，人们对它了解很多，早在罗马时代，就有人建议用牛驱动踏板推动踏板船运动。而随着17世纪耶稣会传教士在中国站稳脚跟，中国人的成就越来越被西方人熟悉，中国当时也有很多人力驱动的船。

　　法国人是汽船的先驱。1775年在塞纳河的第一次尝试遭到失败，但在1783年，185吨的"火轮船"号展示了汽船的美好前景。仅仅四年之后，约翰·费希（John Fitch）发明的15米厂的"约翰·费希"号在费城的德拉沃尔河（Delaware）上成功行驶，它由当地的钟表匠亨利·威特（Henry Voight）制造的蒸汽机驱动。雄心勃勃的费希进而想在费城和30公里外的波灵顿（Burlington）之间建立汽船航班服务，但是后来证明这种船的性能并不可靠。接下来是苏格兰，帕特里克·米勒（Patrick Miller）一直在做一项试验：将手工操作的桨轮安装到双体船中间。1788年，他资助威廉·希明顿（William Symington）将瓦特式的蒸汽机安装在船上，获得了6.5公里/小

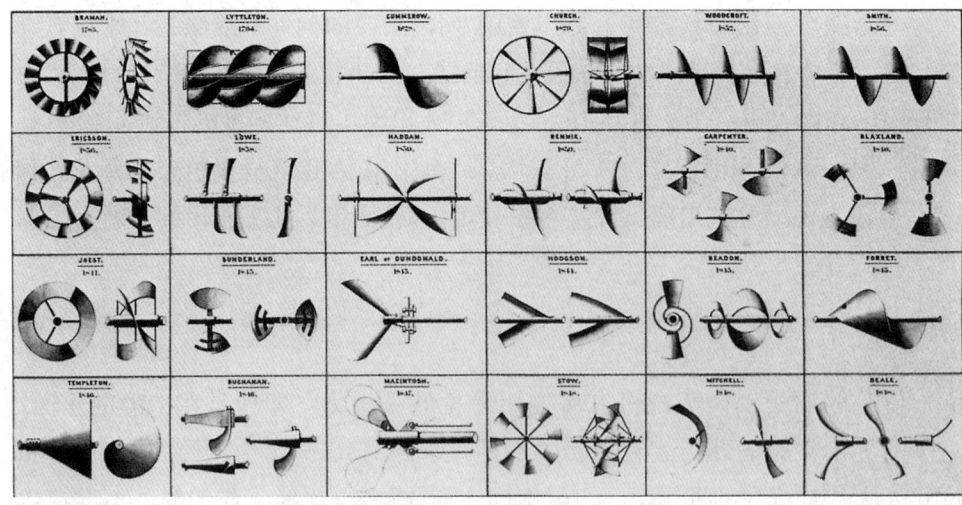

1845年，螺旋桨作为海上驱动的优越性在一场竞赛中得到了有说服力的展现，螺旋桨驱动的战舰"响尾蛇"号胜过了桨轮的"阿勒克图"号(Alecto)（上图）。

时的速度，但米勒似乎从此失去了兴趣，转向人工操作。而这项实验引起了当时的国防部长邓达斯爵士(Lord of Dundas)的注意，他资助希明顿建造了蒸汽拖轮，取代福斯和克莱德运河(Forth & Clyde Canal)中马拉动的舶船，爵士是运河的主管。后来出

当时，螺旋桨驱动的试验已经持续了半个世纪，人们使用了很多种设计方案（下图）。

现了著名的"夏洛特·邓达斯"(Charlotte Dundas)号，就是邓达斯以女儿的名字命名的，由12马力的单缸发动机驱动的18米长的木船。它正常运行了一个月，被公认为最早的成功汽船。它之所以没能继续服务，是因为它产生的涡流毁坏了运河岸。

自此之后进展就很快了。一位曾登上过"夏洛特·邓达斯"号的美国工程师罗伯特·富尔顿(Robert Fulton)，在塞纳河上试验过之后，回到美国建造了100吨的"克莱蒙特"号(Clermont)，并在纽约哈得逊河上航行。因为当地找不到合适的发动机，他从博尔顿和瓦特公司订购了发动机。该船有两个边轮。在1807年首次航行之后，该船立即取得了商业成功。半年后，福尔顿又订购了一艘"凤凰"号，它在新泽西的霍布肯(Hoboken)建造，要向南航行150公里到达德拉沃尔河口，因此也成为了第一艘海上航行的汽船。随后几年间，出现了很多固定航线：格拉斯哥到威廉堡(Fort William)、布灵顿到勒阿弗尔(Le Havre)、伦敦到利思(Leith)。这些航线都是短途航线，使用的船只都很小。但老板们已经将目光投向了更长和更加有利润的航线。主要的问题不再是机械方面，因为当时蒸汽机已经很可靠，问题在于煤的储备，最初的方法是将帆与蒸汽机结合使用。1819年，装备完整的美国船"萨凡纳"号(Savannah)（它装有桨轮，不用的时候能够提升到水面之上），用了27天11小时穿越了大西洋，但是使用蒸汽机的时间只有85个小时。1825年，更加野心勃勃的英国"企业"号，用了103天的时间到达印度加尔各答，但是使用蒸汽机的时间不到其中一半。

但是首要目的仍是穿越大西洋，为此1838年还引发了一场著名竞赛。在这一年，大西铁路公司(Great Western Railway Company)启用1300吨的"伟大的西方"号，要在布里斯托和纽约之间建立起航线。该公司的对手，英

第十章 新的运输方式　151

发明的历史

A History of Invention

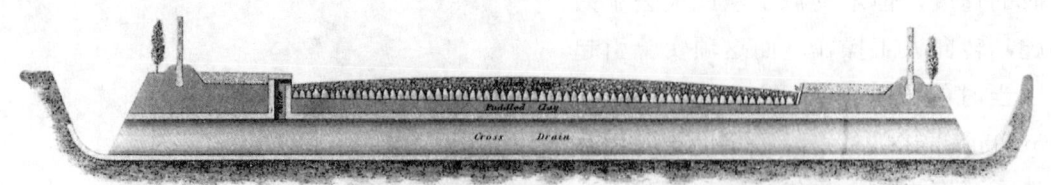

18世纪下半叶，筑路技术有了很大进步，开始使用石头地基和拱形的路面，后者是为了将雨水排进路边沟渠。在英国，一位先驱是托马斯·特尔福德，他也是著名的运河和桥梁建筑者。在这幅改进的格拉斯哥到卡莱尔(Carlisle)公路横截面示意图中，我们可以看到他使用的方法。国会1814年为这条路投资5万镑。

美蒸汽航行公司（British and American Steam Navigation Company）以承诺建一艘更大的船"英国皇后"号作为回应，这艘船未能如期完成，所以该公司租了"天狼星"号，用于伦敦到科克(Cork)的航行。结果是"天狼星"比"伟大的西方"早到达纽约，但是前者的煤已经耗尽，而后者到达时仍然有200吨煤剩下。"天狼星"夺得了第一艘穿越大西洋的汽船的荣誉，而"伟大的西方"证明这种航行有利可图。

桨轮的一大优势是在不平静的海域，它能够提升到水面之上。阿基米德螺旋泵用于抽水，已经有超过2000年的历史，但是直到18世纪末，用螺旋桨作船的驱动才开始试验。在那一年，瑞典工程师约翰·埃里克松（John Ericsson）成功地将螺旋桨安装在了一艘叫"阿基米德"号的小船上。布鲁内尔是该试验的目击者之一，他当时刚刚在布里斯托开始修建4000吨的桨轮汽船"大英帝国"号。他马上停止了修建工作，将其重新设计为螺旋桨驱动。就像同时代的其他汽船一样，它还是装配着帆，但是"大英帝国"号只进行了一次穿越大西洋的航行。

1854年，布鲁内尔开始兴建另外一艘伟大的船，它在技术很成功，却在商业上很失败。它就是著名的"伟大的东方"号，比当时任何船都要大5倍以上，总重量将近1.9万吨，其中铁船壳重6350吨：3万块铁板和300万个铆钉。它使用螺旋桨和踏板驱动，为到印度和澳大利亚的航行设计，载客4000人。实际上，它从未到过印度和澳大利亚，因为后来事实表明，它的耗煤量被致命性地低估了。在大西洋上航行了短暂的时间后，1865年，它被用于铺设穿越大西洋的电报电缆，而后是铺设从亚丁（Aden）到孟买的电缆。

人们用了很长时间接受了螺旋桨的优越性，其中一个原因是与桨轮相比，居纽机车（右图）制造于1769年，是第一辆上路行驶的有效蒸汽车，但是之后半个世纪蒸汽车制造方面没有任何改进。到1818年，汽车制造观念引发了人们的关注，就像下面这幅法国漫画表现的。

它需要蒸汽机和驱动轴之间的某些齿轮装置运转更快。英国皇家海军怀疑螺旋桨的性能，因此于1845年进行了一次比较。两艘快速战舰，分别装上四叶螺旋桨和一对桨轮。在150公里比赛中，装螺旋桨的"响尾蛇"号比装桨轮的"阿勒克图"号提前几公里到达终点。当把两条船用系船索连在一起时，"响尾蛇"以3节的速度将"阿勒克图"号拖出去很远。19世纪末，帕森斯（Parson）蒸汽涡轮提供了新的海上发动机模型，运转更快和能量/重量比更加合适。1899年，涡轮被装在"MHS 毒蛇"号上，它成为第一艘使用涡轮的战舰。第一次世界大战之前，柴油机也已被应用于海上驱动。

陆上蒸汽交通工具

作为一种陆上交通工具的动力来源，能够自成一体的蒸汽机有很强的吸引力。海上的汽船受到燃煤供应问题的困扰，路上交通工具没有这类问题，它可以随时随地添加燃料。除了人们的偏见和利益集团的反对，主要的障碍是缺少足够小型、高效和可靠的发动机。密西西比河和俄亥俄河上的汽船（桨轮直径达到12米的5000吨轮船）使用的蒸汽机，显然不能在汽车上使用。而且，汽车需要更好的道路，在18世纪这很少。在这方面，蒸汽机最早于陆上交通的应用是铁路，这也是历史上蒸汽机首次应用于陆上交通。

蒸汽火车

最早的蒸汽车，1769年由法国人尼古拉·居纽（Nicolas Cugnot）制造。

发明的历史
A History of Invention

  它最先出现在法国并非偶然，因为它是在当时的炮兵将军让·巴普蒂斯特·格里博瓦尔（Jean-Baptiste Gribeauval）的倡导下建造的。居纽本人就是军事工程师。与英国强大的海军相比，法国的陆军数量庞大，对陆地移动的要求很高。1763年，七年战争结束之后，法国军事界出现了对技术改进的很多兴趣，这也正好应对了皮埃尔·图萨古（Pierre Trésaguet）对道路修筑技术做的改进。所以在当时，蒸汽车或者称为军用拖拉机，是很有吸引力的建议。

  后来居纽的机车并没有得到采纳，因为有创新精神的部长埃迪纳-弗朗索瓦·绍索尔（étienne-Franξois Choiseul）下台之后，他就失去了财政支持。但是这的确是一台有趣的机器，而且现在仍然保留着。它是一台由双舵柄控制的三轮车，由1800升的加热器提供高压蒸汽的两台气缸驱动。通过一根曲柄轴的运动，活塞的重复运动转化为单个前轮的向前运动。两台机器中较大的那个（第一台很像一个模型）能够以行走速度拖动一台3吨的加农炮。在瑞士，伊萨克·德·利瓦兹（Issac de Rivaz）从1785年起就开始了蒸汽车的试验，1802年他制造的车开始上路。在美国，1800年奥利维尔·伊文思（Oliver Evans）将汽车开上了费城的街道，但就像博尔顿和瓦特一样，他真正的兴趣在于固定发动机。

  在英国，1784年瓦特根据他的助手威廉·默多克的设计申请了一项蒸汽驱动车的专利。威廉·默多克1786年制造了这辆车的工作模型，但是后来却没有了下文，也许是因为博尔顿和瓦特对此没有兴趣。19世纪早期，理查德·特维希克（Richard Trevithick）制造了几辆蒸汽机车，1801年在康沃尔郡（Cornwall）的凯姆布恩（Camborne），他实现了13公里的时速。1831年，另一个康沃尔郡人格德沃西·杰内（Goldsworthy Gurney）在格洛斯特（Gloucester）和切尔滕纳姆（Cheltenham）之间开始了运输服务，能够在45分钟之内完成14公里的路程。同一年，橡胶工业的先驱托马斯·汉考克（Thomas Hancock）的兄弟瓦尔特·汉考克（Walter Hancock）在伦敦开展了公共汽车业务，一直延续了五年。1833年，伦敦和伯明翰之间有了固定的汽车服务。在此之后，不断有各种汽车出现在道路上，但是直到20世纪，在运输笨重物品比如家具方面，并没有取得哪怕是有限的成功。在英国，由于惩罚性通行税和《红旗法令》的存在，汽车的发展还被抑制。之所以征收通行税，是因为汽车破坏路面和使马受惊。《红旗法令》限定所有汽车的速度不得快于每小时6.5公里，在城内行驶不得快于每小时3公里，还规定每辆汽车都要有3名人员，其中一个在车的前面，举着红旗以示警告。这项法令的目的在于限制英国汽车的使用，尤其是在农场耕种中使用。但其中一个例外是蒸汽压路机，法国人1859年发明。

在交通方面，蒸汽机的一大不利之处，是它需要时间才能达到足够的蒸汽压。在欧洲大陆，英国的限制法令不起作用，人们对这个问题兴趣浓厚。一个重要改进是莱昂·谢普利(Leon Serpollet)发明的快热锅炉，通过将水倒上红热的钢管产生蒸汽压力。1877年，它被应用于蒸汽机，也应用到了一辆蒸汽三轮车上，谢普利骑着它从巴黎到了里昂。他紧接着就开始在巴黎制造汽车。1903年，其中装配着充气轮胎的一辆汽车，达到了每小时130公里的速度。到20世纪初，美国马萨诸塞州牛顿市的斯坦利兄弟(Stanley brothers)开始制造汽车，虽然它们引发了一时风尚，但陆上交通的未来还是内燃机。

铁路的发展

使用轨道引导交通工具，早在蒸汽机出现之前很久就出现了。根据人类的记录，一些希腊和罗马城市铺设石子的道路上的轨道，可能就是为了让某些标准尺寸的轮子行走使用，而不是长时间磨损造成。而中国早在公元前3世纪就开始使用这种引导系统。16世纪，采矿业使用的卡车使用马拉动沿着木制轨道运行。不晚于1550年，木制轨道和带凸缘的木轮已经在罗马尼亚的特兰西瓦尼亚(Transylvania)地区使用。

木轨很快就会磨损腐烂。1738年，英国的怀特黑文煤矿(Whitehaven Colliery)出现了铁轨，当达比(Darby)在煤溪谷(Coalbrookdale)建立了铁轨铸造厂之后，铁轨的使用变得更加广泛。其中一条轨道，是连接南威尔士的佩尼达兰(Pen-y-Darran)制铁厂和格拉摩根运河(Glamorgan Canal)，总长16公里。1803年，特维希克在那里装配了一台固定蒸汽机，以驱动轧钢机运转。1804年，人们给这台蒸汽机装上轮子，它作为机车成功地拉动了五节车厢，装载着70名乘客和10吨铁，行进速度达到每小时8公里。但这个项目没有持续多久，因为铸铁并不适合交通使用，蒸汽机又重回固定使用。但是，1805年在纽卡斯尔附近的一座煤矿，又出现了第二辆机车。

发明的历史
A History of Invention

早期的火车旅行都要受到铁路系统不同规格的影响，左上图绘制于19世纪40年代，它形象地描绘了这给乘客带来的骚乱。

虽然铁路大都用于长途旅行，小型的城市铁路网也很快出现。纽约的高架铁路（右上图）最初是为蒸汽火车设计的，但是在19世纪80年代便成电车。请注意图中，还有当时与火车竞争的马车。

负责铺设接近水平轨道的铁路工程师们，面临着很多需要克服的困难。在英国，一项重大成就是在修筑利物浦到曼彻斯特的铁路时，铁轨成功地穿越了浸满水的查特湿地(Chat Moss)（中图）。

在美国，铁路在开垦大片处女地方面起到了重要作用。横贯大陆的铁路网于1869年完成（下图）。

特维希克还因为他的"谁能抓住我"展览而闻名,这个展览1808年在伦敦尤斯顿广场(Euston Square)举行,一辆蒸汽机车围绕一个小型圆轨道行驶,而乘客在后面追赶着上去。由于乘客都付了钱,所以这也可以看作是世界上第一个公共铁路企业。但是在铁路的发展中,它只是个小插曲,而非主线的内容。特维希克很快就将注意力转回固定蒸汽机,佩尼达兰就是一个有说服力的证明。当时,铁路还是水平的,这样就出现了一个问题:在很陡的斜坡上,铁轮和铁轨之间的吸附力还能够继续让蒸汽机车前进吗?为了解决这个问题,1811年约翰·布伦肯索(John Blenkinsop)设计了一种牵引装置,使机车上的齿轮能够和有齿轮的铁轨契合,直到如今它仍然在世界各地陡峭的山间铁路上使用,但是在普通的斜坡上并不需要它。

到了19世纪20年代,英国出现了很多小型蒸汽机车使用的铁路,乔治·斯蒂芬森(George Stephenson)已经开始在肯灵沃斯(Killingworth)生产机车。几乎所有铁路都用于私人用途,而1801年的一项国会法令批准了从万兹沃斯(Wandsworth)到克洛顿(Croydon)的马拉铁路,开启了铁路公用的大门。这条铁路没有自己的机车,但是其使用完全公开,任何有车的人都可以付费使用。1821年,另一项法案通过,允许一条铁路在斯托克顿(Stockton)和达灵顿(Darlington)之间运送乘客与货物。1823年斯蒂芬森被任命为该铁路的工程师,他将原计划为木制的轨道改成了铁制,而且还采用了蒸汽机车。这条铁路最终于1825年9月27日开通,斯蒂芬森的"移动力"号(Locomotion)将12辆马车的载货量、21辆马车的乘客送到了斯托克顿。机车对于马车的优势彰显无遗,由此也催生了世界上第一条拥有自己的车辆储备的公用铁路,利物

1808年,特维希克在伦敦尤斯顿广场建的"谁能抓住我"环形铁轨,就是一种公众娱乐,托马斯·罗兰德森(Thomas Rowlandson)的版画(上图)描绘得并不精确。斯托克顿-达灵顿铁路1825年的开通更加重要(下图)。

发明的历史
A History of Invention

浦—曼彻斯特铁路。它在 1830 年 9 月 15 日举行了盛大的开通庆典,当时的首相威灵顿公爵参加了庆典。第一列火车由斯蒂芬森的"火箭"号机车拉动,它由于出色的整体性能而被选中。它融合了所有蒸汽机车的基本特征:每边都有独立的汽缸通过较短的连杆驱动轮子转动,多管加热器能够更高效地传递热量。这种加热器由马克·塞冈(Mark Seguin)在法国发明并获得专利,所以在英国能够自由使用。马克·塞冈是法国第一条铁路圣埃迪纳—里昂(St étienne-Lyon)的创建者。

这些项目不仅体现了蒸汽机车在铁路上的高度可用性,还说明了人们可以从中获得丰厚利润。斯托克顿-达灵顿铁路在运营五年之后,付给股东的红利达到 14%,而利物浦—曼彻斯特铁路第一年就赚到 1.4 万英镑。事实表明,不管是载客还是货运,铁路都是廉价快捷的长途交通工具。从此开始了被称作铁路狂热的时代,19 世纪中期在英国达到高潮。在那时候,投入的资本超过 2.5 亿英镑,到 1900 年,这个数字超过 10 亿英镑。1847 年,在铁路狂热的高潮时,共有 25 万名工人从事铁路修建工作。这产生了巨大的社会影响。一位卓越的铁路规划师亨利·布思(Henry Booth)说:过去慢的现在变快,过去遥远的现在很近,这种观念的转变波及到社会大部分层面。

1851 年的世界博览会见证了改变的范围,在那一年,铁路吸引了 600 万人来参观维多利亚时代的技术奇迹。另外,新的度假机会也开始出现。1841 年,托马斯·库克(Thomas Cook)组织了他的首个一揽子旅游。在英国,大扩张直到 1860 年结束,当时全国的铁路总长度达到 1.6 万公里,到了 19 世纪末长度基本上翻了一番。而从 1885 年起,铁路就差不多没有继续发展。

英国铁路先驱者们很快就与当时的运河经营者发生冲突,后者在运输大宗货物方面地位已经很稳固,但在 1831 年之后,整个 19 世纪只有一项重大工程完成:1894 年的曼彻斯特运河。在美国,情况有所不同,因为那里没有已建成的交通网络。纽约 584 公里长的伊利运河,从哈得逊河的阿尔巴尼(Albany)到伊利湖边的布法罗,1817 年开始修建,它威胁到了费城的贸易。费城人很明白他们忽视了铁路,于是派人到英国学习这方面的所有知识。1831 年,费城—哥伦比亚铁路终于建成。这条铁路最初是为马拉的交通工具设计的,1834 年它有了自己的车辆和机车。巴尔的摩—俄亥俄铁路有着同样的背景和发展历程。刚开始的时候,机车不得不依赖进口,起初是 1829 年引

· 158 ·

进的德拉沃尔—哈得逊铁路的"斯杜尔桥狮子"号（Stourbridge Lion），但是很快国内就开始制造机车了。到了1838年，全美2400公里的铁路上一共奔驰着350辆机车，其中四分之一是进口在。当时英国的铁路长度也大约是2400公里，到了19世纪末增长到3.5万公里，而到1860年，美国铁路总长就达到4.8万公里，到1900年超过32万公里。这也与美国大片处女地的开发有关系，美国铁路史上一件大事是1869年5月10日横穿大陆的铁路建成。1861—1865年的南北战争中，铁路起到了非常重要的交通作用。不仅在铁路，美国在其他技术方面也体现了显著的优越性，尤其是大批量生产军火。

在俄罗斯，铁路作为国营而不是私有企业缓慢地发展。第一条大型铁路，是1851年修筑的彼得堡到莫斯科的铁路，长650公里。穿越西伯利亚铁路在1891年动工，但直到1916年才完成。

普鲁士从美国内战中学到了很多。在侵入波希米亚之前，普鲁士军队的司令莫尔特克（Moltke）就制订了详细的时间表，通过铁路快速运输军队和装备。在普法战争中，普鲁士军队能战胜拿破仑三世军队的主要因素之一，就是对铁路运输十分详尽的规划使用。

随着铁路的发展，对于速度、能量和燃料效率的要求也越来越高。在英国，大西公司（Great Western Railway）在1847年以每小时96公里的速度提供服务，而到了1904年，该公司的列车运行速度就达到了惊人的每小时161公里。1859年，该公司通过使用成对的驱动轮，获得了更好的运行速度。这时的汽缸数量增加，又导致负重轮数量增加。在英国和美国，4-6-2汽缸的机车前面有4个负重轮，还有6个驱动轮和2个后轮。在欧洲大陆，人们使用轮轴的数量来描述，4-6-2汽缸就是2-3-1轮轴。前缀T表示带有水和燃料的蒸气火车头。在美国和其他正在发展的国家，铁轨的糟糕状况使得重量分散格外重要，有的机车竟然有24个轮子。在这种情况下，出于经济原因，人们往往用绕道来代替修筑隧道和桥梁，这就需要制造小轴距的机车。1861年，为解决这个问题，罗伯特·福列（Robert Fairlie）在机车的前后各安装一个驱动轮，后来这发

发明的历史

A History of Invention

展为加兰特（Garratt）设计的大型机车。

19 世纪的下半期，在机车设计方面出现了三项重要发明。第一是 1844 年比利时工程师埃吉德·沃尔沙特（égide Walscherts）发明了改进很多的阀动装置，它很快就在很多国家得到采用，但直到 1878 年才被介绍到英国。第二种是蒸汽机的组合，将蒸汽先导入小型高压汽缸再进入大型低压汽缸，这种装置 1874 年由瑞士工程师安纳托勒·马勒（Anatole Mallet）在法国发明。第三种是为了减少压缩损失而采用超高热蒸汽，它 1898 年被德国卡塞尔的威廉·施密特（William Schmidt）采用，也在法国和英国被广泛采用。

电力牵引

对于陆上交通，电车有着很明显的可能性。在 1879 年的柏林博览会上，电器发明家、西门子－海尔斯克（Siemens-Halske）公司的创始人，沃尔纳·冯·西门子展示了一种窄轨铁路，上面可以行驶 3 马力的机车。其速度是每小时 6.5 公里，从中间的铁轨产生低压电力。这让人想起 70 年前特维希克的"谁能抓住我"展览，但西门子的产品更得到有了效益。1884 年，西门子和海尔斯克在法兰克福和奥芬巴赫之间建立了电车线路，从悬在空中的电线获得电流。而此前一年，马格努斯·沃尔克（Magnus Volk）在英国海边度假胜地布灵顿（Brighton）开通了窄轨铁路。

也是在 1884 年，弗兰克·朱利安·斯普拉格（Frank Julian Sprague）在纽约高架铁路上采用了电车。更重要的是，1897 年他设计了一种系统，能够由最前面的机车控制一列汽车，这是多车厢火车的最初形式。

因为安全和没有烟雾污染，电动牵引车很快就受到了采矿工程师们的青睐。这种优势也应用于地下铁路中，它是城市扩张的产物。伦敦的大都会铁路 1863 年开始修建，旨在连接几个主要的铁路车站，但是蒸汽机车放出的烟雾和灰尘让人无法忍受，所以地下部分一直没有怎么使用。当 5.5 公里长的南伦敦线设计之时，人们决定使用电车，它从地底穿过了泰晤士河，它也是世界上第一条低于地表的电车路线。1895 年，在将巴尔的摩到俄亥俄的铁路中 6.5 公里长的一段，从原本使用蒸汽机车换为电车时，美国人认识到了电力牵引的好处。不过，主要干线的电气化要到 20 世纪才得以实现。

· 160 ·

铁轨和车辆

上面提到的佩尼达兰试验之所以被停止，不是因为机械原因，而是机车的撞击使得铁轨无法承受而坏掉。随着轨道的发展，铸铁被更加柔韧的熟铁取代，1860年开始钢材的使用越来越广泛，这对后来的产生了重大影响。但是其中一个弱点就是两条铁路的相交之处。最初，人们使用的方法就是将它们简单地连在一起，1847年，出现了连接铁轨用的鱼尾板，大大提高了安全性。在一定程度上，驱动轮加在铁轨上的撞击力被反加于轮子上的重量削弱了。

从最初期，铁轨规格就经常变化，即使一国之内也是如此。在英国，143.5厘米得到广泛的采纳，而且最终成为标准规格，原因就是最初北方（North Country）电车使用了这种规格。布鲁内尔修建大西铁路（Great Western Railway）的时候，倾向于214厘米，他认为这样在高速行驶时能够保证安全。事实证明这种顾虑纯属多余，但是直到1892年这种宽轨道才退出历史舞台。在美国，规格很混乱，很多铁路按照4.85英尺规格建造，但纽约的铁路是183厘米也就是6英尺。直到南北战争之后，美国才开始逐步接受英国的规格，但是直到1885年才完成转变。在不同的交通系统连接的时候，这种规格不同是最大的障碍。在很需要成本节约的地方，使用60厘米的轨道很普遍，但是主要干线很少用这个规格。

早期设计铁路路线的一个重要考虑因素，就是避开陡峭的坡度。在早期，斯蒂芬森认为1∶330是合理的，但是随着了解的深入，人们发现火车能够攀爬更陡的坡度。1848年，在奥地利萨默林山口（Semmering Pass）线投标中，参与投标的火车被要求以每小时19公里的速度攀爬1∶40的坡度，还要拖着80吨的重物。

即使能够克服陡坡，一种极其昂贵的操作——隧道开掘仍然不可避免，而且在19世纪后半叶出现了很多大型隧道工程。这包括1870年修筑的13公里长的赛尼斯山（Mont Cenis）隧道和1882年修筑的更长的圣戈特哈德（St Gotthard）隧道；后者将意大利和德国之间的铁路路线长度缩短了40公里。无法架桥的河流是另一个障碍：在英国，1886年在塞汶河（Severn）下修筑了6.5公里长的隧道，这是一项重大的成就。这个工程还克服了修建之前没有预料到的地下喷泉带来的猛烈洪水。

发明的历史
A History of Invention

隧道技术已经由矿工们发展到了很高的水平，但是还有很多新的技术进步出现，比如风钻。它是由格尔曼·施梅勒（Germain Sommeiller）为赛尼斯山隧道特地开发的，将工程速度加快了3倍。在修筑泰晤士河底隧道时，马克·伊萨姆巴德·布鲁内尔（Marc Isambard Brunel）使用盾进行隧道的开掘推进，这是一种很著名的方法，布鲁内尔是从船蛀虫挖洞的方式得到的启发。后来詹姆斯·亨利·格利特哈德（James Henry Greathead）改进了这个发明，他使用了压力扬吸机推动的钢盾，压力扬吸机是一种水泵，泵内自然向下流动的水周期性地被一个阀门阻塞，以迫使水流向上经过一个开口的管道流入蓄水池中。1874—1908年，它被用于纽约哈德逊河隧道以及伦敦铁路在市区和市南的地下陆路建设。

随着铁路的发展，出于安全的考虑，信号系统变得越来越需要。铁路信号系统广泛采纳了1793年克劳德·沙佩（Claude Chappe）创造的军用旗语系统。在繁忙的路线中，一般要使用"路段"系统，在前一辆车离开某路段之前，后一辆车不能进入。在美国和其它地广人稀的国家，有很长的单轨线路，这时就很需要电报系统，它于1839年首次在英国帕丁顿（Paddington）和西德里顿（West Drayton）之间的铁路线上应用。1859年，人们开始使用信号和转辙器结合的安全措施。

安全的另一个重要方面是制动系统，起初它非常原始，只是限于机车和列车尾部特殊的制动箱。两者之间只能通过哨声和挥舞手臂或旗帜进行交流。气闸系统是用空气压力或真空压力，由乔治·威斯汀豪斯（George Westinhouse）发明，据说是受了在修筑赛尼斯山隧道时使用的风钻启发。

最初，铁路的主要功能是运输大宗货物，运输大量乘客的需求让运营者刚开始感到很意外。起初，贵族们只是将自己的行李牢牢系在车厢上，然后坐在行李上，而买最廉价票的乘客就坐在没有车棚的车厢里。当然，随着行业潜力的开发，乘车条件也变得更加舒适。19 世纪 30 年代，四轮或六轮的封闭式列车（就是模仿当时的马车）出现，而车票价格不同乘坐条件也不一样。按照现代的标准，当时的舒适实在很惨淡，19 世纪中期以后欧洲的火车才比较舒服。乘客通常不得不自己带一些东西以方便乘坐。火车上用蜡烛照明，用灌满热水的脚炉供暖。因为火车进站非常频繁，所以就没有必要建卫生间，这导致了走廊空间的极大浪费，直到 19 世纪 60 年代才出现车上卫生间。照明最初是用煤油，1871 年德国开始使用压缩空气缸，伦敦的大都会铁路从 1876 年起也使用这种设备。当时，电气照明已经在挑战煤气照明的统治地位，而到了 19 世纪末，火车上开始使用发电机。铁路极大地加快了国内邮件的分发速度，就像汽船加快了国际邮件的分发速度。

这时，付出相应的价格，得到极其舒适的铁路服务已经不是问题。但当时的铁路事故依然不断增加，包括 1842 年在凡尔赛发生的翻车事故，使 53 位名流丧生。虽然如此，维多利亚女王仍然是铁路的坚定支持者，她经常乘坐火车往返于伦敦和温莎（Windsor）之间，大西铁路为此专门准备了一辆豪华的皇家列车。但是比起其它豪华列车来，维多利亚女王的算不了什么，比如 19 世纪 60 年代臭名昭著和怪癖一堆的巴伐利亚国王路德维希二世（Ludwig II）出资建造的火车，或者为教皇庇护九世（Pius IX）造的火车，它包括一个华丽的有王座的房间和一个三室套间。

在美国，由于它的广大领土使得火车发展必须考虑规模因素。乔治·普尔曼（George Pullman）向普通乘客也提供食宿设施。最初他的车上旅馆仅仅是改造过的餐车，但是餐车的成功鼓励他 1864 年建造了更为豪华的"先锋"号。这辆车获得了巨大成功，普尔曼发现成功带来的转变让他措手不及，包括来自欧洲的出口订单。1880 年，他不得不在芝加哥郊区建立了自己的制造厂。

在火车上，旅客们根据各自的付费而得到不同的待遇。但是在车站，休息厅是人人共享，不过也有单独的休息室和候车室，条件好的旅客还可以享受旅馆服务。在火车发展的初期，那些老板们都赚足了钱，所以在修建主要车站时都不惜一掷千金，经常聘请当时最著名的建筑师。1852 年在伦敦修建

发明的历史
A History of Invention

的国王十字架（King's Cross）车站，由路易斯·库比（Lewis Cubitt）设计，它因为两个长达32米的桶形穹窿而闻名。巨大而奢华的孟买维多利亚站（Victoria Station），是印度半岛铁路的终点，它也是为了纪念其设计师F.W.斯蒂文斯（F.W.Stevens）而建。但是这些，再算上欧洲大陆的火车站，与纽约的巨大的中央车站相比都多少有些逊色。中央车站于1903—1912年修建，分上下两层，有67条轨道。今天，这些建筑被当做当时建筑的杰出代表。

◎ 第十一章 采矿和金属

说出来非常让人惊讶，从人类远古时代到 19 世纪结束，只有一种新的金属得到了普遍应用，就是铝。但是在 1900 年，全世界铝的产量也不超过大约 1 万吨，直到第二次世界大战之后，年产量才达到数百万吨。但是也不能忽略另一个事实，就是有一些新金属少量地用于某些特殊目的，比如锇用于电灯灯丝制造、铬和钨用于制造高强度钢、铂用于汽车制造以及镍用于电镀。重大的改变发生在使用的数量和方式上。在 19 世纪，全世界铜的年产量从 1 万吨上升到 52.5 万吨，其中近一半的增长归功于新的电子工业的需求，电子工业中的电子化工技术的发展，又反过来促进了金属提取和精炼，比如在铝的制造上。在 19 世纪后半叶，锡的年

从很早的时代到 19 世纪末，矿工的工作就沉重和危险：铁铲和镐是主要的工具（左图）。后来安全灯的出现，大大减少了沼气爆炸的危险。上图中的三个安全灯由汉普里·达维(Humphry Davy)于 1816 年左右制造。

产量从 1.8 万吨增长到 8.5 万吨，体现了当时新兴的罐头工业对锡板的需求。铁越来越多以钢材的形式出现，它依然是最重要的金属，年产量超过所有其他金属年产量之和。铁的用途相当广泛：所有种类的机器、造船、铁路、建筑和桥梁的骨架等等。

总的来看，对金属的需求如此巨大，旧世界的传统矿产资源已经

发明的历史
A History of Invention

1811年的一枚贸易代币上描绘的普里斯特菲尔德(Priestfield)的鼓风炉。

鼓风炉是炼铁的核心装置，普里斯特菲尔德（左上图）和杜拉斯(Dowlais)（右下图）的鼓风炉没有什么区别，除了尺寸不一样。

铸造厂的工作条件每况愈下。即使抛开美感因素，1805年的英国铸造车间（左图）也比大约19世纪80年代的德国铸造厂（右上图）条件好很多。

不能满足它，越来越多的矿产在新兴国家出现。智利成为铜矿的主要产地，马来西亚成为锡的主要产地，而澳大利亚成为铅和锌的主要产地。这些新矿藏的开发还依赖新技术的发展，尤其是交通：矿产往往涉及到十分巨大的领域，会引发人口的大量流动。最小化交通成本的需要，使得人们开始在适当的矿产地进行冶炼和精炼工作。1800 年，全世界四分之三的铜在南威尔士冶炼，尤其是在斯旺西（Swansea），那里有几百个炼铜炉。但是到了 19 世纪末，斯旺西的产量占全世纪的比重已经微不足道，到了 1921 年，那里一度兴盛的的炼铜产业销声匿迹。即使在产地不能进行冶炼之前，那里也已经在开始做一些基本的前期处理工作。

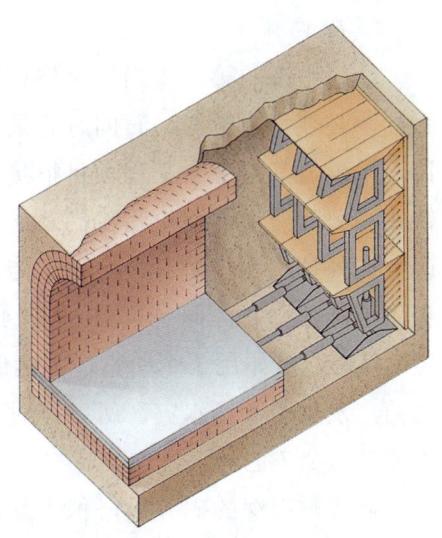

1843 年，马克·伊萨姆巴德·布鲁内尔发明的隧道挖掘盾被用于挖掘泰晤士河底的隧道。工人分成三层工作，挖出泥土，建好隧道顶和墙，同时起重机推动盾前进。

对于生产力越来越强烈的重视，使得开发新的采矿技术成为必要，以弥补铲和挖的传统技术。似乎直到 17 世纪，火药还没有用于地下爆破，而 19 世纪末阿尔弗雷德·诺贝尔（Alfred Nobel）发明的炸药，最初是用于采矿而非军事。沉重的运土机器，就像在修建巴拿马运河和其它大型土木工程时用到的机械，一样也能用于露天开采矿产。1900 年之前就发展很完备的水压技术，也能够用于采矿。大型的机械挖掘机在人造泻湖上工作，同时喷水器冲走挖掘出的矿石上的泥沙。

技术的进步带来了全新的开采和精炼方式。19 世纪 80 年代，人们利用传统方法实现了铝的大规模生产，但是这几乎立即就被电气化学方法超越了。在铜和其他金属的精炼中也使用了电解方法。一个杰出的例子，是 1875 年托马斯·吉尔克利斯特（Thomas Gilchrist）发明的一种方法，可以熔炼之前无法处理的含磷的铁矿石，包括法国阿尔萨斯 - 洛林（Alsace-Lorraine）的铁矿。到了 19 世纪末，全世界大约一半的钢材是从含磷的铁矿石中提炼的。

第十一章 采矿和金属

发明的历史

A History of Invention

采矿技术

金属生产的第一步当然是将原矿石从地底开采出来,而且为了实现这个目的,必须将大量与矿石同时开采出来的石头和其他废料清理掉。从这方面讲,采矿与其它土木工程项目很接近,都需要转移掉大量的物资,比如修筑铁路和公路隧道与路垫。我们之前提到了蒸汽机的两个重要作用:从很深的矿井向外抽水和将矿石从产地运走。由于蒸汽机的烟雾和热气,地下作业中根本不能使用它,但是从19世纪40年代起,通过一个通风道向外排气的固定蒸汽机,开始用于牵引索道上运矿石的车。在1879年塞汶河铁路隧道建成之前,发生了一场水灾,所以当时人们不得不使用水泵抽水,而且每天需要处理多达2.7亿升水。

在通常很深的矿井中,积水是很大的问题,而且在有很多水平通道的矿井中,通风也相当重要。一种最常用的措施是矿井中有两个井筒,在1862年发生了一次重大事故之后,英国规定矿井中必须安装井筒,以使在出事之时提供更多出口。而且在其中一个井筒底端,还要燃起火以加强向上的气流,促进空气流通。水平的通道用风幛隔开,以保证空气双向流通。在煤矿中,在有沼气的地方点火相当危险,在其他矿井中沼气的危险要小一些。1807年,约翰·巴德尔(John Buddle)在沃尔辛德煤矿(Wallsend Colliery)中使用了原木制作的空气泵,以改善矿井中的空气流通。大约1840年,约翰·尼克森(John Nixon)在南威尔士安装了使用蒸汽机的水泵。到19世纪末,能够每分钟抽出6000立方米空气的巨大风扇开始使用,它比巴德尔制造的空气泵效率提高了25倍。

矿工自己使用的蜡烛和灯具都会带来爆炸危险,比为通风点的火更危险。在19世纪上半叶,这种现象引发的问题相当严重,所以英国森德兰协会(Sunderland Society)请求了技术援助。后来人们开发了很多种安全灯,其中最著名的是由汉普里·达维(Humphry Davy)于1816年左右制造的。达维设计的安全灯,火焰受到金属框架的保护。

从很早的时代起,木匠将要从事手工钻孔工作,但是给石头钻孔却必须依靠机械帮助。据说多才多艺的特维希克发明了蒸汽钻,但是第一个有效的这类装置直到修建赛尼斯山隧道时才投入使用,而且很快就被风钻代替。意想不到的收获是,钻机使用过的压缩空气促进了空气流通。最早的机械使用

左图：直到诺贝尔19世纪60年代发明黄色炸药，土木工程和采矿只能使用火药进行爆破。1851—1853年，修筑纽约港的时候，为了摧毁一块巨大的岩石，使用的火药超过100吨。

右图：使用杵锤进行锻造，这是约翰·威尔金森1790年发行的面额为一便士的交易代币图案。

下图：沉重的锻造工作中，越来越多的使用机械，比如约克郡的阿比戴尔(Abbeydale)使用的夹板锤。

的钻孔方式，不是连续的旋转就是用锤子敲打，后来，这两种方式在锤钻机器中得到了结合。

在采矿和土木工程中，钻孔的主要用途是为了爆破。直到19世纪晚期，人们仍然在沿用流传了500年的、也是当时唯一的炸药：火药。按照现代的标准，这是一种很弱的炸药，大型工程需要大量的火药。1851—1853年，修筑纽约港的时候，为了摧毁一块巨大的岩石，使用的火药超过100吨。1831年，威廉·比克福德(William Bickford)发明了安全信管，让使用火药的安全系数大大提高。1845年，德国巴塞尔的克里斯蒂安·肖本(Christian Schonbein)发现，能够通过将棉花和其他纤维与硝酸进行处理，获得一种威力极其强大的炸药。1846年，意大利的阿卡尼奥·索布雷罗(Ascanio Sobrero)发现用甘油也能制造同样的炸药。最初，这些产品都非常不稳定和危险，不能普遍应用。直到19世纪60年代，瑞典工程师阿尔弗雷德·诺贝尔才提供了一种可以接受但仍然危险的炸药产品。1865年，他在斯德哥尔摩附近的温特维克(Winterwick)建立了自

第十一章 采矿和金属　169

发明的历史
A History of Invention

己的首家炸药工厂，两年之后，他将黄色炸药推向市场。黄色炸药将硝化甘油和一种叫硅藻土的粘土混在一起，是一种更加安全的炸药。黄色炸药的威力是火药的五倍，10 年的时间里，诺贝尔每年销售 3000 吨黄色炸药。直到后来，诺贝尔才开始关注军事炸药。

选矿

随着对金属的需求大幅度增长，富矿被开采殆尽，人们不得不开始开采贫矿。手工选矿变得很需要，很多机械手段也得到了采用。对于比较重的矿石，比如锡和铅，被冲走的矿物杂质会含有很多有用的成分。1895 年，A.R. 维尔弗雷（A.R.Wilfley）发明了机械筛选法，它包括一个倾斜的震动台和平行凹槽或槽沟，矿石颗粒能够在里面汇集，而不是被冲走。

对于磁铁矿这个比较特殊的矿产，矿石颗粒可以通过电磁方法被分离。这方面的一个先驱人物是托马斯·爱迪生，19 世纪 90 年代他在阿巴拉契亚山地区的奥格登（Ogden）修建了一个巨大的工厂，每天生产 5000 吨矿石。这又是一次技术上的成功和商业上的失败，因为爱迪生没有预见到美国钢铁产业的地缘变化。

最重要的选矿程序是浮选，1865 年首次使用，当时人们发现如果品质差的硫化矿物，比如黄铜矿，被碾碎和用油处理之后，油会吸附到黄铜矿颗粒上，但不会吸附在矿物杂质上，杂质就能够被冲刷走。不过这个方法需要大量油，不是很有效率。19 世纪末，出现了一种改进很多的方法，矿石和水的混合物加入一点油，然后将空气吹入里面：空气泡将矿石颗粒带到混合物表面。此方法最早于 1901 年在澳大利亚布洛肯山（Broken Hill）使用，当时是为了浓缩闪锌矿。

钢铁时代

直到 18 世纪，铁还是用木炭熔炼，但是当时木炭已经越来越难获得。其中一个原因是熔炼铁的地区木材已经被砍伐殆尽，另一个原因是木炭很容易被挤碎，所以鼓风炉的高度不能够增加以容纳更多矿石。还有一个解决方案，就是煤炭，他的含碳量高，价格便宜，储量丰富，能够作为木炭的替代品。虽然达德·杜德利（Dud Dudley）声称 1619 年他就成功地用煤炭熔炼出了铁，但这并不可信，因为原煤含有硫磺，会使金属性能变弱。解决方法是先用炭炉使煤炭化。一个钢铁王朝的创始人亚伯拉罕·达比，1709年最早在他煤溪谷的工厂中采用了焦炭熔炼铁。但是他最初的成功，多少要归功于当地产的煤及其所制造的焦炭含硫量很低。其他的制造商没这么幸运，所以直到18世纪下半叶焦炭炼铁法还没有广泛推广开来，而当时已经出现了再熔炼铁以再次使用的方法，这样做能够排除更多的杂质。焦炭的另外一个问题是它的燃烧不如木炭那么自由，需要鼓风炉能达到更好的通风。

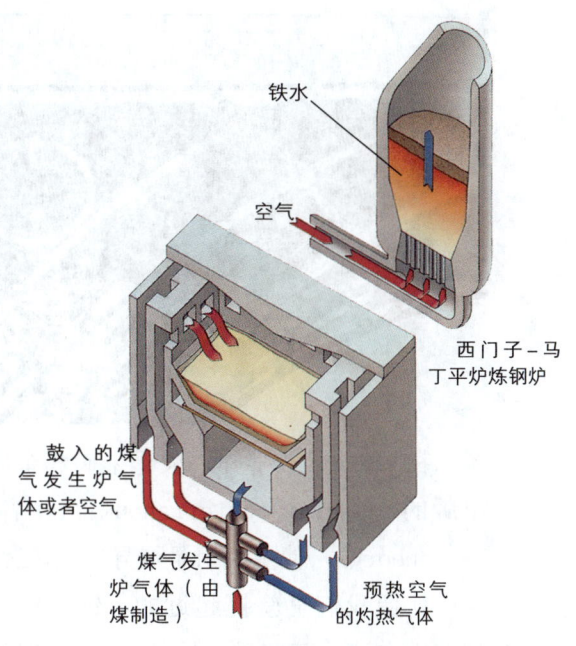

贝塞默炼钢熔炉
在左图所示的贝塞默炼钢熔炉里，通过将空气吹入溶化的铁水燃烧掉多余的碳元素制造钢。西门子-马丁平炉炼钢炉（上图），让预热的煤气发生炉气体和空气通过溶化的铁水表层制造钢。

铸铁有多种用途，比如在1777年，达比在什罗普郡煤溪谷修筑了世界上第一座铁桥，横跨塞汶河。从1740年到1840年的这个世纪里，英国铁的年增长量大约是200万吨。为了制造更多延展性更好的熟铁，就必须经过脱碳处理。1784年，亨利·科特（Henry Cort）发明了非常重要的搅炼法。在这种方法里，铸铁在反射炉之中熔炼（金属与燃料没有直接接触），利用长杆搅拌以实现脱碳。科特最初的成功，很大一部分是他使用了瑞典制造的高质量的铁，该铁使用了乌普萨拉（Uppsala）附近著名的达米玛纳（Dannemara）铁矿的矿石。后来，科特能够向英国皇家海军供应链锚和别的大件，使用旧的桅杆套和别的废料制造，质量可以和瑞典产品媲美。这种方法让英国赢得了钢铁工业的领军地位。科特还在英国推广了蒸汽机驱动的槽形辗压机，以代替传统的铸锤完成铁板的制作，这大大地降低了成本。但科特的商业能力不如他的发明天才那样出色，一次判断失误的财务操作让他破了产。槽形辗压机不是科特个人的发明，而是1745年由瑞典工程师克里斯托弗·波尔姆（Christopher Polhem）发明。瑞典一直有生产高质量铁的传

发明的历史

A History of Invention

亚伯拉罕·达比，是用焦炭炼铁的先锋，是什罗普郡(Shropshire)煤溪谷的钢铁王朝的创始人。他也因为修建了世界上第一座铁桥而闻名，就是横跨他的工厂附近的塞汶河的铁桥。

统，在18世纪上半叶，关于采矿和金属冶炼方面最好的一本书就是1743年出版的《Regnum subterraneum》，作者埃马努埃尔·斯维登贝格(Emanuel Swedenborg)，他更因为是灵异宗教家而闻名。

就像我们早就提起过的，钢与铁的历史同样悠久，因为它们都是用某种特定方法从某些矿石冶炼得来。有目的地生产大量的钢是另外一回事。从1300年起，人们开始利用罗马时代就使用的渗碳处理技术制造大得多的型钢，以制造诸如刀刃等东西。泡钢（之所以这么称呼是因为它的表面特征），是通过在木炭表面之上长时间将铁维持红热状态制造，由此形成的钢锭再进行深入的热处理和铸造。这个过程与处理已经冶炼好的物件截然不同，它最初似乎于1601年出现于纽伦堡——著名的金属铸造中心。后来的很多年里，英格兰西北部成为钢材工业中心。根据1767年的一份记载，一个炼钢炉最多能够容纳11吨铁，冶炼过程持续好几天。

泡钢已经能够满足多种使用目的，比如刀具制造，但是它还不是最高质量的钢。本杰明·亨茨曼(Benjamine Huntsman)使用焦炭炉，能够将钢熔炼成更加精细的工具，钢的纯度也更高。1745—1750年，依靠高质量的瑞典铁作为初始原料，亨茨曼在设菲尔德(Sheffield)使自己的熔炉方法更加完美。但是当地的刀具工匠们起初拒绝购买他的钢，因为他们抱怨说"它太硬"。于是亨茨曼将自己的产品出口到法国，当他制造的钢和这种钢所制造的刀具的优越性得到充分展现时，英国人才意识到了他的产品的价值。

虽然有种种优良特性，但由于钢的批量生产程序昂贵而缓慢，它的使用也一直有很多局限。到了19世纪中叶,当时最大的产钢国英国年产钢量大约是6万吨。而一项技术革新的出现,突然就改变了整个局面。1870年,世界的年钢产量飙升到50万吨,到了1900年,更是飞升到280万吨,美国和德国成为最大的产钢国。原因就是一项发明:将空气鼓入铁水内部或者表面从而实现钢的脱碳处理,美国的威廉·凯利(William Kelly)和英国的亨利·贝塞默各自独立完成了这项发明。这种程序的革命性在于它不需要增添燃料,这是钢材工业中前所未有、而且最初也被普遍怀疑的一项成就。虽然从17世纪开始,中国人就通过将铁水暴露于空气中"提高"铁的质量,但是这与凯利和贝塞默的发明没有可比性。

最初涉及这个领域的是凯利,他与其兄弟共同拥有苏瓦尼铁厂(Suwanee Iron Works)和联邦铸造厂(Union Forge),制造糖罐。大约在1847年,凯利发现将空气鼓入铁水之中后,温度会达到白热程度,此时铁水中所含的碳元素会在空气中燃烧掉。在1851到1856年间,他建造了7座试验性炼钢炉从事"空气加热"方法研究。在1866年,得知贝塞默也在从事这种工作之后,凯利在美国专利局申请了专利。

贝塞默是一个多才多艺的发明家。他出生于1813年,其父是铸字工人,到了19世纪中期,他已经有了很多项发明:取代了图章的打孔机器、改良的石墨铅笔、仿制乌得勒支(Utrecht)花边的方法(这个发明获得了巨大的商业成功,让他的财务状况变得稳定)以及制造铜粉的机器,这种铜粉用于制造金色颜料。直到克里米亚战争之前,他对钢材都没有表现出兴趣。他开始了一项全新的实践:制造野战炮,炮筒是很平滑的。对于炮筒,铸铁太脆弱,于是贝塞默开始用铁和钢的混合做试验,在试验过程中他发现能够用鼓入空气的办法实现脱碳。1855年10月,他为这种方法申请了专利,5年之后,他又为一种炼钢熔炉申请了专利,这种熔炉在全世界得到了广泛的采用。但是,在几年时间里,他不得不面对新的困扰:使用他的方法制造钢材的人发现,太热的情况下钢材无法铸造,而太冷的时候它又很脆弱。这个问题是由于贝塞默使用的是无磷的瑞典铁,而大部分英国矿石含磷量很高。最终这个问题得到了解决:在炼钢过程中加入锰元素,而且1878年,托马斯·吉尔克里斯特(Thomas Gilchrist)发明了脱磷方法。贝塞默成了富翁,而凯利却最终破产。在瑞典,拥有纯度很高的铁矿的G.F.格朗森(G.F.Goransson)发现,

发明的历史

A History of Invention

铝最早于1824年提炼出来，但在之后的60年中，它并没有在商业领域得到广泛应用。一种常见的使用铝的方法就是合金形式，比如伦敦皮卡迪利广场(Piccadilly Circus)的这尊爱神雕像。

通过控制鼓入空气的力度和时长，能够制造出不同等级的钢。

贝塞默的发明是有实效性的，他的钢很适合建筑需求、钢板和铁路。但它并不理想。德国的西门子－马丁公司平炉炼钢法制造的钢，就对他构成了强大挑战。到19世纪末，利用平炉炼钢法制造的钢材超过了贝塞默的，其中一个重要因素就是美国钢铁大王安德鲁·卡内基(Andrew Carnegie)采用了西门子的方法。

大量廉价钢材的出现，是19世纪冶金史上的重大事件，但是这个领域还有别的重大突破，旧的金属有了新用途和新的金属不断出现。当然，其中只有铝得到了大规模应用。

电气化学

1800年，伏打电池被发明，这改变了电子科学的面貌：史上第一次，能够提供持续性电流的电源出现了。一个早期的成果是汉普里·达维(Humphry Davy)分离出了钠和钾，后来还分离出了其他几种金属，使用的是将电流通过熔盐的方法。但是直到19世纪最后25年，机械生产系统能够制造大量廉价的电力时，这种电解的方法才广泛使用，最初是为了生产铝。

1824年，丹麦科学家汉斯·克里斯蒂安·奥斯泰德(Hans Christiaan Oersted)通过将氯化铝和钠同时处理，分离出了铝金属，后来发现可以用钾代替钠。19世纪50年代，德国和法国在这方面还作了很多尝试，但是成本惊人。1855、1867和1878年的巴黎博览会上，都展出了少量的铝物件，拿破仑三世得到了一套铝的餐具，蒂凡尼(Tiffany)制作了一些铝首饰，但是普罗大众对它没什么兴趣。但是铝的轻薄和防腐蚀性能非常有吸引力，1879年，美国化学家汉密尔顿·扬·加斯特纳(Hamilton Young Castner)设计了一种廉价得多的方法制造钠。1888年，加斯特纳在英国的奥德伯里(Oldbury)建立的工厂，每年生产50吨铝，主要用于和其他金属一起制造合金。这个工厂成功运营了两年。但是1886年，美国人查尔斯·霍尔（Charles Hall）和法国人保罗·路易·卢桑·赫罗特（Paul Louis Toussaint Héroult）独立发明了成本更低的制铝方法，就是电解溶解在冰晶石中的铝土矿。这种方法取得成功，要归功于廉价电力的出现，比如美国尼亚加拉大瀑布的水力发电站建成。在制铝方面，加斯特纳已经完全不成气候。但是，对铝的需求还是增长很缓慢，直到20世纪需求量才剧增。

加斯特纳硕果仅存的产业是廉价的钠生产企业，通过为美国、南非和澳大利亚蓬勃发展的金矿产业提供氰化钠，他又发了一笔财。当时，人们开始使用氰化钾从破碎的矿石中分离出金子，所以加斯特纳很难挤入传统市场。最终，他标榜自己的产品是"130%的氰化钾"，从化学上来讲，他说的也很正确。

锌

公元前1000年，通过精炼紫铜（或紫铜矿石）和锌矿石（菱锌矿粉），人们制造出了黄铜——紫铜和锌的一种合金。和紫铜一样，黄铜也是一种发亮的金属，但锌是最暗的金属之一。最先开始提炼纯金属的似乎是中国人。他们的方法很简单：用煤炭加热坩埚中的矿石。早在1402年，中国人就开始用纯金属铸造钱币。葡萄牙人将少量的金属带到了欧洲，主要用于铸造小的装饰品。这些金属一般称为Speauter，很可能是白蜡（外观十分相似的铅和锡的合金）的变体。后来这种金属改名为粗锌（Spelter）。在性质上，锌一般和铅联系在一起。17世纪早期，在德国的哈尔茨山地区，锌被看作是精炼铅产生的副产品，叫做conterfeht。1874年左右，布里斯托尔的威廉·尚普兰（William Champion）开始提炼锌，他似乎是西方第一个真正有意识要提炼锌的人：他的目的是通过按适当比例直接精炼紫铜和锌的方法制造黄铜——他的家族事业一直对黄铜非常感兴趣。

除了黄铜之外，锌还用于制造其它有用的合金。到19世纪中期，德国银（一种紫铜-镍-锌的合金）得到了广泛应用。1832年C.F.蒙茨（C.F.Muntz）发明的蒙茨金属（Muntz）很快取代紫铜成为包覆船体的材料。蒙茨金属是一种含锌量高达40%的黄铜。然而，锌最重要的用途之一是为铁器镀锌，防止铁器腐蚀。在裸露的地方，锌会在铁之前分解。因此，铁板要在镀锌池中接

发明的历史
A History of Invention

受镀锌处理。人们使用了大量的波纹镀锌铁板来建造农场和工厂建筑的房顶——特别是在以成本低、工期短的建筑为主的发展中国家。

铂

没有任何可靠的证据表明古代人知道铂这种金属。16世纪以前，欧洲人也不知道这种金属。首先发现铂具有实际用途的是到达新大陆的西班牙人，他们称这种金属为 platina（白金）。在新大陆，铂这种金属的使用已经有了好几个世纪的历史。当地人用它来制造小首饰，许多这种首饰一直保存到现在。

铂的熔点和硬度都非常高，是一种极不容易加工的金属。那么在资源极其有限的情况下，厄瓜多尔、哥伦比亚及其周边地区的人是怎样制造了如此之多的铂制品的呢？答案是他们似乎应用了一种类似于现在的粉末冶金的技术。他们把小的铂颗粒和一点金粉混在一起，然后充分加热使金粉熔化、让熔化的金粉将金和铂粘在一起。在这之后，粘在一起的铂和金的混合物，要在吹风管火焰下加热很长一段时间，在这个过程中金熔入铂中、铂也熔入金中。通过长时间地加热和高温熔炼，可以产生同质混合金属，这种金属可以打造成人们想要的物件。

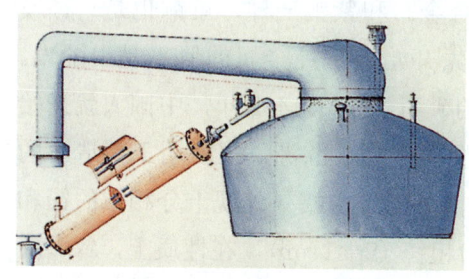
1867年制造的这个铂容器，每天可以为化工行业处理5000公斤（11000磅）的硫酸。

19世纪早期，人们在欧洲特别是乌拉尔河冲积层矿床中发现了铂。不过因为铂很难加工成有用的物件，所以它的利用率很低。威廉·海德·渥拉斯顿（Willian Hyde Wollaston）解决了这个问题，他实际上是重新发现了中美洲印第安人的粉末冶金技术。经过一系列的化学反应之后，他用铵氯铂酸盐溶液沉淀了一种非常精细的金属粉末：通过压、加热、锤打等方法，他最终获得了一种适合进一步加工的铂片。

渥拉斯顿在伦敦成立了自己的制造厂，他在化工行业找到了自己的忠实客户。当时的化工行业对高浓度硫酸容器的需求越来越大，而铂具有很高的抗腐蚀性，非常适合制造这种容器。1809年，渥拉斯顿首次向伦敦的一家工厂提供了这种容器。后来，铂又和硫酸联系起来，不过这次是以不同的方式——作为生产硫酸过程中的催化剂。1828年渥拉斯顿去世之后，英国Johnson Matthey公司成了铂制品行业的领头羊。在1867年的巴黎展览会上，该公司引起了轰动——他们展出的的铂设备总重量达到了500公斤（1100磅），包括坩埚和两个大锅炉。

电镀

谚语说，美丽只是外表。加工珍贵金属和稀有木材的工匠很快也认识到，他们可以通过包装基材扩展市场。一种简单而古老的方法就是使用金箔——一种锤打的像纸一样薄的金片。16世纪，瓦诺奇奥·比林格塞奥（Vannoccio Biringuccio）在他的《火法技艺》中描述了一种通过金汞给铁和其它金属镀金的技术。1742年，设菲尔德的托马斯·博尔索弗（Thomas Bolsover）首次尝试镀银：他将一张薄银片和一块厚紫铜板通过熔合或焊接的方法结合一起，然后在高温状态下滚轧。按照原始产地，这种板被称为设菲尔德板（镀银铜板），但它的主要生产中心在伯明翰和伦敦。这种板当时用于制造纽扣和扣环（博尔索弗自己的生意），但后来还用来制造许多家用小器具，如烛台。

将近一个世纪里，设菲尔德板的需求量一直很大——许多精致的器具现在都为收藏家所珍藏。但伯明翰的艾金顿（Elkingtons）1840年发明的电镀方法取代了博尔索弗的镀银方法。在这种方法中，当电流通过时，金属沉积到悬挂的工件上。第一个进行商业电镀的人好像是伯明翰的托马斯·普瑞姆（Thomas Prime）。但19世纪末，德国成了主要的电镀产品制造国。镀镍以及后来的镀铬和镀镉都采用了类似的工艺。

机械制造

工业革命的一个显著特征是各种用途的金属，特别是铁的使用量增加。随着铁取代木材，大型部件的需求量大幅度增加，如桥的大梁和机器底座；小部件需求量的增长幅度也很大，如钉子和螺栓。所有这些大部件都无法用传统的锤子和铁砧制造，这还不包括制造速度和成本的问题。

因此，开发能够将铁和其它金属打造成各种形状（如杆形、棒形、板形）的重型机器显得越来越重要。更专业的制造商可以利用新一代的机床对这样的原料进行进一步加工。这些机器，如槽形辗压机和铣床，可以把钢板加工

发明的历史
A History of Invention

18世纪，通过把银片和铜板轧制在一起的方法，人们把银镀到了铜板上。但从1840年开始，一种新的电镀工艺投入使用。图为1901年设菲尔德Thomas Dixon产品目录中的电镀件。

成钢筋和钢棒。另一种机器是内史密斯（Nasmyth）1839年发明的蒸汽锤。这种蒸汽锤大型轧钢厂用的比较多，它可以轧制重达几十甚至上百吨的炽热钢锭。到19世纪中期，这种方法可以处理20吨的钢锭。但到1900年，阿尔佛雷德·库普（Alfred Kupp）可以将130吨的钢锭轧制成长14米、宽3.5米、厚30厘米的海军装甲板。

对于各种规格的金属丝的需求，是金属使用量增加的一个重要原因。铁丝（包括从19世纪70年代开始出现的带刺铁丝）的需求量是按英里计算的。它们不仅用于传统用途，还用来建造新牛、羊牧场的栅栏。当时牧场正在成为旧大陆的主要食物来源。铁丝网、床垫、系船索也需要用铁丝——全都是用精致的新机器制造的。另外十九世纪后半叶出现的电报、电话和新电力行业，也需要大量紫铜丝，因为紫铜的导电性能非常好。

金属使用量增长的另一个重要原因，是人们需要制造各种用途的金属管——特别是蒸汽发动机水箱的铜管。

◎ 第十二章 家用电器

家是生活的中心，是人们休养生息的地方。我们已经谈过了建筑方法的发展、家用器具的制作、织布、染布以及与日常生活直接相关的其它技术。总的来说，这种相关性是不言自明的。但长期以来我们关注的都是家庭以外的世界，没有注意到影响个人居家生活，属于家庭层面的技术进步。因此，我们需要考察一下居家方面的技术发展，特别是18、19世纪中发生的变化。当然，在任何时代技术发展都会因社会和地域的不同而有所不同。

"公共事业"是最近才出现的一个词，但这个词包含了许多居家生活所必需的公共服务系统，其中最重要的就是供水系统。是否有方便利用、距离适中、充足的饮用水源，决定了人类定居的整体模式。在这方面，水和食物有着很大的不同。即使是在古代，食物也可以从几百公里之外的地方进口，例如从埃及到罗马、从外省到北京。19世纪末，随着澳大利亚农业的发展，欧洲实际上是从地球的另一端进口食物。但即使是到了今天，水基本上仍是一种只能就地取材的资源，水资源无法与电力系统相比。在水资源的运输距离方面，我们的思维方式与古人并没有本质的区别。只有在特殊环境下，才会有例外，如用罐车将水运往炎热、干旱地区的富人手中。

对于居住在乡村的19世纪的人来说，水源是固定不变的。他们必需依赖河流、小溪和水井。另外，为了应付干旱时节，他们还要用蓄水池收集雨水。居住在

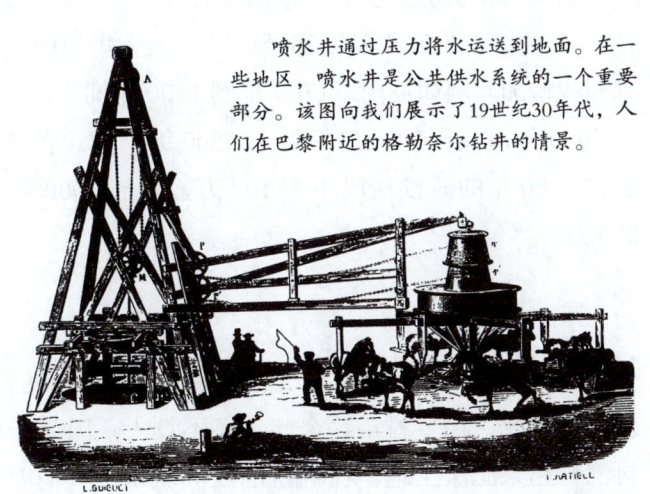

喷水井通过压力将水运送到地面。在一些地区，喷水井是公共供水系统的一个重要部分。该图向我们展示了19世纪30年代，人们在巴黎附近的格勒奈尔钻井的情景。

179

发明的历史

A History of Invention

一直到进入19世纪，用水桶提水都是街道上一道常见的风景（上图）。上面的版画画的就是1808年伦敦街道上的一个提水人。

城镇的人，他们的最终水源与居住在乡村的人差不多，但城镇居民水源的开发力度更大。这不仅是因为由于人口增长、个人卫生标准提高而导致家庭用水量上升，还因为制造业，特别是纺织业需要大量用水。人们利用当时已有的技术来解决这种需求压力。蒸汽机可以将洪水从矿井中抽出来，所以可以很轻松地将河里的水抽出来就近使用。耐压的铸铁管逐渐取代了传统的木管或露天的渠道。钻井技术的提高，使得人们可以钻出又大又深的井。从很深的地下抽水通常是行不通的。但人们很早就知道，有一些地下水的压力很高，会自然地喷射到地面上。这种喷发地下水的井被称做喷水井。最早有记录的喷水井位于法国的阿图瓦省，钻于1216年。还有一口法国井位于格勒奈尔（Grenelle），钻于19世纪30年代，井深550米。它的日出水量达到了3600万升。

将必需的水量运到城镇是一回事，将水分到每一个家庭手中是另一回事。按桶卖水的载水车是19世纪一道令人熟悉的风景。但通常的水源是一根竖立在街上的管道，由许多家庭共用。只有条件较高的住房才有自己的供水系统，一般也就是在厨房里安装一根供水管。

19世纪，欧洲和美国都经历了一次大规模的人口爆炸，对于饮用水的需求相应增加。例如英国，1760年到1800年间人口从700万增加到了1100万。单1900年，英国的人口超过了4200万。城市的人口增长最快。例如纽约，它在1860年的时候居民不到100万，然而1900年，它的人口就达到了将近350万。

卫生

食物、水的供应和住房是人口密集地区面临的一个主要问题。粪便的处理也是如此。在乡村，这个问题还不算大，因为粪便可以埋起来或与其它肥料混合起来肥沃土地。在拥挤的欧洲城市，人们养牛、养鸡自给自足，马是当时主要的交通工具——这些动物都会产生粪便。户外简易厕所晚上由掏粪工清理，大部分粪便都当作农业肥料出售。在伦敦，这种情况一直持续到19世纪末。

对于世界上一部分人口来说，这样原始的排污系统还是很正常的。但管道水的发展使得一种更方便的系统成为功能。1589年，约翰·哈林顿（John Harington）爵士在家里安装了一个冲水厕所，一天冲一到两次，水由位于马桶上面的水箱提供。哈林顿有一种拉伯雷式的幽默作风，这种作风让他官司不断：1596年，他在一部文学作品中描述了他的这项发明，并一语双关地给这部文学作品取名《埃阿斯变形记》(The Metamorphosis of A jax)（"jakes"在当时表示的意思是厕所）。但哈林顿的发明没有得到推广，直到18世纪最后25年，这样的冲水厕所才得到广泛应用。这种厕所后来又经历了两次重要的改进，一次是1782年增加的U形弯曲密封圈，另一次是差不多同期出现的自动冲水池。

虽然冲水缓解了清洁问题，但对于粪便的处理并没有帮助。粪便一般排到粪坑，而粪坑可能一年才清空一次。清理出来的粪便被排向附近的河流或大海。同时，冲水厕所和它的连接管道很可能轻微漏水，污染周围的土地，而许多家庭使用的是污染土地上的井水。如果当地的议事程序允许，冲水厕所可以直接将粪便冲入下水道（通常即使是不允许，人们也是这么干的），再由下水道排入附近的河流，而河流本身通常是饮用水的水源。在人口密集的地区，这种状况不仅令人不快，而且对健康造成了严重的威胁。这种危险一般人都意识到了，但直到路易斯·巴斯德（Louis Pasteur）在18世纪70年代确定了微生物和疾病的关系，污染水和霍乱、伤寒这些疾病的密切联系才变得清晰明了。

19世纪中期左右，有卫星城市的

虽然1589年就发明了冲水厕所，但直到19世纪末便桶才作为卫生设施成为厕所的标准配置。按上图所示（约1870年），随着人起身，人体的重量从坐便器上撤离，土将自动倾入坐便器下的小车中。

发明的历史
A History of Invention

大都市认识到必须采取一些极端的措施。一般的解决方案是采取双套系统——一套系统处理暴雨带来的积水，另一套系统处理污水。污水可以被抽到离市中心较远，不会对城市居民产生不良影响的地点排放。汉堡是第一个采用这种系统的城市——1842年的大火摧毁了汉堡，汉堡城不得不进行大规模的重建。伦敦也是因为一场灾难——1854年的霍乱大爆发，才开始重建整个排水系统的。

向水流湍急的大河排放小城镇的污水是可以接受的。但在伦敦和其它位于河口的城市中，被排放的污水随水流运动，对健康的危害越来越大。19世纪末，人们开始在排放前对污水进行处理。污水首先经过粗筛，去除最大的固体悬浮物，然后再经化学处理沉淀残留物。分离出的软泥倾泄到大海，只有剩下的无害液体才允许排放到河流中。

照明

19世纪之前，蜡烛或油灯一直是唯一的人造光。它们的相似之处在于都依靠灯芯的细毛吸收液体燃料。就蜡烛而言，蜡烛火焰的热量融化固体蜡，在顶部形成一小杯液体燃料。可以肯定，蜡烛早在古代埃及就得到了应用，当时古埃及人不断给棉花或亚麻芯蘸上液态的动物脂肪或蜂蜡，把它们当作蜡烛使用。17世纪，人们开始使用模制的蜡烛。这种蜡烛据说是由一个叫布瑞茨（Brez）的巴黎蜡烛制造商发明的。随着蜡烛的燃烧，人们必须剪掉部分烛芯，于是熄烛器成了家庭的标准配置。1824年J.J坎巴塞赫斯（J.J Cambaceres）做了一个重要的小发明：他的蜡烛的烛芯是编起来的，这种烛芯向外弯曲，一直弯到烛焰之外，所以会慢慢地自己消耗掉。

在一些地方，鲸鱼常常搁浅在沙

该图显示的是梅森（Meissen）大烛台，据说是世界上最大的。从这张图上我们可以看到小小的烛台为人类的匠心提供了巨大的发挥空间。

滩上，鲸鱼是古人十分熟悉的一种动物。垃圾堆里发现的鲸鱼骨头证明人们曾经把鲸鱼当作食物，并把鲸鱼的大骨头用作建筑材料。早期，人们将鲸鱼驱赶到海边定期捕杀。到了中世纪，巴斯克人改进了掷矛技术，将有倒刺的鱼叉系在绳子上捕杀鲸鱼：鲸鱼疲倦的时候，捕鲸人一枪就可以将鲸鱼刺中。这种方法一直沿用到19世纪60年代，这时出现了斯文·福恩(Sven Foyn)的捕鲸炮。从17世纪开始，捕鲸业就成了北极地区的常规产业，从19世纪后期开始成为南极水域的常规产业：一般来说，捕鲸者会在遥远的海岸边建立一个工作站，在这里熬制鲸脂，将鲸脂装桶。这些工作在船上进行是非常危险的。鲸鱼油非常宝贵，既可以做灯油，也可以做润滑油。鲸鱼身上还可以提取一种叫做鲸蜡的物质，用这种蜡可以做出质量上乘的蜡烛。

然而，19世纪后半叶，出现了一种激烈的竞争状况。快速发展的石油业既提供了一种高质量的灯油，也提供了一种适合于制造蜡烛的坚硬石蜡。与此同时，一种以煤气为燃料的重要光源也出现了。起初，这种光源只能发出微弱

1823年的多贝赖纳灯(Dobereiner)（右上）非常精致，具有自点火功能。该灯的燃料是灯座里由硫酸和锌反应所产生的氢气。自点火是通过让氢气与作为催化剂铂反应实现的。

在开始使用电力照明时，建筑师十分注重配件的设计——这一点我们可以从Cragside（上图，发明家威廉乔治阿姆斯特朗〈William George Armstrong〉的家，由维多利亚时代的建筑师W.N.肖〈W.N. Shaw〉建造）的内部装潢上看出来。

烧煤的灶具不仅用来为家人烹调食物，而且还为全家人提供热水。上图选自1903年的一本商品目录。

第十二章 家用电器　183

发明的历史
A History of Invention

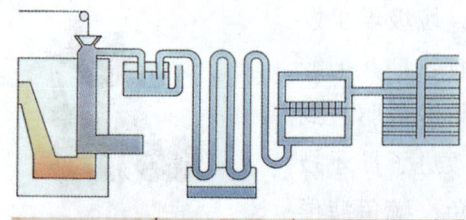

最早的一种煤气制造装置（上图）是撒缪尔·克莱格(Samuel Clegg)为位于伦敦斯特兰德大道的阿克曼美术馆(Ackermann's Depository of Fine Arts)建造的。

煤气的生产方法见上图：给蒸馏器皿里的煤加热，产生煤气、焦炭和煤焦油。煤气通过水压主管进入液体容器，分离一部分煤焦油，然后再经过冷凝器，沉淀剩余的煤焦油。

的朦胧光，但很快人们就发明了更好的燃烧装置。最受欢迎的一种燃烧装置叫做鱼尾，通过这种装置，两股煤气交融在一起。更重要的一种燃烧器是圆筒芯燃烧器。这种燃烧器的灯芯呈圆桶状，空气沿玻璃灯罩通过灯芯，增强了气流和火焰亮度。这种燃烧器中最著名的是 Sugg 设计的伦敦灯。

19 世纪 80 年代奥地利化学家韦尔塞巴赫(Auer von Welsbach)研究了包括钍、铈在内的一组称为稀土的类似金属。他注意到如果石棉纤维加上这种金属之后再加强热的话，能发出高强度的白光。这一偶然的发现帮助他发明了包含 99% 钍和 1% 铈的韦耳斯汽灯罩。1885 年他为此项发明申请了专利。对于煤气业来说，这项发明来的正是时候，因为当时威尔逊·斯旺(Wilson Swan)和托马斯·爱迪生煤气业正受到的威胁。这种灯里面有分别在英国和美国独立发明了白炽灯，一根碳制的（后来改成金属的）灯丝，灯丝在真空的玻璃球中被加热，直到发出白光。在白炽灯的发展过程中有一项很重要的发明：赫曼·斯布润格勒(Hermann Sprengle) 1865 年发明的汞（蒸气）泵。这种泵使得白炽灯可以很容易地达到需要的高真空状态。斯旺和爱迪生曾就专利权的问题产生过矛盾，但最终解决了分歧，于 1883 年成立了爱迪生－斯旺联合电灯公司。自那时起，该公司共生产了数十亿只不同型号的白炽灯，在世界各地得到了广泛的使用。

因为韦耳斯的发明，煤气照明与电力照明的竞争一直持续到了第一次世界大战时期。甚至今天我们在一些街道和家庭中还可以找到煤气灯。后来，煤气照明在手提灯上派上了新用场。这种手提灯由瓶装的煤气桶供气，适合在船、大蓬车和帐篷中使用。

供热

在几乎整个人类历史过程中，固态燃料一直是唯一的热源——起初是木头，后来是木炭、煤。希腊人和罗马人曾经使用过煤，但只是在他们遇到露出地面的煤层时才会用。单位重量的煤比木头产生的热量多，因此受到了铁匠、烧窑人和酿酒人的欢迎。煤的缺点在于它燃烧时发出令人不快的煤烟。伦敦和伦敦附近地区曾一度禁止使用煤炭。然而，到了 1400 年时候，人们开始由海路定期将煤从纽卡斯尔运到伦敦及其周边地区——这种煤因而被称为海煤。明火是家庭厨房里用煤供热的主要形式。大家庭可能会有数十处明火热源，配一个十分复杂的排烟（烟囱）系统。在英国和其它地方雇佣童工清扫烟囱是非常严重的社会丑闻，直到 19 世纪才受到立法管制。

19 世纪出现了气态和液态燃料。19 世纪 20 年代的时候，人们开始把煤气作为烹调食物的热源。1841 年著名厨师亚历克西斯（Alexis Soyer）在伦敦改革俱乐部中采用了煤气。自此之后，煤气作为一种热源越来越受到欢迎。人们不再担心用煤气烹调的食物有害健康。19 世纪 50 年代罗伯特·本生（Robert W. Bunsen）还发明了无烟燃具。在这种情况下煤气的方便性抵消了它相对较高的成本。但这时的煤气作为热源还没有得到广泛应用。直到 19 世纪 80 年代人们认识到了煤气炉的好处和效率，才开始广泛地使用这种热源。

今天，家里各处都有热水供应是一种非常普遍的情况。但在 19 世纪人们用水罐到厨房的烧水炉上接热水，然后再把热水运到需要的地方。1868 年 B.W. 摩根（B.W. Maughan）的"烧水锅炉"为浴室提供了"自来水"。19 世纪末，家里各个地方都用上了这种"自来水"，水源来自中央锅炉。

电力供热和煤气供热一样，缺点在于费用太高。另外，它还存在技术上的问题：用作加热元件的铁丝在加热变红后强度会降低，因此容易氧化。虽然电力供热在 1890 年左右就出现了，但这项技术一直没有多大发展，直到 1906 年艾伯特·玛什（Albert L. Marsh）发明了镍铬-镍-铬耐热合金加热元件。在 1891 年的水晶宫展览会上，鲁克斯·伊夫林·贝尔·克朗普顿（Rookes Evelyn Bell Crompton）展示了几款电炉，并在 3 年后开始出售。但直到第一次世界大战之后电炉才得到广泛使用。

第十二章 家用电器

发明的历史
A History of Invention

服装

工业革命影响了人类生活的几乎所有方面,其中受到影响最大的是纺织业。纺织业所有基本工艺的机械化大大增加了产量、降低了成本。除了最贵、最精制的服装之外,19世纪的普通百姓可以拥有前几个世纪富人才穿得起的衣服。虽然当时没有出现新的布料(直到20世纪中期发明了尼龙和涤纶这样的材料时人们才有了可以利用的新布料),但人们引进了新的工艺,大大改变了旧布料的特性。1823年查尔斯·麦金托什(Charles Macintosh)改进了他的胶布,十年中麦金托什几乎成了防水衣的代名词。1844年,约翰·穆瑟(John Mercer)发现用苛性钠处理棉花可以增加棉花的光泽。从1890年开始,人们可以买到用苛性钠处理过的棉花。他还发现如果先用氯处理一下的话,羊毛更容易染色。后来人们还发现氯处理可以增加羊毛的抗皱性。查尔斯·弗雷德里克·克罗斯(Charles Frederick Cross)和爱德华·贝文(Edward J. Bevan)发现了用纤维素制造"人造丝"的粘胶纤维工艺。考陶尔兹(Courtaulds)在20世纪初进一步发展了这一工艺。但最重大的进步可能要算各种合成染料的发展。威廉·伯金(William H. Perkin)于1856年发现了紫红色之后,人们研制出了许多合成染料。

虽然最早的合成染料出现在英国,以威廉·伯金发现的紫红色为开端,但英国人并不怎么喜欢合成染料。引领欧洲的时尚的人开始使用合成染料后,它才逐渐流行起来。潮流人物的代表是拿破仑三世的妻子尤金娜皇后(Empress Eugénie),此图中是尤金娜身穿乙醛染成绿色的长袍。

上文所述的技术工艺进步在家庭中的反映,不仅体现在人们穿的衣服上,还体现在所有其它采用纺织布料的物品上,如地毯和窗帘、垫子、椅套等室内装饰品。这种进步得益于工厂的机械化,但在19世纪中期机械化开始发展到家庭中。1851年,伊萨克·辛格(Issac Singer)为第一台锁状缝纫机申请了专利。锁状缝纫机是以前一系列类似装置(最早的这类装

·186·

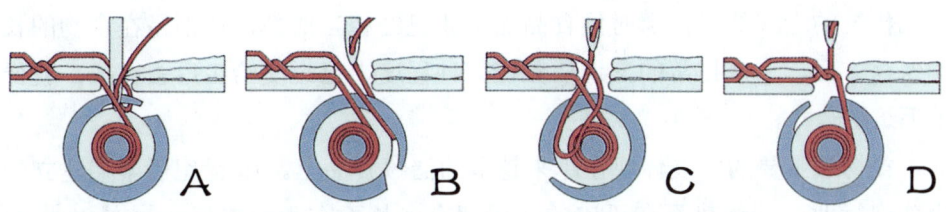

机器缝纫（上）需要两根线，一根绕在线轴上，另一根穿过针眼。梭子围绕线轴转动，在针刺入布料时将针上的线钩住（A）。然后梭子再带着针上的线绕围绕线轴转动（B），直到针上的线脱离钩子，转到线轴的线下面（C）。最后，针上的线被拉紧，一针缝合成功（D）。

第一台成功的缝纫机是伊萨克·辛格（Issac Singer）1851年发明的（下）。

置是1810年巴尔塔扎尔·克瑞姆斯（Balthazar Krems）发明的链状缝纫机，因技术和商业方面的原因，它没能得到应用）进一步发展的产物。这种缝纫机不仅价格便宜而且效率很高——它的缝纫速度是手工缝纫的十倍，因而首先对美国的家庭主妇产生了强烈的吸引力，然后很快引起了欧洲主妇们的注意，特别是在1858年轻型"家用"缝纫机推出之后。

为了加固工作服中不太结实的地方，1874年旧金山的莱维·施特劳斯（Levi Strauss）引进了一种金属铆钉。现代的牛仔裤就是这样产生的。之所以叫做牛仔裤是因为制造这种裤子的斜纹织物来自热那亚。

缝纫机在两个方面产生了重大影响。首先，它促进了成衣业的发展，特别是在19世纪80年代：成衣业在缝纫机和G.P伊斯门（G.P Eastman）的往复式割刀（一次可以割50层布料）的推动下发展迅速。其次，辛格提出了一套方便、但成本较高的分期付款体系。他的销售人员上门推销产品，顾客只需要首付一部分定金就可以获得机器，其余款项逐月支付。自然，辛格死的时候身家已达数百万。

食物

厨房是每个家庭的中心。我们在前面已经谈到19世纪中期，煤气灶开始

发明的历史
A History of Invention

取代传统的老式灶具。那时候食品加工业已经相当成熟，特别是在食物的长期保存方面。一些日常的烹调任务在某种程度上已经交给工厂去完成，就像羊毛纺织一样。

食物最主要的发展体现在越来越多的储藏食品上。19世纪后半期建立的冷冻肉行业，其优势不在于肉的保质期有多长而在于价格低——在20世纪20年代家用冰箱出现以前，冷冻肉必须在出仓后不久即食用，否则就会变质。罐头业兴起的意义要比冷冻肉行业重大得多，因为罐头食品可以在厨柜中保存数月，甚至几年。

18世纪末，为了争取拿破仑为改进法军食物供应状况而提供的奖励，弗朗索瓦·阿佩尔（Francois Appert）开发了一种热杀菌工艺。这种工艺要求食物先在装有开水的玻璃瓶里加热，然后再将瓶子密封起来。那个时候人们对导致食物变质的微生物原因一无所知。直到1810年，弗朗索瓦·阿佩尔才凭经验逐渐摸索出一种可靠的食物保存方法，并在巴黎附近的Massy开了一家专司食物保存的工厂。同一年在英格兰，彼得·杜行德（Peter Durand）为锡罐（代替玻璃罐）申请了专利。很快，拜伦·东琴（Byron Donkin）就采用了这种锡罐，并从1812年开始通过在伦敦Bermondsey的罐头工厂为皇家海军供应食物。虽然罐头行业发展迅速，但因为锡罐必须一个一个手工制造所

19世纪的罐头业无论是在产量还是在产品的种类上都获得了巨大的发展。法兰克福罐头香肠上的商标是1895年印的。商标上的多国文字说明这种罐头是向多个国家出口的。

以受到了限制。不过，从1847年开始，锡罐的生产开始机械化。19世纪末，由于橡胶密封技术的引进，锡罐生产过程实现了完全自动化。

1817年，罐头制造工艺由英国传到美国，促进了芝加哥地区大型肉罐头公司的发展，特别是1880年以后P. D. Armour公司的发展。19世纪后半期，人们可以在世界各地买到大量价格低廉的肉罐头、炼乳罐头、蔬菜罐头和水果罐头。当时的罐头产量已经达到了数千万罐一年。

当然，食物保存是一种古老的

· 188 ·

技术。早在远古时代，人们已经知道通过干制、腌制、熏制的方法保存鱼肉。人们还知道用醋腌制蔬菜。很快，容易变质的牛奶被制成不容易变质的奶酪和黄油。但渐渐地，这些技术就被工厂采用，进行大规模生产。例如，1900年之前，地方农场采用的奶酪生产技术就被传到了澳大利亚、加拿大和美国的工厂。除了用蒸馏的方法制造罐装炼乳之外，1855年，人们开始生产奶粉；1883年，人们开始生产麦乳精。

黄油后来也渐渐由工厂生产。拉瓦尔于1878年发明的奶油分离器大大提高了黄油的生产效率：从1880年开始，奶油分离器在世界各地的奶场得到了广泛的应用。1869年人造奶油（margarine）出现，一开始，人造奶油只是一种由牛脂、脱脂乳、牛乳房、猪肚混合而成的天然乳液，但很快人们就将这种黄油和高质量的蔬菜油混合在一起，提高了人造奶油的口感和质地。最初的人造奶油是按桶出售的。大约从1890年开始，美国市场上出现了像黄油一样包装好的人造奶油。人造奶油对黄油构成了严重威胁，以致于一种人造奶油的商标1885年在英国被禁。然而，截止到1900年，英国进口的人造奶油已达到5万吨。今天在美国和欧洲，人造奶油的销量都超过了黄油，这一部分要归功于人造奶油质量的提高，一部分是因为人们相信黄油的饱和脂肪比人造奶油的不饱和脂肪更易引发心脏疾病。到了1960年，世界黄油的年产量已经超过了250万吨。

家用器具

19世纪，一些较为富裕的家庭中出现了很多节省人力的家庭器具。虽然许多这种器具都是在具有创新精神的欧洲发明的，但它们受到青睐却是在劳动力不足的美国。

洗衣服是一种重要的常规家务。直到今天，在世界许多地方，人们采用的还是简单的传统洗衣方式：先在清水里搓，然后再拧干，最后再挂出去晒。人们可能很早就开始用一种油和苛性钾的混合物来去污。但据我们所知肥皂是在18世纪才成为商品的，虽然从14世纪开始，肥皂就已经作为一种奢侈的个人卫生用品进入了人们的生活——橄榄香皂在当时是特别定价的。

18世纪，英国的一些乡村家庭中出现了几种粗陋的洗衣设备，甚至早在1691年就有人申请过专利。但真正有效实用的手动洗衣机源于19世纪中期。

发明的历史
A History of Invention

在此之前的 1846 年，一台模仿人手在搓衣板上搓衣动作的洗衣机在美国获得了专利。1847 年，人们发明了一种模仿拧衣动作的绞拧机，但很快这种绞拧机就被带滚筒的轧干机所取代。

4

大西洋两岸的技术浪潮

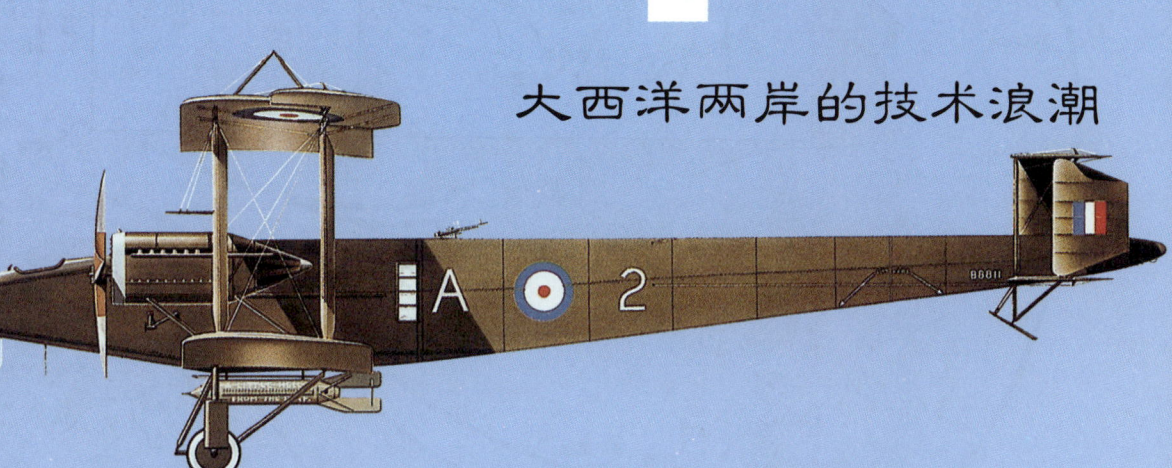

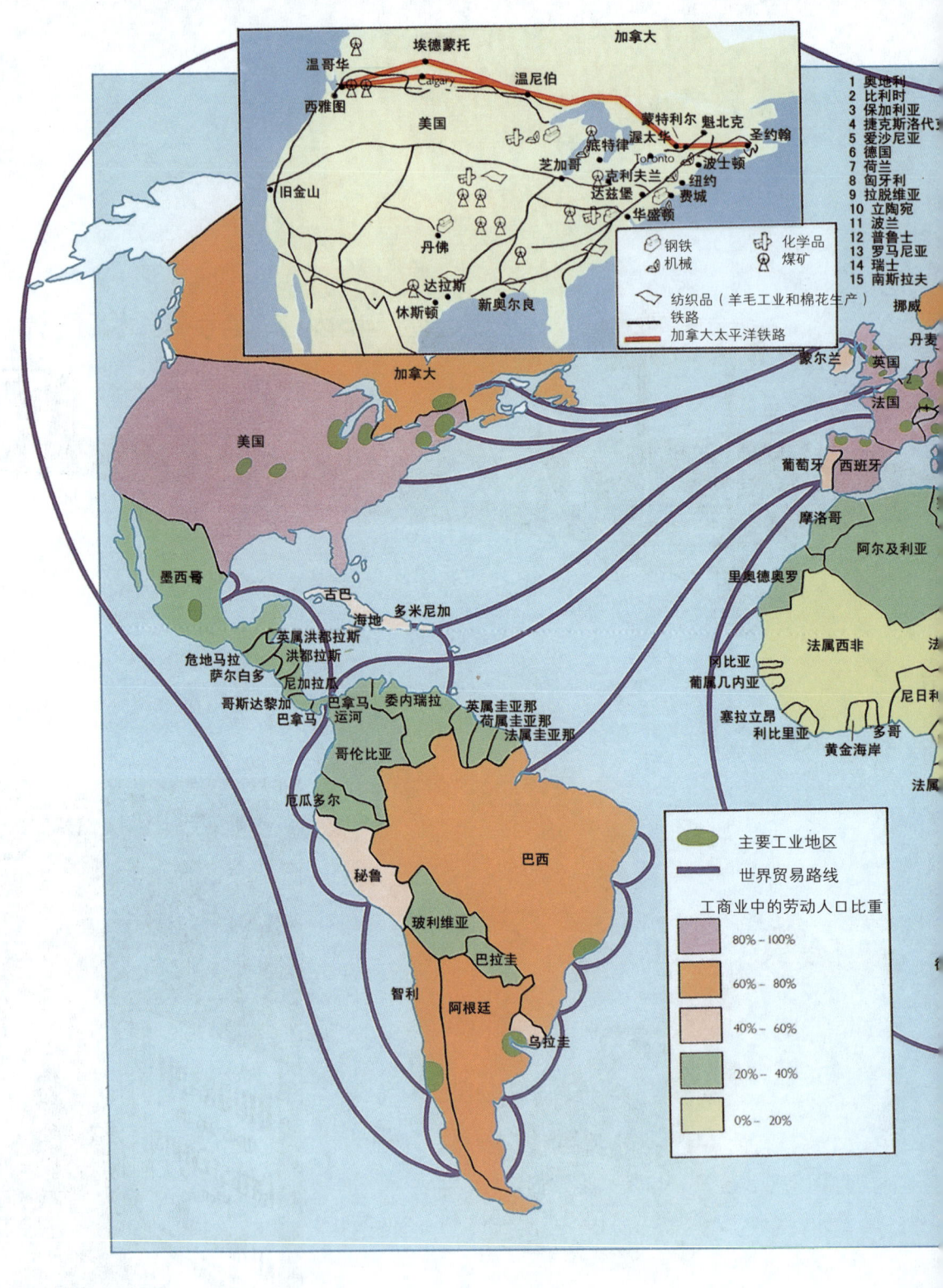

20 世纪初

大西洋两岸的技术浪潮

◎ 第十三章 20 世纪早期

用一个世纪的结束来表示一个历史阶段的完结，是一种很方便的方法。不过，这种方法本身并没有什么内在意义。但是在技术史上，1900 年却是一个例外。粗略地说，就是在 1900 年前后，在复杂多变的国际环境下，各种技术（如汽车、飞机、电话、无线电、录音机、电力）迅速发展，对社会产生了重大影响。

号称日不落帝国的英国依然占据着国际舞台的中心位置，但也感到了来自其他国家的在军事和工业上的压力。德国的侵略目的已经非常明显，并于 1898 年发起了海军军备竞赛。在大西洋的另一面，蓬勃发展并具有创新精神的美国在工业和商业领域气势逼人，对英国和世界其它国家造成了威胁。在东方世界，日本 1868 年决定采取西化政策之后，正在向世界强国的道路上迈

	1900	1905	1910	1915
武器	首次有效使用回旋仪控制的水雷	无畏级战舰	空投炸弹	第一次世界大战（1914–1918） 坦克 毒气战
能源和原子物理	离岸石油开采 量子论 用于通常目的的交流电	低热能量 相对论	原子核发现	同位素原理 原子结构被认识
通讯	穿越大西洋的无线电信号	卡鲁索的留声机唱片 二极管	彩色照片 三极管	平版印刷 石版印刷
交通	硬式飞艇	首次飞机飞行	实验性的直升机 T型福特汽车	首次穿越英吉利海峡飞行 柴油–电力火车 巴拿马运河开通
建筑	自动扶梯		加固水泥桥梁	
化学工业	人造纤维 靛蓝	撒尔佛散	不锈钢 巴克莱·哈伯–博施(Bakelite Haber–Bosch)氨合成法	煤的氧化 热能 油裂化方法
医学	合成巴比妥	荷尔蒙被认识到	电子心电图	维他命被认识到

进：日本的逐渐强大始于19世纪80年代纺织业的发展，后来它的重工业也得到很好的发展。1894年至1895年，日本打败了内部分崩离析的中国，占领了台湾。10年之后，日本打败了俄国，占领了韩国和中国东北南部，震惊了西方世界。俄国那时就已经开始缓慢增加其农业经济的工业化成分，虽然直到布尔什维克革命结束之后，它才启动强调电力能源的工业化过程的速度和力度。

1914年，弗朗茨·斐迪南（Frantz Ferdinand）大公被刺，第一次世界大战爆发，欧洲的政治动荡达到了高潮。像所有其它大型战争一样，第一次世界大战也刺激了技术的发展——这种刺激是强大的，但同时也是不均衡的——这一点在航空领

在第一次世界大战开始之前，汽车和飞机就已经被看成是一种新的、重要的交通形式。这张1913年的海报，是由皇室赞助的一场交通工具竞赛的广告，是新时代的缩影。

1920	1925		1930		1935		1940	
飞机 航空母舰					雷达		第二次世界大战（1939–1945） 喷气式飞机　战斗机　磁铁矿	
首次人工原子聚变	波动原理	水银整流器			粒子加速器 发现中子		西欧发现天然气	
公共无线电 广播开始	染印法彩色 IBM		彩色电影 穿越大西洋 的无线电话	第一个公共 电视服务 石英表	TWX和电 报服务	电视	福音 圆珠笔 照相排版印刷	
首次穿越大西 洋的飞行 首个航线建立	旋翼飞机		液体燃 料火箭	同步啮合 变速箱		前轮驱 动汽车	加压大 型客机	实用型 直升机
包豪斯，德绍			先压和 后压水泥 帝国大厦		水泥公路 猫眼反射器			
汽油作为化 学原料使用	尿素–甲醛 塑料	PVC	合成橡 胶生产		选择性 除草剂	水银种 子敷料	胡德里(Houdry) 油裂化方法	尼龙 DDT 聚乙烯
胰岛素	脑电图仪		人工呼 吸器	发现青霉素		硫胺类药剂		

195

发明的历史
A History of Invention

域特别明显。第一次世界大战之后,世界遭遇了一次经济大萧条(源于美国,一度阻碍了美国的发展)。在纳粹德国崛起之前,整个世界还没有从那场经济萧条中恢复过来。而纳粹德国的崛起,以及他们对合成材料(这种材料可以使德国做到自给自足)和军事机械化的强烈兴趣,预示着另一场世界纷争的到来。

这则英国电影放映机公司(British Mutoscope and Biograph Company)为相当于之后的电影院所做的广告(左图)出现在1900年。世纪之交,新建立的电影院开始对社会生活产生影响。

第一次世界大战对社会结构的变化产生了深远的影响,特别是对待女性的态度。人力资源的匮乏,使得许多女性走出自己相对封闭的环境,投入到了各种战时工作之中。在英国,这是1918年首次赋予妇女选举权的一个主要因素。但所有这些变化都受到了新技术广泛应用的影响。

虽然到了1900年的时候,汽车的历史就已经超过了10年,但它的影响力还是很小。不过,亨利·福特著名的T型车很快就使得汽车成了大众产品,1908至1928年间T型车的生产量达到了1500万辆,并且福特还在建造后来成为工业领域新特征的装配线。1903年,莱特兄弟驾驶自己的比空气重的飞机,第一次持续飞行成功。一个真正意义上的新交通时代随着新世纪的来临开始了。

通信方面也有许多东西可说。电报在各国的发展已经相当成熟,但电话还是比较新鲜的玩意,刚刚开始对社会产生真正的影响。无线电通信也还处在发展初期。1899年,无线电报第一次跨越英吉利海峡,1901年首次跨越大西洋。虽然最初人们设想中的无线电只是用来传递信息,但最后无线电被设计成了一种世界范围内的娱乐工具。为了重现声音,托马斯·爱迪生在1877年发明了留声机。19世纪末,埃米尔·伯林纳发明的可重复录制的现代唱盘标志着一个新的家庭娱乐业的开始。世纪之交也是电影史上的一个转折点。1895年,电影在巴黎首次公开放映。

1900年出现了有声电影（但直到20世纪20年代有声电影才获得了商业上的成功）到1905年，五分钱娱乐场已经成了美国人生活的一部分。

电影的最终主要竞争对手是电视。虽然直到第二次世界大战之后，电视才显示出其在社会生活中的巨大威力，但从保罗·尼普科（Paul Nipkow）1884年获得专利的扫描盘中，我们就可以看到电视的影子。20世纪20年代，约翰·洛吉·贝尔德（John Logie Baird）将扫描盘运用他的照相传输系统中。但这不是发展的主线。

图（上）为居里夫人和她的女儿艾琳在她的实验室里。居里夫人因其在辐射方面的贡献而闻名。她和他的丈夫皮埃尔一起于1898年发现了钋和镭。

奠定电视未来发展方向的是1897年推出的内部装有阴极射线管的电子系统。又一次，世纪之交和科技产品的萌芽时期（虽然不是迅速发展的时期）重合在了一起。

除了留声机一开始是完全机械化的以外，所有其它发明在某种意义上说都是以电力为基础的，反映了电力行业的迅速发展。即使许多发明是依靠小容量电池供电运行的，人们还是需要主电源，以便为电池充电。虽然把1900年定位为电力发展史上的一个特殊时期有点牵强（早在19世纪80年代早期，伦敦、纽约和其它地方就已经建立了公共电力公司）但说20世纪的头10年是电力行业真正腾飞的10年，则一点也不为过。以英国为例，从1900年到1910年，电力消耗增长了10倍。电能很快成为照明的新能源，后来又成为的新的供热能源。

电还催生了一种最重要的医学诊疗方法。1895年，威廉·康拉德·伦琴（Wilhelm Konrad Rontgen）发现了X光。到了1900年，X光已经成为医疗实践中的常规手段。X光是原子物理学的重大发现，影响深远。50年后，人们借助X光实现了的原子能释放。

这些发明的意义在于它们技术上的创新——它们不是旧方法的延伸，而是一些新的、更无前例的发明。这些发明的意义还体现在：它们不仅运用了

发明的历史
A History of Invention

科学,特别是电学中的新发现,还利用了机械工程方面的新成果。实际上,电和机械的发展是相互依存的:例如,设计电机需要清楚了解电的基本原理,但电机本身是精确、复杂的机械设备,转动电机的大蒸汽或水涡轮也是机械设备。虽然像爱迪生这样的发明家的成功,说明了天才的发明家不一定需要良好的教育背景,但人类的进步还是越来越取决于训练有素的科学家。

在主要以电力为基础的新技术成为整个新工业基石的同时,许多传统技术也获得了重大的发展。化学工业就是一个例子。虽然电力行业的大发展促进了电化学工艺的发展(如苛性钠的生产),但重要的新工艺是按照传统的路子开发出来的。1913年在德国首次推出的将大气中的氮转化为氨的哈伯-博施工艺,减轻了人们关于氮肥供应不足的忧虑。实际上,大量价格低廉的氮肥改变了农业的基本结构。从长远来看,这种结果并不是没有坏处的。

今天规模巨大的塑料行业是从20世纪早期发展起来的,最初的产品是苯酚-甲醛树脂,如酚醛塑料。第二次世界大战前发明的其它重要塑料,还包括聚氯乙烯(PVC)、聚苯乙烯、聚甲基丙烯酸甲酯(塑胶)和聚乙烯(在雷达的开发过程中起了重要作用)。出于战略考虑,德国非常重视合成橡胶的开发。1938年,美国首次推出了民用尼龙,掀起了一轮时尚革命:1939年出售的尼龙袜达到了6400万双。工业化学家凭借其高超的技术,还制造出了其它重要产品。如1932年,德国发现了第一种非常成功的磺胺类药剂。

正像我们看到的一样,石油工业在1900年前就已经相当成熟了,主要是为热能、照明提供液体燃料,为蜡烛制造商提供原料蜡。但在20世纪,对石油的大量需求是为了给迅速增加的车辆和飞机、更加大型的轮船、工业锅炉提供燃料。石油常常和天然气(主要是沼气)联系在一起。早在1816年,美国人就把天然气作为煤气的替代品加以使用。20世纪20年代,美国化学工业开始使用石油作为原材料代替煤焦油。在这方面,欧洲没有跟上美国的步伐,因为直到第二次世界大战之后,欧洲本地的油气资源才得到开发,而且除非不得以,人们不愿意依赖进口。20世纪初,美国是世界上最大的石油输出国,但随着中东、墨西哥和南美国家石油产量的增加(他们的海外开发大多是由美国控制的),美国的市场份额逐渐下降。运输工具的变化反映了生产方式的改变。1886年,第一艘油轮出现,但在第一次世界大战之前,这些油轮都非常小,吨位很少超过800吨。之后,许多大型船只出现。最后,油轮成了最大型的船只，远远超过了远洋海轮。在陆地上，人们常常可以看到运油车飞驰在铁路上、公路上。后来用管道运送燃料得到了越来越广泛的运用。截止到20世纪50年代，俄国和美国已经建立了数千公里的输气线。

除了石油资源之外，人们还必须寻找开发新的矿石资源。虽然需要大量开采的新金属只有铝，但因旧行业和新行业都需要，许多传统金属需求量猛增。新技术使得我们可以开采以前认为金属含量较低的矿石。例如犹他州的宾厄姆（Bingham）铜矿，它的露天开采规模很大（日开采量4500吨）。所以即使矿石的金属含量为2%也是有利可图的。

电力业成了新的用铜大户。罐头制造业对于锡的需求一直在增长（用于制造锡皮）。托勒密的世界地图上有一片产锡的土地，很可能就是今天的马来西亚。公元9世纪，某种锡工业可能就已经在那里存在了，但直到19世纪末，法国人才开始在那里建立大规模的锡矿场；20世纪，马来西亚开采出来的锡占到了世界锡产量的1/10。随着铝业进入蓬勃发展期（主要是由于飞机制造业的崛起），人们已经开始到牙买加、苏里南这样遥远的地方开发矾土。

许多稀有金属也找到了用武之地。1877年首次在法国进行民用生产的铬钢是制造装甲板和机床的珍贵材料。1904年，津巴布韦大坝（Great Dyke）附近的土地第一次被强占，人们开始开采大坝地区丰富的铬铁矿。钨也是一种非常重要的合金，可以用于生产硬钢。而且还因为可以用来制造电灯的灯丝，所以钨的需求量增加；中国曾是世界最大的产钨国，其后是缅甸。虽然这些金属的需求量相对较小，但却逐渐变得不可或缺。

在前几章中我们注意到，虽然工业革命源于英国并在英国得到发展，但

1917年革命之后，俄国的工业扩张政策在很大程度上依赖于大型的电气化项目。图为典型的推广电气化项目的宣传海报。

发明的历史
A History of Invention

  1851年的博览会是一个转折点：自展览会之后，欧洲大陆逐渐掌握了发展的主动地位。这有两个原因：一方面欧洲强调技术教育，另一方面因为大陆国家较晚进入工业革命，所以没有受到在英国正在被淘汰的旧机器、旧观念的阻碍。然而，在世纪之交的门槛上，发展的中心又一次转移，这次转移到了大西洋的另一边。

  大西洋的另一边，美国工业的崛起颇为壮观。美国工业繁荣的原因很复杂，但有两个因素特别重要：一、美国有大片的农业土地和各种丰富的矿藏可供开发。但美国人口稀少，无法按欧洲人的方式来开发这些资源。在欧洲，情况正好相反，这种情形促进了所有劳动密集型工作的机械化。二、美国人和欧洲人的思想观点不一样。欧洲人保守、不愿创新，总想着维持目前的状况。美国人正相反，他们乐于抱着积极的态度尝试新的东西，即使最后失败也决不气馁。

  到了1900年的时候，有许多人已经在美国这片土地上生活了好几代，还有些人刚到这里定居不久。与此同时，这个国家还在不断接受新的移民。这样，通过报纸书籍或移民口述，美国的大众了解到了欧洲人的思想。一开始，美国工业依赖的就不仅仅是自身创造革新，它还大量、快速地利用其它国家的思想和技术。但随着一个先进工业国家所需的所有基础设施的建立完成（特别是交通和教育方面），这种情况改变了。

  诺贝尔奖，作为本世纪公认的科学创新水平的指标，也许可以证明这种改变。第一个诺贝尔奖是1901年颁发的，但直到1907年，阿尔贝特·亚伯拉罕·迈克尔逊（Albert Abraham Michelson）找到了测量光速的新方法，美国人才第一次登上了诺贝尔奖的领奖台。之后，获诺贝尔奖的美国人越来越多。1976年，美国人横扫诺贝尔奖——物理、化学、生理学（或医学）的所有奖项都颁给了美国科学家。另外，诺贝尔文学奖也被美国人摘走。

  在远东，中国的文明程度相当高，却没什么新发展，与偏远地区的原始状况差不多。但日本却开始了一条革新的道路。在一段较短的时期，从16世纪中期到17世纪中期，欧洲商人（主要是葡萄牙人、荷兰人和英国人）受到了谨慎的欢迎。但在幕府时代将军的压力下，日本当时实行的是严格的排外政策。不过，随着天皇势力在1868年短暂内战之后的胜利，日本接受了西化政策事关存亡的观点。19世纪80年代，日本发展起了颇具竞争力的纺织工业。19 和 20 世纪之交，日本的重工业也得到发展。所有这一切都是在结合日本国情的基础上严格按照西方模式进行的：日本采取的技术扩张政策如此之成功，使得自第二次世界大战以来还没有哪个国家可以与之相比。

无论是地理还是技术上，俄国的位置都比较尴尬。沙俄统治下，工业化受到了一定程度的鼓励，但俄国基本上还是一个农业国家。1917 年革命宣传的政策是"和平、土地、改革"。但不久，列宁就在他著名的未来成功公式（电气化＋苏联力量＝共产主义）中提出了基于农业集体化、重工业增长集中化的新政策。于是新政策代替了旧政策。

众所周知，需求是发明之母。但要和有利的经济、社会环境合作需求才能产生发明。然而，在战争时期，这一正常的模式（这种模式各个因素相互影响的方式十分复杂）遭到了破坏，生存成了头等重要的问题。在战争情况下可以不顾正常的限制开展大事业，这种情况在 20 世纪最多，因为世界大战以及许多其它局部大规模战争已经浪费了 10 年时间。下面一章，我们将讨论军事技术，之后几章，我们将讨论军事进步如何服务于和平目的。

第十四章 军事技术和第一次世界大战

战争要求一个国家做好战略准备，并在防御性和进攻性战备方面超越潜在对手。这种要求对技术发展的影响一直很大。不考虑其他因素，仅仅从大额的政府军事合同中，我们就可以看出为了进行军事技术试验，政府不惜花费巨资、承担风险。有一些军事技术的发展对人们的日常生活影响很小。例如潜水艇，它几乎一直都是作为军事设备使用的。但飞机就不一样了，虽然一开始开发飞机也是为了军事目的，但现在飞机已经完全改变了世界交通系统的格局。

人们很难对军事技术发展史进行整体评价，因为各个强国都是根据自己国家的特点武装自己的。例如，英国和法国在海上的利益较多，所以特别注意发展他们的舰队，而俄国能接触到的海洋资源有限，所以把力量集中在大规模常规部队的发展上。因此，讨论军事技术最方便的方法就是把军事技术分为3类：海军技术、陆军技术和空军技术，同时也要记住它们都是总体战略的必要组成部分。然而，有一些技术发展对整个战争都至关重要，我们将先讨论这些技术。

烈性炸药

到目前为止，各种全新炸药的引进一直是20世纪战争中最重要的新特点。新炸药代替了旧的火药——虽然火药也曾起过革命性的作用，近500年来一直没有受到挑战。这些炸药的发明、制造以及在开矿过程中应用（炸药最初的设计目的是为了开矿）在其它地方会有叙述：这里我们将集中讨论它的军事用途。

新炸药的制造方法是对有机材料进行硝酸处理，一开始是丙三醇或纤维素，后来是甲苯、苯酚。这些炸药的威力是火药的许多倍，所以一般来说枪炮的构造必须坚固。但最初的时候，这些材料的稳定性都很差、使用时的危险性较大。不过，到了1875年阿尔佛雷德·诺贝尔在很大程度上克服了这个问题，开始向采矿业和民用工程行业提供他的新产品——黄色炸药

(dynamite)。不可避免地，人们想到把这种炸药运用于军事目的。但诺贝尔在 1875 年一次给伦敦艺术学院做的讲座中作了简单的解释："即使能更好地控制炸药，炸药也很难代替火药。因为火药极佳的灵活性使得它可以适合于各种目的。因此，在矿井中，它可以爆炸而不产生推进力。在炮弹中，它既爆炸又产生推进力。在导火索和烟火中，它可以缓慢地燃烧而不爆炸。根据各种不同的使用场合，它的压力可以在 1 平方英寸 1 盎司（在导火索中）至 1 平方英寸 85000 磅（在炮弹中）之间变化。"（也是说它的压力可以在每平方厘米 4 克到 6 吨之间变化）。

这些技术要求是非常苛刻的，很难达到，但由于军事上的好处，人们一直在努力追求：当时人们的一个主要需求是找到一种无烟火药，以便隐藏炮手或步枪手的位置，降低枪管或炮筒的污染。从某种意义上说人们已经在普鲁士找到了这种火药。1865 年左右，J.F.E 舒尔茨（J.F.E Schultze）将硝化木材（纤维素）和硝酸钠混合在一起发明了一种发射药。这种发射药引起了人们的兴趣。舒尔茨的火药适合于火炮，但对于步枪来说爆炸力太大了。EC 火药（882 年由 Stow-market 炸药公司（Explosive Company of Stow-market）在英格兰制造的另一种发射药）也是如此。第一种适合于步枪使用的缓慢燃烧的无烟火药是保罗·乌冶（Paul M.E Vieille）1884 年在法国发明的火药 B。B 在这里指的是 E.J.M. 博兰格尔（E.J.M. Boulanger）将军，当时的作战部长。之后，诺贝尔于 1888 年发明了巴里斯太火药，一种硝化甘油和硝化纤维的混合物。这种炸药的推进性能很好，因为它是猛烈燃烧而不是爆炸。1889 年，弗雷德里克·亚伯（Frederick Abel）和詹姆斯·德瓦（James Dewar）以无烟火药（cordite）的名字为一种类似的产品申请了专利。这种无烟火药与诺贝尔发明的火药实在是太相似了，以至于诺贝尔认为弗雷德里克·亚伯和詹姆斯·德瓦是在明目张胆地侵犯他的专利权并发起了昂贵的诉讼过程，但最终诺贝尔败诉了。

19 世纪末所有大国都采用了基于火药 B 或无烟火药的烈性炸药。基于无烟火药的烈性炸药对枪炮管有强烈的腐蚀作用。在新武器的一个主要试验场——布尔战争（Boer War）中，这种腐蚀作用得到了证实，而且腐蚀情况非常严重，英国不得不引进一种改良配方——无烟火药 MD。到了 1914 年，各国在交战时所装备的炸药已经与历史上任何时期在战争中使用的火药完全不一样了。

发明的历史
A History of Invention

19世纪后半叶机关枪的出现深深地影响了骑兵的作用。机关枪的主要竞争对手是霍奇基斯机关枪和马克沁式重机枪。图为一次世界大战期间的法国军官正在对这两种枪进行比较性试验。

武器

从16世纪开始步枪就用于狩猎，17世纪步枪在数个陆军部队中接受了测试。虽然它的准确性很高，但步枪用于军事目的却经历了一个缓慢的过程。其中一个主要原因是步枪的螺旋槽使得它上子弹的速度比滑膛枪慢，而且枪管污染的速度快。运用步枪的转折点是独立战争。在独立战争中，美国人大量使用步枪，仅仅是因为步枪作为一种狩猎工具是最容易搞到的武器。在认识到猎人射击的准确性之后，英国人招募了一批德国猎人在1800年成立了一支猎枪旅。19世纪末，后装式带弹匣的步枪是西方世界步兵的标准武器——普鲁士人最先采用了这种步枪，它可以在士兵安装带有无烟火药的弹药筒时重装子弹。这样，在非洲和亚洲部分地区依然广泛使用的滑膛前镗枪，在发射的准确性和速度上就无法与步枪相比了。随着开枪速度加快，一个训练有素的步枪兵的效率能与一个滑膛枪排的效率相媲美，而且准确性还比他们高。自动步枪的引入使小武器的优越性更加明显，一个人手持自动步枪其火力可以与一个滑膛枪营持平。

最早的机关枪出现在1862年，是由美国发明家理查德·格林（Richard J. Gatling）发明的。美国政府接受了这种机关枪，但英国在试用几次之后，发现这种枪没有发射榴霰弹的野战炮好，所以没有采用。榴霰弹是皇家炮队的亨利·斯布里奈尔（Henry Sprapnel）发明的一种炮弹：这种炮弹在滑铁卢战争中了发挥了巨大威力。另一个美国人本杰明·霍奇基斯（Benjamin B. Hotchkiss）改进了格林的发明，于1872年发明了一种每分钟可以打33轮的机关枪。但这类枪中真正有效率的，是在1914年广泛使用的希兰·马克沁（Hiram S. Maxim）1883年发明的马克沁式重机枪。这种枪可以每分钟达666轮。在1893年马塔贝列战争中一场和英国人交锋里，4把马克沁式重机枪在洛本古拉（Lobengula）牵制了5000人的精锐部队。

机关枪的出现极大地改变了步兵的力量和角色，但更大型号、杀伤力更强的武器还是大炮。随着新型无烟火药的引入,重达1吨的炮弹射程可以达到30公里以上(18.5英里)。但在小型的阵地战和移动战中,枪还是必需的:直到1914年,靠电机牵引的枪炮运输机还没有完全代替马或骡子。在19世纪,大炮的发射率还是很低的,野战炮必须在每次发射之后再重装弹药。著名的法国75s(French75s)克服了这个问题:法国75s配了一个液压装置,吸收后坐力,一个好的炮手班可以每3秒钟发射一次炮弹。

坦克

1914年至1918年的战争是一段痛苦的记忆,在数年的壕沟战中,毫无意义的领土之争一次次的以大量的人员伤亡为代价。虽然可以说德国最终的失败,更多的是由于经济原因而非军事原因,但1916年联军引入的坦克确实是导致德国失败的一个重要性因素。如果战争持续到1919年的话,它将成为这场战争胜负的决定性因素。

坦克这种武器并不是一个全新的概念。我们注意到在古代人们就已经知道在某种盔甲的保护下向敌方要塞进军了。在印度,亚历山大遇到了国王帕鲁斯(Porus)的盔甲战象。接着马其顿人用它们作为阻挡骑兵的屏障,有时也作为军队的先锋。塞硫古王朝禁止出口印度象之后,托勒密人和迦太基人开始从非洲进口大象。中世纪及以后的文献中描述的战车是不切实际的,因为缺乏合适的驱动力。19世纪,出现了蒸汽动力和可以在颠簸路面上运动的履带,这使得人们又打起了战车的注意,但并没有实际的结果。一直到人们开始采用内燃机作为动力源,制造战车的想法才最终变得可行。

对现代坦克的产生贡献最大的人是欧内斯特·邓洛普·斯文顿(Ernest Dunlop Swinton)。早在1914年10月,他就向伦敦的战争办公室递交了一份重型装甲车(这种装甲车配有履带,可以穿过、轧断带刺的铁丝网)计划。1874年,伊利诺斯州为阻挡牲畜而引进的带刺铁丝网和泥土

坦克是第一次世界大战中出现的一种新型武器,但是出现的时间太晚,直到战争结束阶段才开始影响战况。坦克可以穿越颠簸、无路的乡村,其移动性可以与海上的舰队相比。图为位于林肯的威廉福斯特(William Forster)军工厂(1916)正在制造最早的英国坦克。

第十四章 军事技术和第一次世界大战

发明的历史

A History of Invention

一起成了壕沟战悲惨状况的缩影。坦克的样机是由威廉福斯特和林肯公司于1915年完成的，但在一年之后才开始生产。起初，坦克的配置量很少，所以效果并不明显，虽然坦克让德国军队感受到了新的威胁，但是，在1917年11月的坎布莱（Cambrai）战役中，将近400辆坦克穿透兴登堡防线深入了2.5公里（4英里）。不过，真正显示新武器威力的是1918年8月8日，将近600辆坦克进行的一次集中进攻。卢登多夫将这一天称为德国军队经历的最黑暗的一天。法国也采用了坦克，并于1918年夏天在苏瓦松战场上投入了500辆。这些坦克比英国的坦克重量轻、速度快，而且还配有一个可充分转动的炮塔。第一次世界大战最终于1918年11月结束，但大规模坦克进攻的成功给人们留下了这样的印象：如果战争继续，盟军在1919年使用的坦克将达到数万辆。

也许是德国的军工业在那时已经无力做出回应，所以德国实际上连使用坦克的意图都没有：德国军队总共才有不到50辆坦克。但在后面几章我们将看到，德国人后来意识到了坦克的意义。对于德军战略至关重要的闪电战的概念是以机械化部队快速、压倒性推进为基础的。而支持机械化部队这种推进的正是坦克。1939年德军拥有的坦克达到了3000辆。

化学战

虽然令人窒息的烟雾与第一次世界的联系特别紧密，但它的历史却可以追溯到公元前5世纪。在克里米亚战争（1853—1856）期间，曾有人计划使用燃烧的硫磺释放的烟雾（二氧化硫）帮助攻陷塞瓦斯托波尔，不过后来出于人道主义原因，这一计划被放弃了。但这并没能阻止同一时期中国海盗在香港地区使用这种烟雾。

1915年，德国开始采用毒气，在叶普斯（Ypres）突出阵地使用了毒气罐中释放出来的氯气。接下来一个月的鲁斯（Loos）战斗中，盟军采用同样的手段进行了报复。但由于相对来说氯气用面具就很容易防护，而且由于风力变幻无常，使用效果不稳定，所以氯气没有得到进一步的使用。为了代替氯气，双方都制造并使用了各种液态气——如著名的芥子气和光气；这种液态气体不仅会汽化攻击肺部而且还会产生严重、致命的疱肿。

所有人都憎恨毒气，这是千真万确的。但事实是：在第一次世界大战期间，因毒气而死亡的人数远远低于其它原因。1936年，意大利人在埃塞俄比亚使用了芥子气。但在第二次世界大战期间,没有任何一方使用芥子气,虽然各方都装备了这种武器。

第二次世界大战之后,人们多次试图通过国际协定禁止化学武器。1984年,美国正式指控伊拉克对伊朗军队使用了化学武器。1997年化学武器大会达成了一项协议,禁止开发、储存和使用化学武器,并呼吁10年内销毁现存的化学武器。共有167个国家签署了这项协议,但伊拉克、利比亚、叙利亚和其它一些拥有化学武器的国家没有签署这项协议。

海战

把制造英国坦克的任务交给英国海军部也许不无道理,因为坦克和海上的船舰一样需要具有良好的移动性能。从19世纪末、20世纪初开始,水面舰船的设计就一直受到两大因素的影响:一是政治因素,二是技术因素。直到19世纪末,英国的海军政策一直是保持对法俄同盟联合舰队的优势,同时密切关注意大利海军在地中海的发展。其它主要海上强国包括美国和日本,但它们离英国较远。1898年,阿尔弗雷德·冯·提尔皮茨(Alfred Von Tirpitz)为德国引入了第一个海军法案,表明了他想让德国在10年内也能成为一个主要的海上强国。这一举措不可避免地在欧洲引起了一次新一轮的海军军备竞赛。

技术方面,战舰的设计有了根本的改变。19世纪上半叶的战舰是一种在海上运输枪炮的运输工具,设计战舰的目的是为了以几乎近距离平射的方式攻击对手。但随着推进技术的进步,大炮规格增大。到了1900年,口径305毫米(12英寸)的大炮已经很常见,远程大炮的研发势在必行。1900年之前,5公里(3英里)是可以接受的射程,1914年这个射程增加了2倍。1906年,英国推出了一种新型战舰——无畏级战

英国1906完成了HMS无畏级战舰的建造,以此回应了德国1898年的海军扩张计划。无畏级战舰能够承载10门305毫米(12英寸)的大炮,当时所有其它的海上战舰都无法与之抗衡。

发明的历史
A History of Invention

图为美国海军的第一艘潜水艇，设计者是约翰P.霍兰德。这艘潜水艇是由新月形造船厂（Crescent shipyard）于1898年在新泽西的伊丽莎白制造的。

舰（Dreadnought），令当时所有的战舰都相形见绌。无畏级战舰坚实牢固，除了为数不多的快速炮之外，主要依靠的是10门单一口径的、305毫米（12英寸）的大炮。第一个装备蒸汽涡轮的战舰就是无畏级战舰，它曾经一度是海上最快的战舰。到1914，规格更大的大炮（口径380毫米（15英寸），炮弹重量几乎是无畏级战舰的两倍）出现了，强大的辅助兵器被撤回，以应对快速驱逐舰带来的新威胁。

同时，两种新的水下武器——潜水艇和鱼雷开发成功 。所有战舰的设计都必须考虑怎样抵抗这两种新武器带来的威胁。鱼雷是由英国工程师怀罗伯特·怀特黑德（Robert Whitehead）发明的。1856年，怀特黑德在阜姆成立了一个小公司，生产织丝机和湿地排水机（marsh-draining）。1886年，他在自己的公司里设计了他的第一个鱼雷：这种鱼雷由压缩空气提供动力，7节的射程为700米（2300英尺）。1889年，该射程增加了1倍，速度提高了3倍，但准确性依然差强人意。1896年引进的陀螺稳定器解决了准确性的问题，那时一颗鱼雷可以装载100千克（220磅）的烈性炸药。

不久，很多国家都得到了怀特黑德鱼雷的生产权。1904年日本在阿瑟港对俄国舰队的袭击显示了这种鱼雷的威力，而且至今为止人们还没有开发出对付这种鱼雷的令人满意的防御措施。人们曾想到在船体内部覆盖一层煤仓来防御这种鱼雷。但在1904年的一次试验中，船体内部覆盖了一层煤仓的报废的英国战舰贝雷斯勒号（Belleisle）依然被鱼雷击沉，证明这种方法并不可行。之后，人们更多的是依赖额外的防水隔板限制船体进水，依赖更快的速度，在观察到气泡流的时候及时转向这样的方式来对付鱼雷。停泊的时候，船舰可以安装反鱼雷网。

鱼雷是另一项海战中的发明——潜水艇的主要武器。潜水艇的概念并不新鲜，早在 1620 年，荷兰工程师科尼利厄斯（Cornelius Drebbel）就制造了某种用桨推动的潜水艇。这种潜水艇潜在泰晤士河下，从威斯敏斯特开到了格林威治。美国人在独立战争和内战中都试验过潜水艇，但试验结果并不十分理想，尽管 1864 年一艘潜水艇击沉了联军的一只小帆船——休萨托尼克（Housatonic）。

但是从效果上来说，潜水艇是 20 世纪的产物。1888 年，法国人制造了一个由电力驱动的潜水艇样机——Gymnote。1901 年，法国拥有了一支有 12 艘 30 吨潜水艇的舰队。制造潜水艇的先锋者中，有一位是 1873 年移民到美国的爱尔兰发明家约翰·P 霍兰德（John P.Holland），据说他想要发明潜水艇是因为他相信潜水艇将帮助爱尔兰独立。1881 年，美国的芬尼亚会为芬尼亚活塞压力泵（Fenian Ram）的制造提供了资金：芬尼亚活塞压力泵包含了大多数现代潜水艇中的基本控制系统，包括鱼雷发射时突失重量的补偿。约翰 P. 霍兰德为美国海军部设计了各种潜水艇，但没有一个是成功的。1898 年，他制造了自己的潜水艇——120 吨的霍兰德号。1900 年美国海军部购买这艘潜水艇并又订购了 5 艘。后来，英国海军定制了 5 艘霍兰德号潜水艇。意大利和德国各定制了 2 艘。20 世纪初，世界上所有潜水艇的数量加起来不超过 30 艘，而且还是小型的。但到了 1918 年，潜水艇已经发展到可以决定战争结果的程度。战争中损失的船只总量超过 1200 万吨，其中多数都是被潜水艇击毁的。

潜水艇发展的一个主要原因是有了大型的内燃机。因为在水下不方便吸入和释放空气，所以电力推进非常重要。最早的法国潜水艇之所以行程短，就是因为它的电池必须拿到岸上充电。不过，后来潜水艇的引擎不仅用于将潜水艇推上水面，还用于潜水艇电池的充电。

不论是水面舰船还是潜水艇都必须对付另一种水下武器——水雷。水雷也不是一个新鲜的概念。荷兰早在 1585 年的安特卫普保卫战中就使用了一种漂浮的水雷。伊曼纽尔·诺贝尔（Immanuel Nobel），阿尔佛雷德·诺贝尔的父亲，为俄国海军制造了在克里米亚战争中使用的水雷。但同样也是到了第一次世界大战的时候，水雷才显示出了它的威力。当时交战双方在北海和其它地方布置了数千枚水雷。水雷的锚固定在海底，位置刚刚好不露出水面。

发明的历史
A History of Invention

船只经过的时候随便击打一下就足以使水雷爆炸。这使得人们不得不研制新的海军设备——扫雷舰。扫雷舰配有割刀,可以切断系着水雷的雷索。当水雷漂到水面上时就会被炮火摧毁。

空战

20世纪实际上将战争带入了一个新的领域。陆军和战舰都只限于地球表面,只能在两个维度上操作,而潜水艇和飞机则不仅能前后左右运动而且可以上下运动,为自己创造了一个三维的活动空间。

从古代开始,鸟儿在天空自在飞翔、滑行的情景就鼓舞着发明家们模仿鸟的动作发明飞行器,通常是某种利用机翼振动的扑翼飞机。许多人设计过飞行器。瑞典采矿工程师和神学家,伊曼纽尔·斯维登堡(Emanuel Swedenborg)是其中一位。1716年,他设计了一种飞行器。但没有证据表明他那个包括复杂弹簧系统的设计曾接受过试验。毫无疑问,比空气重的飞行器的真正缔造者是乔治·凯利(George Cayley)爵士,虽然他不是独自一个人完成这个任务的。

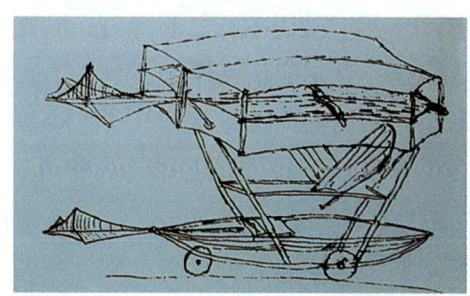

乔治·凯利(George Cayley)是发明比空气重的飞行器的伟大先锋者中的一个。他将自己的研究限于滑翔机,因为他意识到在他所处的时代还找不到重量动力比合适的发动机。当19世纪末、20世纪初合适的发动机出现时,乔治·凯利爵士的想法得到了证实,其重要性得到了莱特兄弟的认可。这是1849年乔治·凯利爵士制造的飞行器的设计图。

凯利很快就失去了对扑翼飞机的兴趣。他相信飞机的未来在于设计固定机翼。他不仅实现了稳定性和可操作性所必需的主要设计要求,而且还规定了实现一定速度、承受一定载荷所必需的动力。对于后者,他很清楚当时还没有任何可以达到要求的动力。因此,他把自己的研究限于滑翔机。1853年,他的车夫坐着他的滑翔机飞行了500米(1640英尺),越过了一座山谷。19世纪90年代,奥托·利连撒尔在德国也试验了滑翔机,飞行了2000多次,使得开滑翔机成了一种时尚运动,但最后于1896年在一次事故中丧生。

在19世纪结束之前,人们已经制造出了无人驾驶飞机,动力由橡胶和发条装置提供,有时甚至由蒸汽引擎提供,比如塞缪尔·兰利(Samuel

（左图）第一次世界大战爆发时，航空业刚刚开始起步。第一次世界大战使得航空业将注意力几乎都放到了军用飞机上。该图画的是1917年Fokker三翼飞机正在攻击英国的DH4轰炸机。

（下图）在1903年莱特兄弟成功实现了伟大的飞行梦想之后，航空业发展迅速。该图记录的是1909年Bleriot飞跃英吉利海峡的历史性时刻。

（左图）莱特兄弟1903年的飞行是第一次由动力推动的飞行。这幅生动的图片（奥威勒在进行控制，威尔伯在走）记录了他们1903年12月17日的第一次飞行。

（左图）19世纪的后10年，奥托·利连撒尔使滑翔在德国成了一项时尚运动。奥托在1896年的一次事故中丧生。之前，他完成了2000多次滑翔飞行。

第十四章 军事技术和第一次世界大战

发明的历史
A History of Invention

Pierpont Langley)1896年的大型单人飞机。但使飞机成为实用载客工具的是内燃机。1903年12月17日是具有决定性意义的一天,奥威勒·莱特乘坐他和他兄弟威尔伯在长期模型和滑翔机试验后制造的飞机,在北卡罗来纳州飞行了37米（120英尺）。飞机动力是由10马力的汽油（发动）机提供的。发动机也是他们在自己的自行车车间里制造的。这一历史性的事件并没有引起公众多大的注意。但他们坚持研究,在1905年建造了一个体积更大、动力更强的飞机。乘坐这架飞机,他们飞行了40公里（25英里）。他们为这架飞机申请了专利并提供给了美国政府。但直到1907年他们才收到一份3万美元的合同,要求他们设计一种没有机尾的双翼飞机,要求推进器在后面推动飞机前进。

然而,他们的成功还是没能引起太大的关注。1908年,莱特兄弟去法国做了一系列飞行表演,法国是热气球的故乡,在这里人们对飞行的热情比美国高。一个资深的汽车制造商路易·布莱洛(Louis Bleriot),推出了一种牵引引擎在前的新式单人飞机设计方案,这一方案最终被广泛采用。他驾驶这种飞机于1909年7月25日飞跃了英吉利海峡。

到了这个时候人们已经不再把飞行仅仅看作是飞行爱好者的一项刺激运动,而是开始把飞行看作一种有潜力的新的交通形式。1909年8月末在兰斯举行的为期一周的飞机展览体现了人们观念上的转变。这次展览会之后,欧洲其它地方举行了类似的展览会。1910年洛杉矶也举行了一次这样的展览会。新公司的成立,如英国的布里斯托尔飞机公司（还有一些公司,如德国电气公司〈German electrical firm〉AGE,将自己的业务扩展到了航空业） 反映了人们已经开始认识到飞机可能将成为一个行业。这时,所有的政府都对将飞机运用到军事上的可能性产生了浓厚的兴趣：在布莱洛1909年飞跃英吉利海峡之后,人们戏言英国已经不再是一个岛国了。

这次又是法国走在了前头。1911年秋季法国举行了军事竞赛,试图确定几款具有军事潜力的飞机。那时,意大利人正在与利比亚土耳其人的战争中创造军事史上的新篇章。那次战斗的规模不大,只动用了几架从意大利飞行俱乐部搞来的飞机,却显示了飞机在第一次世界大战期间的四大功用：侦察、查找大炮、轰炸和照相勘察。

大多数军事领导人对飞机的到来并没有抱以多大的热情,他们对革新一般

相对较大的轰炸机，如英国的1918年的DH400直到一次世界大战的最后1年才出现。

都持不信任态度。但是，由于政治上的需要，到了1914年夏天，所有大国的军队都配备了某种形式的空军，即使他们根本不知道空军到底有什么作用。接下的4年中，航空史基本上被军事需要主宰了。在航空业最初发展的几年中，强大的军事因素产生了很大的影响。到了20世纪20年代，当民用航空业恢复发展的时候，这些军事因素依然在很大程度上影响着民用航空业的发展。

最终，因为勘察和定位炮弹爆炸地点的需要，飞机在第一次世界大战中得到了广泛应用。当然，飞机得到应用与最初几个月战争所采取的形式也有关系。静态的壕沟战为大炮和机关枪所主导，于是定位敌人的火力点，通过照片勘察绘制战壕图、报告炮弹的落点就成了重要任务。阻止这样的军事飞行是交战双方关注的焦点。因为地面攻击没什么效果，所以战斗机挑起了大梁。一开始战争基本上是单个飞行员之间的较量。到了1917年，100架甚至更多飞机一起加入战斗已经成了很常见的情况。

空战中的一个主要武器是轻机枪，它与地面战中骑兵使用的武器差不多。在单座飞机中，轻机枪射出的子弹有时会打到螺旋推进器上。起初，这个技术问题的解决方法是在推进器的叶片上加上一块金属板使打到上面的子弹偏转出去。但后来佛可斯（Fokkers）发明了一种令人满意的阻碍装置：当枪管和推进器的叶片在一条线上时，它会阻止机枪发射。这种装置曾一度使德国在军事上处于优势地位。1917年，双座飞机已经相当成熟。飞行员射击的方式和以前一样，但会有一个后座枪手或观察者持枪保护飞机后部。这种枪可以向任何方向射击。

虽然对于战略轰炸的效果人们的看法还不统一，但战略轰炸在第二次世界大战中起了非常重要的作用。这一战略是在第一次世界大战后期开始实施

第十四章 军事技术和第一次世界大战

发明的历史
A History of Invention

的。但当时它的影响无疑是很小的，虽然它对人们心理的影响很大。战略轰炸的姗姗来迟有很多原因。其中一个很重要的原因是能够装载足够炸弹的飞机在战争后期才出现，而且投弹瞄准器非常原始，大多数炮弹都落在目标之外很远的地方。在战争开始的第一个月，德国对巴黎轰炸的宣传效果与巴黎实际受损情况并不相符。后来对伦敦进行的齐柏林袭击也只是冷酷地提醒人们"英格兰已经不是一个岛国了"而已。1917年，齐柏林飞机损失惨重，德国开始使用大型的哥达IV轰炸机在白天进行轰炸。这引起了恐慌并促使英国从法国撤回了急需的战斗机。哥达IV轰炸机之后是在齐柏林工厂制造的轰炸飞机，按当时的标准来说这种轰炸飞机是很大的，可以运输重达2吨的炮弹。1916年，英国开始用威力相当的Handley Page 0/100进行报复性轰炸，1918年采用了更大型的0/400。1918年9月，在战争结束的最后几个星期里，40多架这样的轰炸机从南锡出发袭击了萨尔河。那时，英国已经制造了为数不多的更大型的4引擎轰炸机Handley Page V/1500。但还没等到这种轰炸机投入战斗，交战双方就已经签署了停火协议。

◎ 第十五章 新的通讯手段

本书在前面提到，信息技术并不是一项新兴的发明，它有着非常悠久的历史。一些通讯和记录手段对于政府组织至关重要。铅字印刷的出现，先是在远东，然后是欧洲，对于信息和思想的广泛传播来说是一项重大事件。虽然之后人们开发了许多其它重要的通讯形式——电报、电话、电视、摄影机和留声机，但占主导地位的还是印刷。许多技术进步都体现在速度和输出量上。但令人吃惊的是，从古腾堡发明德国活版印刷到19世纪开始的350年间，世界上几乎没有出现过具有重大影响的技术进步。

印刷工艺

1917年，法兰克福的克里斯多夫·勒·布隆迪（Christoph Le Blonde de Frankfurt）发明了彩印技术：先在分离的印板上分别涂上蓝色、黄色和红色墨水，然后再认真地将要印的东西压在印板上。一直到20世纪，彩印才形成了一定的规模。1727年，苏格兰金匠威廉·盖德（William Ged）发明的铅版是印刷技术发展中的一个重要进步。在此之前如果要进行第二次印刷或者后面还需要印刷一次的后，铅字都需要重排，而铅字闲置任何一段时间都是不经济的。盖德运用了铅字印板灰泥模具，把一整页文字都铸成金属。从这方面说，盖德采用了中国人的做法。

报纸的彩页版也不是现代发明。1901年，Marinoric印刷机开始印刷《小周刊》(Petit Journal)的彩页版。19世纪末到20世纪初，大规模的彩页印刷成为普遍现象。

发明的历史
A History of Invention

到了 1829 年，纸型代替了灰泥。

在印刷行业，人们对阳文铅字最终反应平平。但对于盲人来说，阳文铅字的价值是难以估量的。1824 年路易斯·布瑞尔 (Louis Brail) 发明了以他的名字命名的阳文印刷技术，阳文印刷中的字都由突起的点表示，盲人可以通过指尖触摸的方式阅读。

和早期的大多数机器一样，印刷机主要部分也是由木头制造的。业余科学家斯坦诺普爵士 (Lord Stanhope) 1800 年引进的铁框印刷机，是印刷机的一个重要进步。这种印刷机的强度高、刚性好，提高了印刷的速度和清晰度。斯坦诺普印刷机在得到广泛运用许多年之后，还是使用手工操作的螺丝钉将纸和印板压在一起，但它可以每小时印刷多达 250 张纸。约 10 年之后，美国引进的哥伦比亚印刷机 (Colombian press) 大大改进了印刷机技术——人们第一次用强有力的手柄取代了螺丝钉。

所有这些印刷机以及它们的其它发展形式，都有两个相同的特点：一、它们都是手工操作的。二、印板和纸张表面都是平的，通过螺丝钉或手柄压合在一起，产生印刷品。1810 年，出现了一种在这两个方面与以往的印刷机不同的机器。这就是弗雷德里克·考林格 (Frederick Koenig) 的蒸汽印刷机。这种机器有一个滚筒，滚筒带着纸张在涂有墨水的铅字上滚动；不久之后，他又发明了一种带纸滚筒，这种滚筒在向前和向后的运动过程中都可以进行印刷。伦敦泰晤士报的所有人约翰·沃尔特 (John Walter) 首先意识到了考林格印刷机的重要性。1814 年，他安装了两台双滚筒印刷机，代替斯坦诺普印刷机。每台双滚筒印刷机每小时的印刷量达到了 1100 张。他把这种印刷机看作是自古腾堡以来印刷业最大的进步。

连续转动比来回往复运动的效率高，这是一个基本的工程原理。因此，下一步的发展就是将铅字由平板型改为滚动型。第一台真正成功的这种类型的印刷机，由理查德·赫尔 (Richard Hoe) 于 1847 年在纽约申请了专利，并用于印刷费城公共账目 (Philadelphia Public Ledger)。最初的时候所使用的金属铅字是用楔子固定到滚筒上去的。但大约从 1860 年开始，人们开始使用按照纸型铸造的曲线型铅版。这种印刷机为报纸和杂志的出版商广泛采用，因为他们需要快速处理大量的印刷任务。1857 年，泰晤士报安装了一台 10 个送纸口的赫尔印刷机。这台印刷机可以每小时印 20000 次，但它需要 25

个工人才能操作起来。到了19世纪60年代早期，人们开始使用长型的连续滚轴，减轻了将纸张送给机器所需的劳力。

直到19世纪早期，铅字一直都是由手工铸造、排列的。1838年，又是在美国，第一台铅字铸造机出现了。19世纪中期，铅字铸造机在欧洲得到了广泛应用，尽管存在一些行业典型的限制性措施。泰晤士报安装第一台赫尔印刷机的时候，它的铸字机每分钟可以生产1000个字。有了这种铅字铸造速度，就没有必要在每一版之后再将铅字敲开了，只需要将铅字熔化，再重新铸造就好了。

铅字铸造速度的加快是一个很重要的进步。但这种优势只有在铅字排列速度同样加快的情况下才能充分实现。亨利·贝西默（Henry Bessemer）（亨利·贝西默是一个多才多艺的发明家，人们对他的了解更多的可能是利用他发明的炼钢用的转炉）在1842年制造了第一台机械排字机。

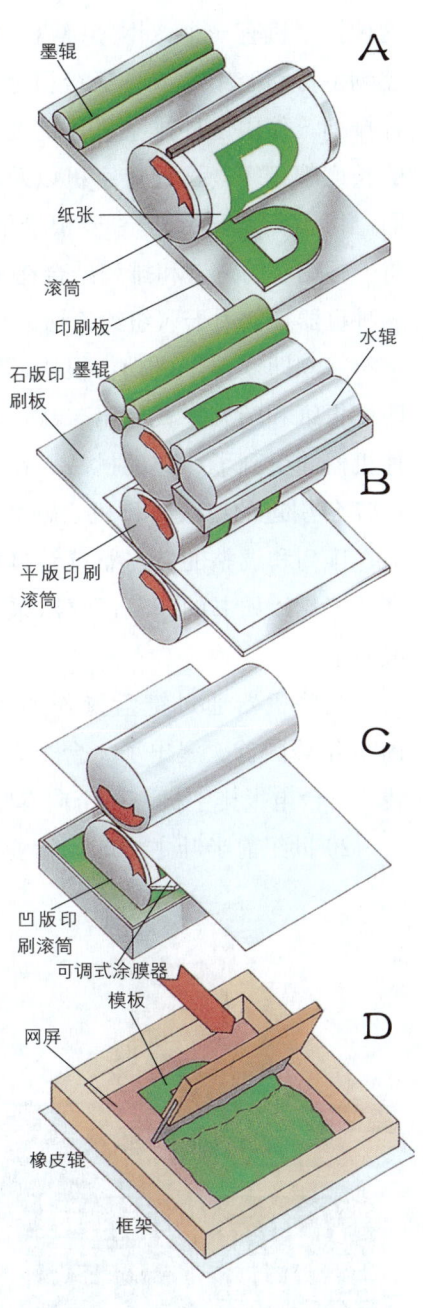

A. 印刷字母时，铅字上升，高出印刷板表面，由墨辊施墨。需要印刷的纸张绕着滚筒，滚筒在印刷板上滚动。

B. 在平版印刷中，圆柱形石板上有准确、能保持很长时间的图案。石板经过处理，只有与铅字对应的部分才会吸墨。在石板施墨之后，石板上图案先转到偏置滚筒上，然后再通过偏置滚筒印到纸上。

C. 在凹版印刷中，凹版滚筒表面有蚀刻或雕刻的准确而持久的图案。油墨充满滚筒被雕刻或蚀刻的部分。先用刮墨刀将滚动表面的油墨清理完，然后再进行印刷，将被蚀刻或被雕刻部分的墨转到纸上。

D. 在丝网印刷中，一个切割成一定图案的模版放在丝网上。通过挤压力施墨，墨可以通过丝网印到丝网下面的纸上。

第十五章 新的通讯手段

发明的历史

A History of Invention

这种排字机有一个像钢琴键盘一样的装置，因此也叫做琴键式排字机，用于控制字符和空铅释放（字符和空铅存储在一个铅字盒中）并将字符和空铅按行排列。使用这种排字机还需要第2步操作——调整铅字行，使每一行铅字的长度都相等。这种排字机以及其后的产品的成功仅仅是质量合格而已。然而，1886年，奥特马·麦根塔尔（Ottmar Mergenthaler）引进了一种机器，将一行铅字的铸造和排列结合在了一起，因此也叫莱诺整行铸排机。1886年，这种机器首次用于《纽约论坛》（New York Tribune），每小时可排列6000个字符，立即获得了成功。很快，世界各地都开始使用这种机器，特别是用来印刷报纸和杂志。直到第二次世界大战之后，由于照相排版技术的出现，这种机器才受到了严重的挑战。在此之前，莱诺整行铸排机的唯一竞争对手是1887年引进的单版铸排机。顾名思义，这种排字机是一个字符一个字符地铸造、排列和调整的。与整行铸排机相比，它更容易修改。因此，对质量要求高的工作，如书的印刷，喜欢采用这种机器。所以，这种机器也广泛应用了很多年。

这些机器通过键盘操作而且键盘没有必要和铸字／排字机靠在一起。1928年美国首次展出了一台令人满意的电报排字机。不久，伦敦的国会就安装了一台电报排字机，用于向泰晤士报传送社论材料。

20世纪前半叶主导印刷行业的是热金属铸造和排列工艺，但也有其它可以选择的工艺。其中最重要的一个称石板书写，1798年首次命名为平版印刷术。如果用油笔在光滑的石头表面上画一个图案，那么石头上画了图案的那一部分水就进不去，而没有画图案的部分依然会吸水。所以如果用滚筒在石头上涂油墨的话，油墨只能粘在画有图案的那部分石头上。这样，人们就可以把石头上的图案印到纸上了。所以，使用一连串的石头和不同颜色的油墨，可以实现彩色印刷。这种工艺的最初的形式比较简单，速度

第一台成功的铸字/排字机是单版铸排机。

· 218 ·

太慢，太耗工，无法进行大量印刷。但19世纪后半叶，平板印刷机采用了这种工艺，最初的石头被锌板以及后来的铝板所代替。一个更为重要的进步在于补偿石板工艺。在这一工艺中，图案不是直接从石板印到纸上去的，而是通过橡胶滚轴间接印制到纸上的。这种工艺受到了小型办公室印刷机的欢迎，虽然早在1912年，德国的沃马格公司（Vomag）就提供了一种可以每小时印7500张纸的工业用大型印刷机。

不过长远看来，照相工艺和电脑排版是印刷行业未来的发展方向，金属铅字印刷将被完全淘汰。虽然W.C.胡布纳（W.C Huebner）1939年就在美国发明了第一台照相排版机，但它得到广泛运用却是在第二次世界大战之后。

开始于19世纪的印刷业大发展产生了深远的影响。其中之一是造纸业的发展，特别是质量较低的适合于生产报纸、杂志和通俗书籍的纸张。从20世纪70年代开始，人们越来越多地使用经过化学处理的木浆来制造这种纸张。1939年，这种纸的年产量达到了2200万吨，其中新闻纸的用量占到了1/3。由于造纸业的发展，世界上的森林受到了严重的威胁，地球的气候在变化。但直到最近，人们才开始试图采取有效的措施来抵抗这种不利的影响。

打字机

印刷机是为了生产大批量印刷品而设计的，而打字机的引进则是为了可以用机器书写一页或多页文件。1867年克里斯托夫·拉森·肖尔斯（Christopher Latham Sholes）设计了第一台成功的打字机，雷明顿公司（Remington Company）从1874年开始生产这种打字机。虽然以目前的标准来看这种打字机还相当粗糙，但接下来的50年左右生产的打字机的大多数零件，这种打字机都包括了。这些零件包括墨带和敲击杆末端的字符。为了使打击杆相互撞击的可能性减到最低，人们发明了大家所熟悉的标准键盘。早在19世纪初，人们就开始用复写纸作为复制手稿的材料。很快复印用打字机打出的文件也开始采用复写纸。

这种打字机的一个主要缺陷，在于它只有一种字体。但1933年，多字体打字机出现了。这种打字机采用了威廉·奥斯丁·伯特（Willian Austin Burt）1829年发明的排字机的一个部件。这种排字机有一根金属带，字符就安装在金属带上，所以方便更换、提供不同的字体。1961年IBM公司发明的

发明的历史
A History of Invention

库克和惠斯通1837年的发报机是之后许多电报机的原型。这种穿孔带输入、笔带输出的电报机是1858年制造的。

电动打字机也可以实现同样的效果、提供不同的字体。

早期的所有打字机以及许多现在还在使用的打字机，它们有一个共同的缺点：页边距不齐，也就是每一行字在纸张右面结束时的位置都不一样。1937年，人们引进了一种页边距调整装置，它为可以直接影印的脆弱的打字稿的生存铺平了道路。

打字机的发明对社会的影响很大，它为女性提供了一种新职业。就像之后的电话接线员一样，打字员在那个时代是一个可以被社会接受的职业。可以很公平地说是打字机首先帮助女性打开了通向商业世界的大门。

电讯

关于电报的最初概念似乎形成于1753年。当时，《苏格兰杂志》(Scots Magazine)的某个记者建议，可以通过一种由通静电的系统一个字母一个字母地将单词拼写出来。接收器由26个低重量的木髓球 (pith ball)组成。每个球上带一个字母。这些球将向通了静电的金属丝的方向运动。就当时的设备而言，这个系统并不可行。但1800年亚历山德罗·伏特(Alessandro Volta)发明的电池（伏打电堆）提高了系统的可行性。这使得弗朗西斯科·萨尔瓦(Francisco Salva)在1804年使用了一种类似的发报系统：浸泡在弱酸液中的金属丝如果通电会产生氢气泡，因此通过氢气泡可以判断哪个金属丝通了电。弗朗西斯科·萨尔瓦成功地将他的讯息传送了1公里(1/8英里)。8年后，塞缪尔·冯·索默林(Samuel T. von Sommering)将这一距离增加到了3公里（2英里）。索默林向许多人展示了他的电化学电报，其中一位就是驻慕尼黑俄国大使馆的专员奇林男爵(Baron Schilling)。奇林男爵进一步发展了索默林的设计，1832年制造了一个电磁装置。这种装置所使用的金属丝较少。装置中的线圈与发报机相连，针悬挂在线圈上。通过针的运动可以识别出发送的单个字母。

这种探测器是威廉·库克(William Cooke)和查尔斯·惠斯通(Charles Wheatstone)1837年申请专利的高效电报的基础，而威廉·库克和查尔斯·惠斯通申请专利的电报则是后来各种电报系统的基础。威廉·库克和查尔斯·惠斯通的电报需要有5根金属丝，带动5根针：任意2根针的运动就可以指明发报员敲打的字母。1842年，人们发明了2针接收器。

最早一批库克-惠斯通电报机中的一台安装在从帕丁顿到斯隆(Slough)的铁路上。1845年，这台电报机吸引了公众的注意，人们开始关注电报这种发明的可能用途。一天，

图为西门子1856年生产的磁感应发报机。

有人看见一个杀人嫌疑犯在帕丁顿上了火车。于是人们通过电报将这一消息发到了斯隆，结果嫌疑犯在斯隆被捕。后面我们还将看到，一个关于臭名昭著的杀人犯格里彭(Grippen)博士的类似情节，为马可尼的新无线电报系统做了十分有效的宣传。

电报的迅速发展得益于其它多项技术的发展。使用塞缪尔·莫尔斯(Samuel Morse)1835年发明的著名密码，信息可以以长短笔画的形式出现在接收带上，然后由接收端的操作人员解码。1855年（塞缪尔·莫尔斯发明密码之后不到20年），戴维德·休斯(David Hughes)设计了一种打印电报：这种电报的信息可以通过发报设备上的键盘全部敲打出来，再在接收端打印出来。19世纪70年代，多路传输技术使得同一条金属丝可以同时发送多条信息。

1900年之前，世界主要工业国家不仅在自己国家内部建立了庞大的电报系统，而且还接入了国际电报网络。1851年，英国和法国建立了电报连接——那时的英国已经有了长达6400公里的电报线路。1858年，英国又和

发明的历史
A History of Invention

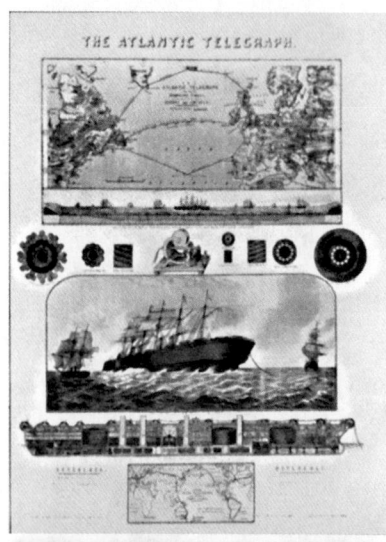

（顶图）1958年，讨论了多个使用陆地通讯站的南北路线方案后，一条2960公里穿越大西洋的海底电报电缆铺设成功。在客运领域失败的大船"伟大的东方号"，在装载大型电缆圈和辅助设备方面起了大作用。

第一幅通过电线传送的商业图片，1924年6月9日，从克利夫兰传到纽约。

美国建立了电报连接。电报系统影响了社会的各个层面。1849年，亚琛的保罗·尤里乌斯·冯·路透（Paul Julius von Reuter）成立了一个传输商业情报的组织。后来该组织在报业发展的配合下变成了一家大型的国际性通讯社。在电报的帮助下，政府第一次可以与它们驻国外的大使馆保持稳定的联系：从1865年开始，维多利亚女皇可以直接发电报给她在印度的总督。电报很快就显示出了其在军事方面的影响。在克里米亚战争中，一根海底电缆横穿黑海一直铺到了保加利亚的瓦尔纳，使英国和法国的指挥官可以通过当时已有的电报网与他们的政府保持联系。普通民众可以用电报来发送紧急信息：19世纪末，英国每年要发送将近4亿份电报，每20个字只需要1先令（5便士）。那时，英国的电报线路有2.5万公里。欧洲的电报线路有13万公里。美国的电报线路有8万公里。

利用硒的光电特性，20世纪20年代人们发明了一种有效的传真系统或传真电报术。传真系统或传真电报术可以通过电报网传输图片：这对新闻业产生了深刻的影响。在这之后，人们很快采用了电传打字电报为个人用户提供通信服务。最初，电传打字电报只在国家内部使用——1931年美国的电报电传打字电报台（TWX），1932年英国的电传打字机（Telex）。但到了第二次世界大战爆发时，电传打字电报已经开始发展为一种国际服务。

电报作为一种国际通讯手段价格非常便宜，可以满足各阶层人的需要。

因此，可以很公平地说，电报的影响力是革命性的。虽然价格便宜，但用户必须严格控制电报的字数。于是人们创造了一种简明、省略的表达方式省略标点符号和词从19世纪80年代开始，人们把这种方式称为电报文体。商业用户开发了一些密码，把一些常用的词语用单词表示。因此，电报文总是言简意赅，直指要点，读起来没有什么感情。在这一点上，电话与电报不同。通过电话，两个人可以相互之间直接交流，立即回答对方的问题，根据对方的声音变化做出不同的反应。

电话

电话的原理非常简单。簧片和振动膜随着人的声音振动：振动沿电话线以相应电信号的形式传送到接收端。在接收端电信号使接话机的簧片或振动膜振动。其振动频率与打电话时簧片或振动膜的振动频率一样。亚历山大·格雷厄姆·贝尔（Alexander Graham Bell）是第一个成功发明电话的人，虽然他不是第一个进行电话试验的人。贝尔是移民美国的苏格兰人，1882年成为美国公民：他对说话的特殊兴趣源于他的母亲和妻子都是聋人这样一个事实。1876年2月14日，贝尔为自己的发明申请了专利，只比另一个美国发明家以利沙·格雷（Elisha Gray）（利沙·格雷当时已经对电报非常着迷，他也在为一个类似的发明申请专利）早了几个小时。这导致了一场长达10年的官司，最终贝尔获得了胜利。贝尔后来成立了贝尔电话公司，这为他赢得了巨大的财富。

第一套电话设备安装在两点之间。

上：图为1879年辛辛那提安装的一台简单的手动电话接线总机。

下：新的电话系统为女性提供了就业机会。这张照片拍摄于1904年伦敦的一家电话局。

发明的历史
A History of Invention

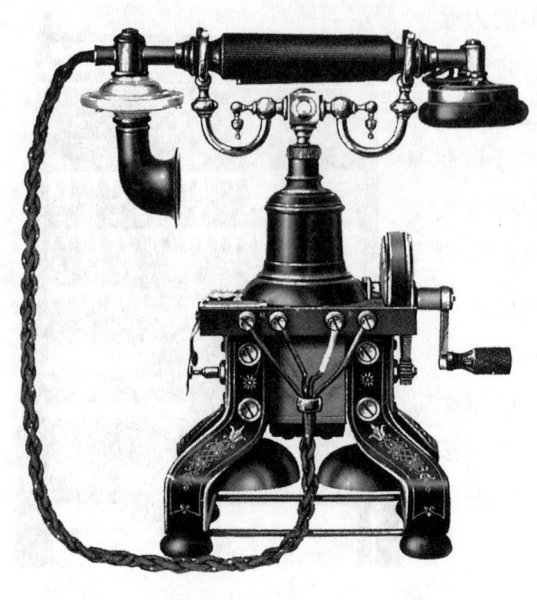

用早期的电话机（像瑞典爱立信公司1892年的这一款）打电话时需要摇动磁发电机以通知接线员。后来电话机进一步发展，只要手柄一离开话机，电话就自动接通接线员。

但 1878 年 1 月，人们在康涅狄格州的纽黑文建立了第一个电话局，共有 21 个用户。1884 年 1 月，相距 480 公里（300 英里）的纽约和波士顿之间架起了电话线，耗资近 7.5 万美元。在欧洲，贝尔通过一系列的交流和展示活动激起了人们对电话的兴趣。1878 年，贝尔还向维多利亚女皇介绍了电话。同年，英国成立了第一家电话公司。从 1877 年德国有了第一台电话开始，电话在德国就是由国家垄断的。20 年后的英国，电话也是由国家垄断的。到了 1900 年，仅美国的电话数量就超过了 100 万台。

一开始，电话交换机由电话接线员人工操作，打电话的人需要把他想打的电话号码告诉接线员。但早在 1889 年，堪萨斯市的艾尔蒙·B. 斯多哥（Almon B. Strowger）就发明了一种自动系统。有了这种系统，通过按钮（后来改为数字拨号盘）就可以呼叫被叫号码。接线员的加入并没有产生什么大问题，因为这种工作是当时女性可以接受的为数不多的工作之一。所以，自动交换机的使用经历了一个漫长的过程：直到第一次世界大战之后，贝尔才开始采用自动交换机。

就像煤气和电一样，电话开始的时候也只限于地方使用。原因之一是最初使用的铁丝的声音传输质量不高——虽然澳大利亚的农民发现使用他们的围栏铁丝能够获得可以接受的声音传输质量。后来发现铜合金的效果更好。到了 1900 年，不仅国家各地区的电话网络在相互连接，而且许多国际电话网也正在建立的过程中。这要求铺设大量的海底电缆：1891 年，英格兰首先通过海底电缆与欧洲大陆建立电话连接。那时，欧洲的电话网已经达到了 2 万公里，大部分网络利用的都是当时已经存在的电报网。这一重要的发展源于比利时工程师 F. 凡·瑞斯尔伯格（F. van Rysselberghe）1882 年发明的抗干扰扼流圈（anti-interference choke）。但长途电话需要隔一段距离就安装一个信号放大器，这甚至对于路上电缆都很困难。纽约和旧金山直到 1915 年才通电话。第一根穿越大西洋的电话电缆直到 1956 年才铺设：这根电缆长 3600 公里，共有 50 多个放大器。与此同时，英格兰已经跨越了大西洋——1927 年，英国将无线电线路整合到了电话系统中。但无线电线路的容量有限，而且还受到大气干扰的影响，有时候会引起整个线路的关闭。澳大利亚和南美也建立了类似的无线电电话线路。从 20 世纪 30 年代早期开始，电话真正成为一种全球性的通讯工具，虽然价格不菲。

对于个人用户来说，最重要的发展在于信号强度、信号质量以及电话设备自身的改进。最早的电话只有一个话筒，说话，听话都用它。但 1877 年，爱迪生发明了听筒和话筒，并很快普及起来。在 20 世纪 20 年代之前，烛台造型的电话一直是最流行的：用户一提起听筒，就自动与电话交换机连接。但从 20 世纪 30 年代开始，现代型的电话机成了电话机的标准形式。这种电话机的听筒和话筒集合在一个部件上，拨打或接听电话时可以握在手上。虽然到了 20 世纪 20 年代，很多本地电话都可以自动拨打，但大多数长途电话还是要通过接线员转——这种情况一直持续到第二次世界大战之后。

这些伟大的进步，我们以后还会谈到。就 20 世纪上半叶而言，电话服务的一般模式是在它最初数十年内建立起来的——虽然直到 20 世纪 20 年代，电话才成为一种普通的家用设备。1934 年，世界上电话的数量约为 3300 万台，其中一半多都在美国。在第一次世界大战之前，电报一直都是受大众欢迎的快速通信手段。实际上，在许多国家，电话的使用反映了一定的社会格局。例如在英国，虽然电话已经成为中高阶层家庭的一个正常部分，但一开始它在工人阶级中的用户相对来说还是很少的。工人阶级更喜欢使用付费的公用电话，因为它不需要支付固定费用。

无线电报

作为一种快速、价格低廉的国际通讯形式，电话和电报的重要性十分明显。但电话和电报也有不足之处。特别是电话和电报都要求安装巨大的电缆

发明的历史
A History of Invention

网络和相关的交换机而电缆网和交换机都需要维护而且容易损坏。此外，没有连接到网络的地方，如船上，无法进行电话或电报通信。因此，无需使用所有这些设备的通信系统引起了人们强烈的兴趣。

无线电报就是这样的系统，该系统源于某种理论性很强的科学。在剑桥，詹姆斯·克拉克·麦克斯韦（James Clerk Maxwell）正在研究法拉第关于电磁感应的作品。他得出结论在自然界中一定存在着一种电辐射而光是这种辐射的唯一表现形式。德国基尔（Kiel）的亨利希·赫兹（Heinrich Hertz）一直在寻找辐射存在证据。1887年亨利希·赫兹指出辐射波以光速传播，由电火花产生，并成功地在辐射源20米（66英尺）之外的地方检测到了辐射波。奥利弗·洛奇（Oliver Lodge）在利物浦也进行了类似的试验来验证麦克斯韦的理论，并于1894年在英国科学进步协会面前演示了他的试验。在俄国，亚力山大·波波夫（Alexander S. Popov）于1895年在离辐射源80米（262英尺）的地方也检测到了辐射波。

面对质疑，证实了麦克斯韦革命性想法的这些试验为物理学开辟了全新的领域，但这些试验的目的不是为了开发全新的电讯系统。第一个认真地将这一发现运用到实践中去的是意大利宇航员古里莫·马可尼（Guglielmo Marconi），他对科学了解不多，但却有发明天分和敏锐的商业眼光。1894年，马可尼在很短的时间内读了关于赫兹作品的介绍，当时他才20岁。还没读完，马可尼就成功地将信号传输了2公里，而且还给信号加了脉冲，以便可以用莫尔斯电码传输信号。因为在家乡得不到支持，马可尼去了伦敦并引起了当时的邮局总工程师威廉·普利斯（William Preece）的关注。邮局当时正在准备接管英国大多数电话系统，向电讯业扩展。1897年，马可尼成立了自己的公司。1900年该公司发展为国际性的马可尼无线电报公司。

马可尼的技术越来越强大。1899年，他用一根高发射杆将一个信号发过了英吉利海峡。到1901年，他的信号飞跃了大西洋，从康沃尔的宝窦（Poldhu）发到了纽芬兰的圣约翰。最后一次的成功让人感到惊喜。如果无线电也属于电磁性质的话，那么它就应该可以像光一样直线传播，遇到曲折的地形应该会受阻。直到1924年人们在大气中发现了可以反射辐射波的电层之后，这个问题才得到了解释。

从这时开始，马可尼将精力投入到了商业中。但他10年所做的贡献使他获得 1909 年的诺贝尔奖。这个奖是他和另一个无线电报方面的先锋人物德国人卡尔·布劳恩（Karl Braun）一起获得的。现在人们知道布劳恩更多的是因为他 1897 年发明了在电视机中起关键作用的阴极射线示波器。马可尼的诺贝尔奖获奖说明指出，有 298 艘商船和英国及意大利的主要战舰都安装了无线电报系统，并且跨越大西洋的无限电报已经开始为公众服务。这之前 5 年，古纳德公司（Gunard）的坎帕尼亚号（Campania）就已经开始为乘客出版古纳德每日公报。但可能让公众对新系统留下最深刻印象的是一桩谋杀犯被捕事件。当时臭名昭著的谋杀犯格里彭博士（Doctor Grippen）和他的情妇上了从安特卫普开往加拿大的轮船。他们引起了船长的怀疑，结果被捕。这件事经无线电新闻的传播而广为人知。除了难民之外，几乎整个世界都知道事件的进展情况。1912 年，泰坦尼克号的沉没（损失了 1500 条人命）也同样突出了在船上安装无线电设备的重要性。

接下来 30 年中出现了一些重要的技术进步。无线电接收器中有一个很关键的元件——电子管。这种电子管的作用和水管中的阀一样，可以使电流向一个方向运动。最初这些电子管都是须晶类型的，二次世界大战之后以新的晶体管的形式出现。但在 1904 年，伦敦大学的电气教授约翰·埃布鲁斯·弗莱明（Johan Ambrose Fleming）发明了二极（2 个电极）电子管。1907 年，美国人李·德弗雷斯特（Lee De Forest）为一种三极（3 个电极）电子管申请了专利。这种电子管可以作为放大器和检测器。弗莱明成功地推翻了李·德弗雷斯特的专利，表示三极电子管只是他的二极管的发展而已——但这一判断在 40 年后也被推翻了。三极管的用处非常大，产量达到了数千万只，如果与示波器配合使用，三极管可以产生非常强大的信号。

最早的无线电广播发射机有一个简单的火花隙，扩大了辐射的范围，导致附近发射机的相互干扰十分严重。但是如果在海上遇到紧急情况，这就成了一个优点，因为其它船只接收到求救信息的可能性提高了。电子管发射机因为可以调到较窄的波段所以得到了广泛应用。但一直到 1927 年国际上才达成一致意见：高于一定功率的火花式发射机应该被淘汰。

电子管发射机和接收机的发展，意味着可以发射的信号将更强，而接收到的信号也将更清晰、更响亮，因此，早期的双耳式耳机被扬声器所取代。使用麦克风调节波幅可以发射和接收声音，而不是简单的信号。早在 1906

发明的历史
A History of Invention

年，雷金纳德·奥布里·费森顿(Reginald Aubrey Fessenden)就通过广播发出了一个圣诞节祝福，远离美国海岸线的船员收到了这个祝福。后来到了1902年，他还发明了一种外差电路。外差电路的弱输入信号经过调节在输出时可以变强很多。1915年，人们的演讲第一次越过大西洋，从弗吉尼亚传到了巴黎。但公共广播系统主要是在战后发展起来的。从1920年1月23日开始，马可尼利用他在英格兰的切姆斯福德的发射机为公众提供了连续9个月的正常新闻广播服务。同年11月2日，西屋公司在美国匹兹堡开始了正常的无线电广播。

因此，广播不仅成了一种新的娱乐形式，而且成了一个巨大的新兴产业：广播的发展速度十分迅速。到

顶：1902年，马可尼开始在康沃尔的宝窦建立固定的发射站。

上：1920年，马可尼的公司开始通过在埃塞克斯切姆斯福德的发射站进行正常的新闻广播。

1922年，仅美国的商业广播电台就达到了600家，听众人数达到了100万。同一年在伦敦，著名的2LO电台开始广播。1927年国营公司英国广播公司成立，那时，英国的收音机数量已经达到了200万台。

电视

虽然用电报传输图象的试验开始于19世纪50年代，但我们知道一直到20世纪20年代人们才度过黑白素描阶段开始拥有具有声音的图像系统。从19世纪末开始，电影就向我们显示了重现动作的可能性。因此，从理论上说，通过无线电传输动画并不是什么创新的想法。但是直到二次世界大战之后，可靠、可接受的电视节目才出现并成为了那个时代的一个主要标志。

早期，发明家们走了两条不同的路线。虽然约翰·洛吉·贝尔德(John Logie Baird)所走的方向最终并不成功，但我们却可以首先讨论一下他的思

路，因为是他的想法首先引起了公众的关注。贝尔德的系统是一种照相装置：利用这种装置传输图片时，一个转动盘（转动盘上有一系列螺旋形排列的小孔）将对图片进行系统扫描。早在1884年德国发明家保罗·尼普考（Paul Nipkow）就发明了这种扫描图片的方法。图片亮的部分通过相应的小孔传输强光束，而图片暗的部分传输弱光束。光信号通过光电管转化

贝尔德的照相系统——这里展示的是他1925年制造的设备——不是发展的主流，但却引起了公众对电视的关注。

为电脉冲。接收端的程序正好相反：电信号转化为变动光束，落在相应的尼普考盘上，然后再落在屏幕上。后来，人们发明了一种以旋转镜鼓（mirror-drum）为基础的扫描系统。几乎同时在大西洋的另一边，查尔斯·弗朗西斯·詹金斯（Charles Francis Jenkins）也在试验照相电视。

这种照相电视非常原始、不太令人满意，只是勉强可以工作而已。1929年，新成立的英国广播公司授权贝尔德开始正常的公共电视业务；1932年他们自己接管了这项业务并一直做到1937年。因为电视接收器非常原始、价格昂贵，总共才卖了不到2000台，而且30线的图象质量相当差，所以电视业务从来没让人满意过。到了1935年，英国广播公司已经非常失望，于是选择了另一种设备——全电子系统。这种设备最终获得了良好的效果。早在1908年苏格兰电气工程师艾伦·阿奇博尔德-斯文顿（Alan Archibald Campbell-Swinton）就提出了（但没有实施）一个方案：用布劳恩发明的阴极射线管的瞬逝的光点扫描并形成图像。1920年加入美国西屋公司的俄国工程师弗拉基米尔·佐里金（Vladimir Zworykin）实践了艾

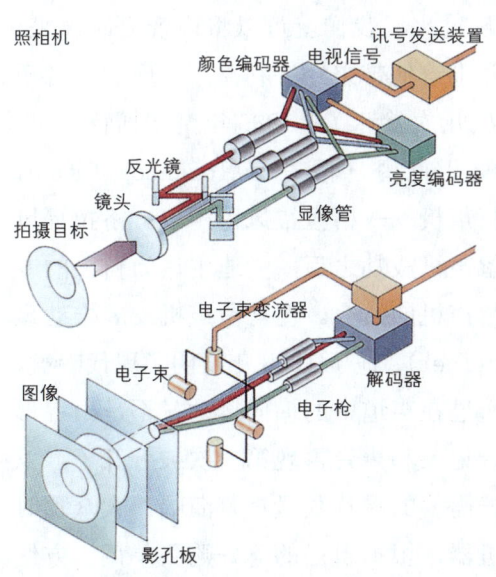

第十五章 新的通讯手段　229

发明的历史
A History of Invention

伦·阿奇博尔德的想法。1933年，他制造了自己的映像管；不久之后，英国EMI公司就生产一种类似的电视管——电子摄象管(Emitron)。这样，电视质量就有了很大程度的提高。1936年11月2日，英国广播公司提供了一个405线的电视节目。1939年4月30日，二次世界大战爆发之前，美国仿效英国也播出了一个电视节目——美国总统罗斯福为纽约世界大会揭幕。然而，电视在大西洋两岸的影响都不大。虽然接收器有了很大的改进，但价格依然很高。就现代标准而言，画面模糊而且还会闪动。1942年，英国的电视机数量不到2万台。美国只有英国的一半。严格地说，电视的全面发展状况是在第二次世界大战后出现的。

录音

电话和广播提供了传输声音的手段（无论是话语还是音乐）但它们无法记录声音，声音无法像印刷的文字一样被保存起来。18世纪中期，在瑞士发明的音乐盒这样的装置并不能记录声音，它只是机械性地创造声音而已。第一个成功记录声音的人是爱迪生，他于1877年制造了留声机。这种留声机的工作原理是这样的：声音引起一层薄振动膜的振动，振动通过留声机的唱针传到包在转动辊上的一张蜡纸上（后来是锡纸）。随着转动辊的转动，唱针慢慢向前推进（就像用机床切割螺纹一样），切割出螺旋的轨道。唱针的振动切割出山谷形的轨道。将这个过程反过来，我们就可以将声音复制出来。虽然留声机给爱迪生带来了名誉，但并未给他带来经济利益；重现的声音质量很差，记录的时间很短，转动辊播放几次就坏了。1886年奇切斯特·贝尔(Chichester Bell)（亚历山大·格雷厄姆·贝尔(Alexander Graham Bell)的表兄）制造了一种改进型的留声机——格拉福风留声机。格拉福风留声机采用了一种坚硬的蜡辊。这种留声机成功之后，爱迪生认为自己的专利正在受到侵犯，于是重新开始进行留声机的研究。但对留声机发展推动最大的还是埃米尔·伯林纳(Emile Berliner)，他于1888年发明了现代唱盘，并用他的留声机播放。录音针的振动通过在声道中的横向运动（不是山谷形运动）重现。在他发明的装置中，声音记录和声音再现第一次被分开了。以前，人们只能制作单张唱片，歌手根据需要的唱片数量重复演唱。大众那时只有播放唱片的机器，没有录制唱片机器，根据自己的喜好购买单调、方便储存的唱片。辊型唱机的生命力比较顽强，一直到 1908 年邮购公司 Sears Roebuck 以同样的价格（15 美元）为顾客提供了一种集录音和播发于一体的机器之后才退出市场。这种机器也称格拉福风留声机。第一批唱片并没有引起大的关注，但到了世纪之交，一些伟大的艺术家，如恩里科·卡鲁索（Enrico Caruso），意识到他们已经有了一批新的听众：他的第一张唱片 Pagliacci 卖了超过 100 万张。娱乐业的一个伟大的新领域出现了。卡鲁索 1902 年 100 万张的销售记录在当时引起了轰动，但到了今天，很多歌手都拥有销售量超过 100 万张的金碟唱片（1942 年美国广播公司把销售量超过 100 万张的唱片称为金碟唱片）。

早期的录音机和留声机是全机械的——最初用手柄转动，后来由发条装置带动。1925 年，人们发明了一种电动装置。在这种电动装置中，麦克风取代了至今仍在录音室中使用的大喇叭。麦克风和母盘切割工具之间还有一个电子管放大器。唱片播放器也做了相应的改变。后来，唱片播放器这个名字开始取代留声机。

虽然公众直到 1958 年才能买到立体声唱片，但早在 20 世纪 30 年代，英国的 EMI 和美国的贝尔电话公司就已经几乎同时完成了立体声唱片的制作。贝尔电话公司更愿意将他们的工作称为"用视觉透视的方法重现音乐"。为了实现三维效果，必须要有两个麦克风，唱盘上必须刻两个声道。把横向录音法和最初的山谷形录音法结合起来可以在唱盘上刻出两个声道。1971 年，人们采用了一种更为复杂的四声道技术——使用四个扬声器。

在制作立体声唱片的过程中，有一个精密的切割机按 90 度角切割唱片凹槽的两壁，以对应两个立体声信号。立体声唱片的母盘就是这样制造出来的。市场上出售的唱片是按母盘复制的。播放器的唱针放到唱片凹槽里时会在两凹槽壁的作用下振动。唱针的振动引起唱片夹的振动。唱片夹包含两个电磁石（也成 90 度），用于将振动分开，重现两种立体声信号。

第十五章 新的通讯手段

发明的历史

A History of Invention

新塑料的出现代替了虫胶，这使得人们可以制造出宽度更窄、间距更小的声道。1948年，人们利用新塑料制造出了密纹唱片，每面可以播放23分钟。不过那时，所有的唱片都在受到一个新的竞争对手的挑战——磁带。磁带上有一层氧化铁或氧化铬。声音的变化可以通过磁带磁性的变化表现出来。这种技术（使用的是金属丝不是磁带）早在1898就被丹麦人瓦尔德马·浦尔生（Valdemar Poulsen）申请了专利。虽然20世纪30年代，英国和德国就已经开始使用磁带录音（使用的不多），但公众广泛接触到磁带是在第二次世界大战之后。1985年，磁带的销售量首次超过了唱片，但到了1991年磁带就被从20世纪80年代开始销售的激光唱盘取代了。后来，人们还使用同样的技术制作录像带，记录电视节目。

20世纪60年代，RCA发明了一种合成器，可以在没有乐手参与的情况下制作电子音乐。这种想法并不新奇（管风琴就能模仿各种主要乐器的声音），但实现这种想法的手段却是新的。多功能键盘可以帮助产生合成音乐。合成音乐可以记录在磁带上。因为可以不用乐队，所以许多广播和电视节目喜欢用合成音乐作为节目的背景音乐。

在爱迪生的标准留声机中，螺旋形的声道刻在转动辊上。采用这种设计的播放器和唱片直到第一次世界大战之前都可以买到。那时，埃米尔·伯林纳的双面唱片正在开始主导唱片市场。

摄影和电影

17世纪后期，艺术家开始使用暗箱将图画投射到纸上。18世纪早期约翰·海因里希·舒尔茨（Johann Heinrich Schulze）发现银盐受光照会变暗。很奇怪，一个多世纪以来居然没有人想到把这两项发现结合起来拍摄现代照片。实际上是一种非常不同的化学反应——沥青受光照后变硬，在1826年促使约瑟夫·尼舍福·尼埃普斯（Joseph Nicephore Niepce）拍摄出了世界上第一张照片（不是树叶、昆虫翅膀或其它什么类似东西的影像）。这是一张非常粗糙的照片，仅曝光就花了 8 个小时的时间。但是，它体现了照片的所有主要特点：通过镜头取景，将要拍摄的景物聚焦在黑箱（照相机）的感光板上。

1839 年，与尼埃普斯合作的路易斯·雅克·曼德·达盖尔（Louis Jacques Mande Daguerre）在巴黎展示了一种改良技术。他的感光材料是覆了一层碘化物的铜板：将铜板暴露于水银蒸汽下，所照的形象就会逐渐形成。在强光下，曝光只需 30 分钟。但在操作结束后，人们就可以得到一张照片了——当时人们把照片叫作银板照片。1839 年，威廉·亨利·福克斯（Willliam Henry Fox）在英国也提出了一种叫做碘化银纸照相法的技术。通过这种照相法可以在涂有银盐的纸上形成负像：它的巨大优势在于人们之后可以通过原始的负像照片洗出无数的正像照片。这种技术可以与埃米尔·伯林纳制造金属唱片母盘的技术相比——通过母盘，人们可以生产出无数张唱片。不过它曝光的时间还是相当长，在最好的情况下也不少于 1 分钟，但正好可以照肖像，虽然照相的人看起来有点紧张。1851 年弗雷德里克·斯科特·谢尔（Frederick Scott Archer）推出了他的湿板技术：照相板由玻璃制成，玻璃照相板产生的形象比纸清晰。照相板在硝酸银溶液中蘸过之后必须立即曝光，然后立即冲洗。这种技术的优点在于速度非常快：如果光线够强的话，半秒种就够了。

但是谢尔的湿板法和其它类似的湿板法都要求摄影师随身携带大量设备。1853 年，人们发明了干板法。干板法的优点在于不需要

1839 年在巴黎，达盖尔首次展示了他的照相术。当时他使用的感光板的感光度非常低，即使在强烈的阳光下也需要长达半小时的曝光时间，而且他还需要一个安装在架子上的照相机。

第十五章 新的通讯手段

发明的历史
A History of Invention

左：福克斯·塔尔博特的《铅笔风景画》(Pencil of Nature)是一件非常珍贵的作品，其中包括了许多照片。这本书具有重要的历史意义，它是第一本配有照片插图的书——这些照片都是一张一张插进去的。左图是书中的一张照片，拍的是巴黎的一条大道。

下：1888年的柯达相机是第一架安装胶卷的手持相机。每卷胶卷可以拍100张照片。这款相机重1公斤（2磅），它有一个固定的光圈和一个单速快门；胶卷由制造商处理。

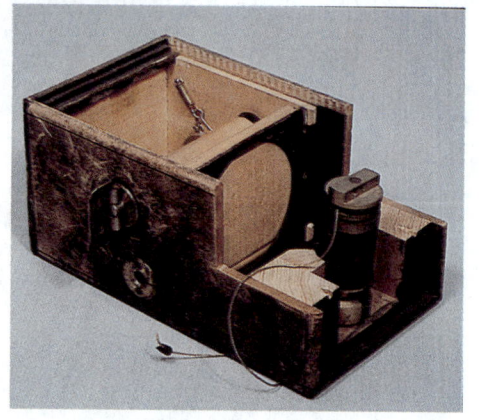

立即冲洗，但相对来说速度较慢。乔治·伊斯特曼(George Eastman)是干板的制造者之一。大约1874年，他想到不把感光乳剂涂到玻璃上而是涂到长纸带上，后来是赛璐珞上。纸和赛璐珞都可以绕在轴上。这个想法开辟了巨大的业余摄影市场。1888年在为著名的柯达相机做宣传时，伊斯特曼曾这样说："您要做的就是按下按钮，其它的由我们来解决。"每个照相机中都装有足够拍100张照片的胶卷。一开始，人们必须把照相机拿到柯达公司重装胶卷。但很快，人们只需要提供曝过光的胶卷就可以了。虽然镜头、快门和胶卷的性能在20世纪都提高了很多，但手持相机的革命几乎是由伊斯特曼相机完成的。

在弱光线的条件下使用宽光圈是照相机镜头最重要的发展之一。在1908年，f6.8 就算比较好的光圈了。但到了20世纪30年代，在价格较高的照相机中 f2.8 已经不算稀奇了。19世纪末的时候，平均的曝光时间约为1/25秒。但到了1935年，业余摄影师所用相机的曝光时间是1/500秒。胶卷的质量提

埃德温·赫伯特·兰德（Endwin H. Land）1946年开发的宝丽来相机（上右），是战后相机发展过程中的又一大进步。这款相机有一个独创的正负片装置。它和洗照片所需的化学物质都放在一个盒子里。因此，用这种相机拍照可以立刻洗出照片。从1963年开始，彩色照片也采用了这种照相技术——不过这期间这项技术一直受到怀疑论者的挑战。

（右）1907年，卢米埃尔兄弟发明了奥托克罗姆微粒彩屏干板方法，第一次让业余摄影者能够拍摄彩色照片。这幅西巴彩色反转纸(Cibachrome)照片的印刷品，选自卢米埃尔兄弟最初的奥托克罗姆微粒彩屏干板照片集《Ciba-Giegy,Switzerland》。

第十五章 新的通讯手段

发明的历史

A History of Invention

高在于感光性增强、纹路减轻。虽然早期的胶卷主要只对光谱蓝/紫端的短波长的可见光敏感，但后来的正色和全色胶卷对很多颜色的光都敏感。

早期的摄影师需要有强烈的太阳光才可以工作。但随着高强度电光和快速胶卷的出现，在照相馆里摄影的可行性越来越高。为了制造强光（但容易产生刺目的影子），19世纪80年代人们开始使用闪光粉——一种镁粉和氯酸钠的混合物。1929年，人们发明了一种更加方便的发光手段——闪光灯。

大型的照相机过去一直都是在照相馆里使用的，现在也是这样。而给业余摄影业爱好者提供的相机越来越小。使相机变小的一个方法是把镜头安装在相机的皮腔上。相机盒关闭时，皮腔折叠起来。通过精密的工程设计，相机的尺寸可以更小，但价格也更贵。1925年推出的著名的德国莱卡照相机，是这方面的先锋。

彩色照片

从之前平版印刷一节的内容中我们了解到，早在18世纪早期，人们就已经了解了将红色、蓝色和黄色图案叠加在一起可以进行彩印这样一个原理，并把这一原理运用到了实践中。虽然摄影师在19世纪就使用了相似的技术而且效果也不错，但1907年之前人们一直没有找到适合大众使用的彩色胶卷。1907年，卢米埃兄弟——奥古斯特（Auguste）和路易（Louis）发明了一种将感光乳剂涂在胶卷下面（胶卷包含了一种染成红、黄、蓝三种主要颜色的淀粉粒的混合物）的技术。接下来的25年出现了许多这样的相加技术——之所以叫相加技术是因为它把不同颜色的光相互叠加在一起。20世纪30年代，柯达和阿克发推出了基于相加技术的彩色胶卷：3层感光胶卷，每一层都染成一种主要颜色，然后叠加在一起。所有这些技术都会使胶卷变成透明状态，必须手里拿着观察镜或投射到屏幕上才能看。直到1942年，阿克发才发明了一种拍摄彩色照片的技术。但到了20实际50年代，这种彩色照片才普及开。

电影技术

视觉延迟现象对于托勒密来说并不陌生。他曾经描述过：即使一个盘子只有一个部分是彩色，但当盘子旋转起来时，整个盘子看上去全部是彩色的。19世纪出现的许多家庭娱乐产品都利用了动画幻觉原理：连续向一个人展示一系列图片,比如说跳舞的小丑,展示的速度一定要快,要在一张图片在视网膜上留下的印象没有消失之前立即出示下一张图片。有一个这样的产品叫做动物实验镜,是爱德华·穆布里治(Eadweard Muybridge)一个英国职业摄影师发明的。这基本上仍然是现在制作卡通电影的技术。

1877年—1878年,穆布里治利用一个包括20个照相机的天才机械发明,连续拍摄了一系列间隔非常短的照片(甚至在那时候穆布里治的曝光速度就已经达到了1/1000秒)。通过这种方法,他研究了奔跑的马的动作。这些照片清楚地显示在某些时刻,马是4只脚全部离地的——至今这一个结论还是存在很多争议。穆布里治的工作促使法国生理学家马海(Etienne-Jules Marey)发明了一种摄影枪,可以快速连续地沿圆形摄影板拍摄一系列照片。后来马海还采用胶卷拍摄,然后再把连续的照片投射到屏幕上:如果放映照片的速度比拍摄照片的速度慢就会产生慢动作效果。

穆里治1880年拍摄的圆形摄影图片板,没有记录运动,但是通过一系列轻微不同的图片造成了运动的假象,图中显示的是奔跑的马。

到1890年,马海的摄影术已经有了现代电影摄影术的所有重要特点。但他的兴趣是用科学的方法研究自然现象,特别是研究动物的运动。他并没有在更加广泛的领域内探索电影摄影术的可能性。大约是在1890年,穆布里治想到将他的动物实验镜和爱迪生的留声机结合起来,于是有声电影就这样诞生了。只有这一次,爱迪生错过了机会。当穆布里治去找他的时候,他根本没有考虑穆布里治的发明,觉得那只不过是一个玩具而已。那的确是个玩具。但重要的是这个玩具体现的理念。不过很明显,爱迪生并没有忘记穆布里治的想法。1891年,他制造了自己的活动电影放映机——一种放映器。在这种放映器中,人们看到在一连串胶片帧上显示的15秒钟的动作。胶片的播放速度是15帧/秒。这种放映器在美国娱乐厅里十分流行,特别是在1896年加了音乐和声音之后,但他认为不值得为这种放映机在国外申请专利。结果,卢米埃兄弟顺利地利用爱迪生的发明将活动照片投

发明的历史
A History of Invention

射到了可供多人观看的荧幕上，1895年12月28日在巴黎的卡普辛大道餐厅（Grand Cafe on the Boulevard des Capucines），卢米埃兄弟放映了电影史上的第一部商业片。这一事件标志着现代电影的开始。

它还标志着后来发展速度惊人的巨大新兴行业——电影业的开始。据估计，第二次世界大战爆发时，整个世界对电影行业的投资已经超过了25亿美元。用美元来表示这种投资是恰当的，因为虽然早期的电影业为欧洲，特别是英国和法国所主导，但到了来1915年左右，电影业的中心转移到了美国，特别是好莱坞。电影的发展部分是因为新行业的巨大吸引力——不仅为公众提供来自世界各地的生动新闻，如巴黎查尔斯大道（charles pathe）影院，而且还放映标准长度的电影，如1905年描写俄国海军革命的《战舰波将金》。公众非常乐意付钱看电影，这使得电影的投资越来越大，制作越来越精良。但电影的成功也是关键技术进步的结果，其中声音和色彩是最重要的进步。

人们很早就认识到了声音对电影的重要性，请钢琴家根据电影中的情绪变化和电影的节奏演奏适当的音乐。后来，留声机代替了钢琴家，但问题在于声音和图象的同步。声音和图象不同步将对电影造成灾难性的影响。真正的解决方法是将声音——不仅是背景音乐而且还有演员说的话——记录在声道上。经调制的光束沿电影胶片的边缘形成声道，产生声音。光束要么形成一种锯齿状的黑带，不同的区域对应不同的声音；要么形成一种透明度各异的胶带，透明度与声音变化相对应。当电影放映时，电子管放大系统（这种系统在广播中运用的已经相当成熟）将同时重现声音。在做了几次失败的尝试之后，1926年美国引进了无线电三极管发明人李·德·福雷斯特发明的有声电影系统（phonofilm）。这种有声电影系统是更为著名的Movietone系统的前身。几乎是一

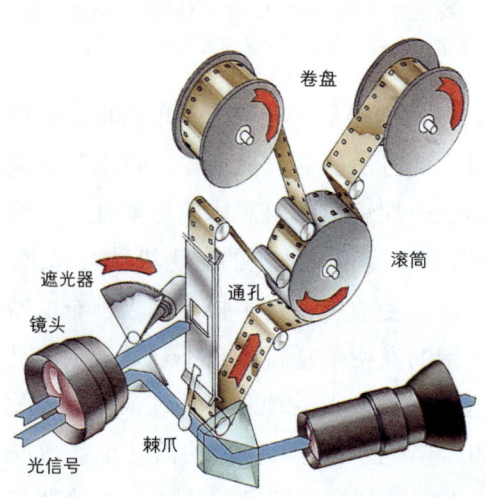

电影摄影机中有一个链轮和一个爪形机构，胶片通过它们穿过相机门。当快门打开时，胶片停止；当快门关闭时，胶带运动。这样，镜头会在胶片上产生一系列静态形象。电影放映机在放映电影时的工作原理和这非常相似。

咆哮的雄狮是世界上数亿电影观众所熟悉的形象。从1929年开始,所有MGM的电影都是以它开头的。为了获得满意的效果,摄影师和录音师不仅需要耐心还需要有勇气。这幅照片展示的是当时典型的录音设备。

夜之间,有声电影就主导了电影业。到1930年,95%的主要新闻电影都是有声的。

彩色摄影的原理已经得到了确定,早在1907年卢米埃兄弟就推出了彩色电影。虽然1900年之前就有一些短片采用了费时费工的手工添色法,但真正成功的彩色电影胶片直到20世纪30年代才出现。第一部标准化彩色电影是1935年的《浮华世界》(Becky Sharp)。正如我们看到的,就是在那时电视作为一种大众娱乐媒介开始出现,成为电影的竞争对手。当时的电影实际上已经达到了它的颠峰。

第十五章 新的通讯手段

◎ 第十六章 交通：铁路和航空兴起

19世纪初以前的2000多年里，交通运输方式几乎没有什么改变。然而，铁路的出现突然改变了这样一种状况。火车不仅在速度上远远超出了人们以前认为可行的、可能存在的或可以实现的交通工具，而且它使普通人进行长途旅行的梦想成为可能。19世纪中期，英国铁路的年载客量为1000万人。但到了1900年，这个数字上升了很多。到19世纪末的时候，货物运输量也非常大，大约有70000节车厢提供正常的运输服务。铁路可以说是交通运输的一次革命。但20世纪还有两次同样重要的交通革命，一次是发生在陆地上，一次是发生在空中。

自行车

路上交通运输革命当然是使用内燃机的结果。但在讨论早期机动车历史之前，应该先谈一谈自行车，特别是在许多早期机动车制造商都来自自行车行业的情况下。作为一种每个人（包括女性）都可以使用的机械交通工具，自行车也是非常重要的。自行车在妇女解放中的作用不容低估。阿梅莉亚·布卢姆（Amelia Bloomer）在19世纪80年代设计女式灯笼裤时，就考虑到了女性骑车时的需要。

1818年，卡尔·冯德赖斯（Karl von Drais von Sauerbronn）发明了两轮木马，人骑在上面用脚蹬踏前进。1839年苏格兰铁匠科克·帕特里克·麦克米兰（Kirk Patrick MacMillan）改进了两轮木马，增加了脚蹬，脚蹬通过曲柄连杆结构驱动后轮。1861年，一个在巴黎工作的法国车辆制造商米肖将脚蹬和曲柄连杆结构直接连到了前轮上。这样的脚踏两轮车开始在英国的考文垂生产。1870年，也是在考文垂，J.斯塔利（J.Starley）制造了第一辆"普通"自行车。这种自行车的脚蹬也直接连在前轮上。它的前轮非常大，直径将近2米，而后轮则较小，因此人们喜欢称这种自行车为pennyfarthing——前轮是便士（penny），后轮是 1/4 便士（farthing）。这种设计不是发明家异想天开，它只是为了确保在没有齿轮的情况下，骑车人可以舒服地根据车轮的转动进行调节。针对这个问题罗福尔 1885 年的"安全"自行车提供了一种不同的解决方案。这种自行车可以追溯到最初的自行车系统，骑车人安全舒适地骑在两个大小相同的车轮之间，驱动力由脚蹬通过链条传到后轮上。把脚蹬轴上的链轮做的得车轮上的链轮大可以实现必要的传动。接下来英国有两项重要的革新：1888 年约翰·邓禄普（John Dunlop）发明的充气轮胎和 W. T. 肖（W. T. Shaw）1885 年发明的内藏式（crypto-dynamic）传动装置。1902 年，出现了应用更为广泛的 Sturmey-Archer 3 速轮轴。欧洲大陆和美国更喜欢用这种使链条在不同尺寸的链轮之间换档的变速器。大约在 1903 年，三轮车开始进入普遍使用阶段。

随着安全型自行车的到来，自行车变成了一种非常受欢迎的娱乐项目和日常交通工具。很快，自行车爱好者就证明自行车也可以骑得很远。1884 年托马斯·史蒂文斯（Thomas Stevens）开始了一次 1.9 万公里的自行车旅程，于 1887 年完成。在这次旅程中，他穿过了美国、欧洲一直到达了亚洲。1888 年秋天，休·加兰（Hugh Callan）从格拉斯哥骑到了耶路撒冷，然后又骑回来。自行车车手实现了很高的速度：1902 年在巴黎，J. 迈克尔（J. Michael）的速度达到了将近 70 公里/小时（47 英里/小时）。

自 1900 年以来，自行车实际上没有任何根本性的变化。更为合理的设计以及轻型铝合金材料的使用降低了自行车的重量（虽然第一次世界大战之前一直可以使用木轮缘），新引进的后轮传动装置可将传动比提到 10 倍甚至更高。到第二次世界大战爆发，世界自行车年产量约为 700 万辆。战后，

1885 年，现代自行车的大多数特征都已经出现了。自行车不仅成了世界上一种非常时尚的娱乐运动项目，而且还成为一种非常实用的交通工具。

发明的历史
A History of Invention

由于经济型小汽油发动机的轻型摩托车的出现,自行车行业开始滑坡。但 20 世纪 70 年代自行车行业又开始重新繁荣起来。

汽车

到 1900 年,现代汽车的所有主要特征就都已经形成了,这一点确实令人吃惊。即使当时的汽车工程师在 20 世纪 90 年代重生,现代汽车一点也不会让他惊讶。但现在和过去的不同,在于以前汽车的数量非常少。1900 年,世界上的汽车数量不超过 9000 辆,而其中的一半都在美国。与之形成对比的是,1892 年人们一天就可以在伦敦 - 布莱顿的公路上看到 1000 辆自行车经过。

汽车的一个主要特点当然是汽油发动机。关于汽油发动机的早期历史我们已经讨论过了。如果说第一台铁路机车就像是一辆煤车装了个蒸汽机,那么最早期的汽车实际上就像是一个轻型马车加了个发动机。汽车成为系统设计规划的产品经历了一个缓慢的过程。这是因为传统的汽车行业是一个组装行业,从各个不同的供应商采购主要零部件。直到最近才有少数几家汽车制造商进行了垂直一体化整合。

早期的许多汽车都是为个人用户定制的。因为发动机、底盘和车体都是分开制造,所以生产的灵活性很大。但后来随着产量达到数百万辆,零件标准化变得重要起来。第一个认识到高效率组装可以催生大量市场的人是亨利·福特(Henry Ford)。他于 19 世纪 90 年代开始在底特律生产汽车。1908 年,他推出了著名的 T 型车,又叫老爷车——这种车最终生产了 1500 万辆。1913 年,他引进了装配线的概念。不过装配线的概念并不新鲜——1893 年在芝加哥成立的西尔斯(Sears Roebuck)邮购公司早就已经开始使用装配线为客户组装货物。

发动机和车轮之间需要有 3 种设备。首先需要有一个离合器,这样汽车停车的时候,发动机还可以继续运转。其次需要一个变速箱,使发动机可以根据不同的路况进行调节(比如说遇到斜坡时,发动机要做适当的调整),使汽车可以倒退。最后,变速箱和车轮之间还需要一个机械连接装置。

标准离合器是摩擦片型的。离合器里有 2 个圆形摩擦片:一个与曲柄轴相连,一个与主轴相连,通过踏板实现离合。早期人们试验了很多种变速箱,但普遍采用的变速箱是滑动齿轮型的,由控制杆人工操作。为了实现平滑换

左：几乎从一开始，汽车就采用了充气轮胎。开裂是充气轮胎一直存在的问题。车辆制造商在这方面的竞争非常激烈。

上：雪铁龙汽车一直以它幽雅的设计著称。这款1936年的7CV是第一辆安装前轮驱动的汽车。

福特T型车也许是最著名的轿车了。共制造了1500万辆。上图中显示的是1913年的产品，为英国市场生产。福特成功的一大因素，就是他引入了生产组装系统。

第十六章 交通：铁路和航空的兴起

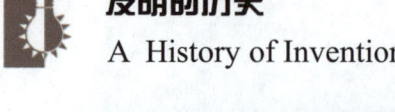

发明的历史
A History of Invention

到20世纪60年代，商用车的体积已经非常大，有5根车轴均匀承受超过30吨的重量。

档，司机必须掌握双分离（double declutching）技术，使两个轴几乎在同时转动。如果做不到的话，汽车就会产生刺耳的摩擦声。

到1905年，标准的做法是把发动机安装在汽车的前部，从这里把动力传给后轮。为了弥补从前到后的距离，一些早期的车辆采用了带传动设备或链传动设备——这种设备在摩托车上使用了很长一段时间。但到1910年，几乎所有车辆都选择了在底盘上安装传动轴，只有英国的特洛伊汽车直到20世纪20年代还在使用链传动设备。另一种方案是采用前轮传动，不过这种方法存在技术问题，因为前轮也必须具有易操纵性。但法国的雪铁龙公司于1934年引进了这种系统（与整个底盘和车体一起），其它一些欧洲公司也引进了这种系统。然而，美国直到第二次世界结束之后才开始广泛采用这种系统。

1890年的庞阿尔－勒瓦索尔（Panhard-Levassor）汽车，基本上就是一个狗小车安装了一个汽油发动机。在这种情况下，它原始的刹车系统也就没什么不协调的了：就像那个时代的马车一样，它是通过闸皮和橡胶轮胎相互作用的方式实现制动的。但更为高级的制动系统很快就出现了。这种系统要么是在制动鼓上拉一根皮带，要么是通过脚踏板将闸皮作用在制动鼓的内表面上（制动鼓与车轮相连）。但直到20世纪20年代，作用在车辆后面的两轮制动系统才成为汽车的正常配置。后来四轮制动系统得到了普遍应用——虽然荷兰的世爵公司在1903年就采用了这种系统。这引起了一个问题：四个轮子都必须制动，否则就会产生侧滑现象。一般使用的制动电缆往往拉紧的程度不一致，因此需要不断调整。比较昂贵的车辆用液压系统代替了这种系统，以确保施加到四个制动器上的力是一致的。虽然早在1902年弗莱德里克·兰切斯特（Frederick Lanchester）就试验了盘式制动器，但直到20世纪50年代，盘式制动器才普及开。在这种盘式制动器中，两个制动垫控制一个转动盘。

1900年，在市区之外的地方很难找到用碎石铺面的道路，早期的汽车必须经受颠簸的考验。因此，汽车需要某种形式的弹簧系统。最初，这种弹簧系统是由马车和铁路机车上使用的那种片簧做成的。后来人们开始使用卷丝弹簧，然后是扭矩杆（在二战前就推出了好几款）。英国的迷你车（战后一种非常成功的车辆，1959年开始生产，共生产了数百万辆）是通过橡胶的扭矩来吸振的。

因为沿袭马车的传统，最早的时候，汽车的轮子都是木头做的，外面加了一个钢轮胎。但很快人们就采用了硬橡胶轮胎，并一直在重型货车上用到了20世纪20年代。不过，早在1895年，标致（Peugeot）就开始安装当时已经在自行车上普遍使用的充气轮胎。充气轮胎使汽车的运行更加平稳，但它的缺点是容易开裂。1905年，人们通过在橡胶配方中加入炭黑提高了橡胶轮胎的硬度。从1910年开始，橡胶轮胎中开始加入钢丝，强度得到了进一步提高。为了成为自给自足型国家，德国在20世纪30年代发明了合成橡胶。

商用车

到目前为止我们所讨论的内容基本上只适用于私家车，但商用车的历史几乎与私家车一样长。载客的小型公共汽车出现于19世纪末、20世纪初，并很快淘汰了载客马车。到1914年，伦敦的马车已经被机动公共汽车取代。机动卡车一开始在任何长途货物运输方面都无法与铁路竞争，但它很快就被用来进行本地运输。例如，火车公司就是利用卡车将到站货物发送到各个地点的。不过在两次世界大战之间，由于公路质量和车辆效率都得到了提高，大型卡车开始提供长途货运服务。20世纪30年代，15吨的卡车已经十分普遍。这些卡车安装了额外的车轴以使载荷分布均匀。第二次世界大战之后，随着汽车高速公路的发展，车辆的质量也进一步提高。20世纪80年代，有些车辆可载重32.5吨，配有五

20世纪最初10年中，机动车以非常快的速度淘汰了马车。这款带硬橡胶轮胎的汽车拍摄于1906年的Hindhead Surrey。

发明的历史
A History of Invention

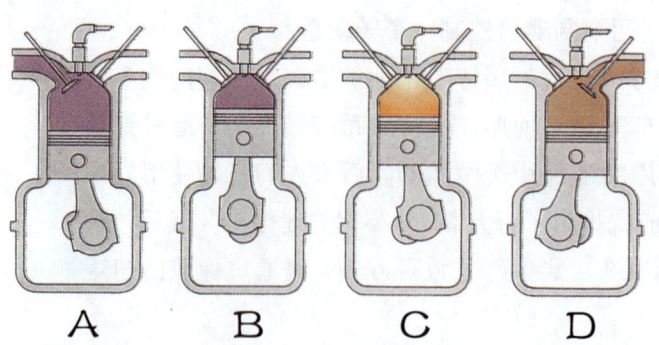

汽油发动机的4冲程循环开始于进气行程（A）。在此行程中活塞下降，进气阀打开，汽油/空气混合气体进入汽缸。当活塞上升时，压缩冲程（B）即开始。这时进气阀关闭，压缩冲程开始。压缩冲程完成之后是点火，开始膨胀冲程（C）。在这个冲程中，活塞再次下降。排气冲程（D）开始时，排气阀打开，活塞上升，排出废气。

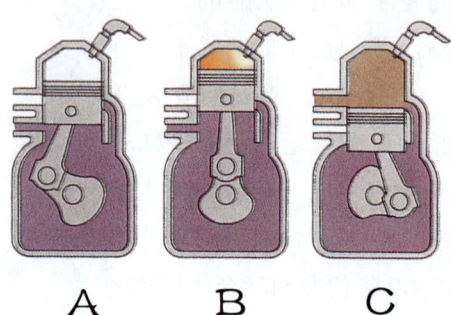

汽油发动机的两冲程循环开始于上冲程（A）。在此冲程中，活塞上升、压缩汽油/空气混合气体，同时更多混合气体通过活塞下方的进气口进入。然后开始点火（B），迫使活塞下降。在下冲程中，废气通过废气口排出，同时新的汽油/空气混合气体从活塞下方进入汽缸。

汪克尔发动机（下）有一个三角转子（不是活塞）。转子的边上有一个密封圈，因为转子是三角形的，所以转动时会在转子和腔体壁之间产生三个独立运作的空间。在每个空间中，进气（A）、压缩（B）、点火（C）和排气（D）四个工作过程都按顺序进行。转子直接驱动，无需曲轴。

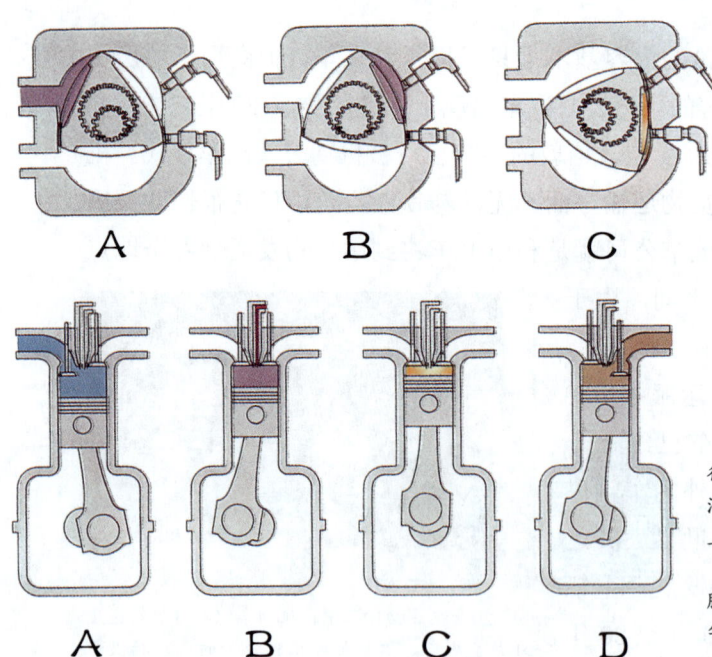

在冲程柴油机中，空气在进气行程（A）开始时通过进气口进入汽缸。压缩冲程（B）开始时，活塞上升，两个气口都关闭。燃料点火（D）时无需火花塞。点火成功后，膨胀冲程开始，活塞向下运动。排气冲程开始（D）时，活塞向上运动，使废气通过排气口排出。

• 246 •

根车轴。

商用车选择什么样的燃料取决于多种因素。与同等的汽油机相比,柴油机的价格便宜,油耗低。另外,由于运行速度慢,柴油机的检修频率也低。但是,柴油机的重量／功率比相对较大。不过车辆本身的总体重量和载重辆越大,柴油机的重量因素也就越不重要。这些因素之间怎样平衡最好取决于各个地方的不同情况。消费者承担的汽油或燃油费用更多地取决于政府征收的油税而不是油的生产成本。而税收受财政控制,所以变化无常。小型的商用车通常都用汽油。但对于重型卡车,柴油机在20世纪20年代得到了广泛应用。

虽然依靠电力驱动的商用车已经使用了将近1个世纪,但它们在第一次世界大战之后就退出了私家车领域。这幅图上画的1916年在美国非常流行的Baker轻便电车。

实际上汽车上使用的所有内燃机都是往复型的:也就是说,活塞在汽缸内上下运动。从原理上说,连续旋转运动更好。1956年德国工程师菲利克斯·汪克尔(Felix Wankel)发明的一种发动机实现了连续旋转运动。虽然德国的NSU和日本的马自达公司进一步发展了这种发动机,但它还是存在一些现在依然无法完全解决的技术问题。

我们有必要在这里提一下蒸汽,因为在前几章中我们已经了解到第一批机械车辆是靠蒸汽驱动的。但是它们抵挡不住内燃机的竞争,虽然它们(如蒸汽机车)不需要用变速箱。到1932年,美国已经制造了一些先进的蒸汽汽车。后来蒸汽牵引发动机甚至开始牵引非常沉重的拖车。然而,由于一些实际原因,蒸汽机在20世纪的陆上交通中没有占到一席之地。

20世纪中期,使用汽油的车辆不仅创造了一个新产业而且还引发了一场社会革命,为个人提供了从未曾想到过的自由。这场革命的中心是美国。1950年,世界汽车的产量约为1000万辆;上路的汽车中,有70%都在美国,而那时的美国人口还不到世界人口的7%。

发明的历史
A History of Invention

电车

虽然电车的数量有限，但从19世纪80年代开始电车的历史就从来没有中断过。电车一共有两种：一种是靠电池供电，一种是靠外部电源供电。作为一种在地方运行的轻便车和出租车，用电池供电的电车一直到第一次世界大战时都非常受欢迎。但这里有一个关键词：地方运行。也就是说这种车一次充电后可以开的路程相对较短。从20世纪20年代开始到现在，配送电车（没有变速箱，所以容易停车和重新启动）在需要频繁停车的短途运输中找到了自己的用武之地，例如把牛奶送到个人订户手中或地方代送点。

我们已经知道蒸汽铁路机车是从用马拉动的有轨煤车发展而来的。后来一种用马拉动的有轨公共车辆出现了。19世纪30年代，埃诺西·特伦（Enoch Train）将这种车辆引入美国。1860年到1916年，他把他的业务扩展到了伯肯黑德和伦敦。电力牵引代替马力有一个非常吸引人的地方：虽然对于大型车辆，电池还不实用，但用外部电源（通过中央轨道或架空电缆）的可行性却相当高。从19世纪90年代开始，有轨电车成为世界城市公共交通系统的一个重要组成部分。虽然现在还有些地方仍然在使用有轨电车，如香港，但在第二次世界大战之后，许多地方都停止了这种交通服务，因为它们与繁忙的机动车运输相冲突。除了有轨电车以外，还有另外一种选择：那就是无轨电车。无轨电车也是由架空电缆供电，但它的方向由司机控制，不受轨道的限制。无轨电车于1882年首先出现在德国，然后逐步被引入到欧洲和世界其它地方。到20世纪中期，世界上还有很多无轨电车在运行，但现在已经看不到它们的踪影了——和有轨电车一样，它们成了城市交通堵塞的牺牲品。

说到电车，我们应该顺便提下一下缆车。缆车也分两种：一种是著名的旧金山缆车，一种是在山区常见的高架铁道车。后者从1889年开始流行，当时人们建造了一个通向维苏威火山顶部的缆车系统。

铁路

电车轨道实际上就是轻型的铁路轨道，因此可以看作总计数千公里的铁路系统的延伸。但是对铁路来说，从严格意义上讲，它的发展高峰期在19世纪末、20世纪初就结束了。之后在世界发达地区，铁路的发展更多的是商业组织的发展（许多小公司合并成大公司）而不是铁路线本身的扩展。英国、法国、德国、意大利和美国 1960 年时的铁路线长度和 1900 年几乎差不多：1960 年的时候，这些国家的铁路线总长为 77 万公里，而在 20 世纪开始的时候它们的总长度为 71 万公里。但发展中国家的情况非常不同。例如中国在 1883 年之前根本没有铁路：20 世纪 80 年代，中国的铁路网发展到了 5 万公里。超过一半的铁路线都是在 1949 年之后建设的，而中国的铁路网还在不断扩展。俄国的铁路大扩展项目是在革命后开始的，于 1984 年 3000 公里长的干线铁路贝加尔湖－黑龙江铁路通车时达到高峰。建造这条铁路是一种战略性选择，使俄国可以不依赖于 1903 年的穿越西伯利亚的铁路（这铁铁路靠近中国边界，让俄

1917 年革命之后，俄国的工业化计划包括了一个铁路发展项目。从弗拉迪米尔·马雅可夫斯基(Vladimir Mayakowski)的海报，我们可以看出当时进行全国宣传的情景。

时速达 160 公里（100 英里）的为联合太平洋公司(Union Pacific)制造的 M10,000 火车（共 3 节）于 1934 年建造完成。在 68 个城市做了宣传运行之后（罗斯福总统也是乘客之一）它还参加了芝加哥的世博会。

国感到不安）。今天的俄国因为对于铁路客运和货运的高度依赖而在工业国家中显得与众不同：在其它国家，铁路运输都受到了公路运输的严重冲击。

19 世纪是蒸

第十六章 交通：铁路和航空的兴起　249

发明的历史
A History of Invention

第一次世界大战之前建造的许多豪华客轮采用的都是涡轮推进。从图上我们可以看到毛里塔尼亚号和透平尼亚号(Turbinia)靠在一起。透平尼亚号是第一艘由涡轮发动机驱动的船只,她在1897年斯彼特海德阅兵式上引起了轰动。

汽时代的缩影。20世纪蒸汽机越来越受到电动机和柴油机的挑战。不过,蒸汽技术一直在不断进步,产生了速度更快、动力更强的蒸汽机车。英国的 Mallard 就属于这种蒸汽机车,它的时速达到了202公里,这在1938年是一个破世界纪录的速度。1941年美国制造了一种庞大的600吨的蒸汽机联合太平洋4000s,每辆车都有16个1.7米的驱动轮。这种蒸汽机的功率是最高的。虽然目前世界上还有许多蒸汽机车,但现在人们几乎已经不再生产这种机车了。

在瑞士和瑞典这些水发电非常便宜的国家,地铁采用电力牵引的好处是非常明显的。但在其它地方,电力牵引的发展比较慢,因为干线电气化会涉及到技术问题,而且这些地方有价格便宜的丰富煤矿资源可以利用。在技术上,人们有两种选择:一种是由集电靴从第三轨接过来的低压直流电;一种是由集电弓从架空电缆上获得的高压交流电。后者在竞争中获得了胜利,特别是在法国工程师于20世纪50年代证明2.5万伏特,普通50赫兹工业用电频率就可以实现令人满意的使用效果之后。

尽管困难重重,但电气化还是在第一次世界大战之前就站稳了脚跟。到一战时,大多数欧洲国家都建立了一些电气化轨道。1907年在美国,人们开始将从纽约到纽黑文的112公里的铁路电气化。在两次世界大战之间,多数国家都扩展了它们的电气化系统,特别是法国和意大利。

相比较而言,内燃机作为蒸汽机的竞争对手进入铁路领域是相当晚的事情。电气化面临着经济和技术上的双重困难。因为大多数国家已经对蒸汽机进行了大量投资,而且还有价格低廉的煤炭可以利用,所以他们探索电气化系统的热情并不高。另外,蒸汽和电力一样都不需要变速箱。但对于柴油机来说,变速箱非常重要,但是可以处理高动力载荷的变速箱并不容易制造。

为汽车开发的、使用效果还不错的那种变速箱不能简单地放大以适应铁路车辆的要求,所以最广泛采用的替代方法就是无需变速箱的电气系统。

虽然早在1913年,瑞典就有了以柴油发动机发电的有轨车,但20世纪30年代之前,柴油机的影响一直都很小。后来到了1935年,通用电器公司在美国对他们的567台柴油机车进行了重大改进:它们的功率/重量比以往的任何柴油机车都高。功率调到1800马力的时候,这种柴油机车产生的动力比许多当时普遍使用的蒸汽汽车产生的动力要低得多。与蒸汽发动机不同,柴油发动机的一个内在特点就是:它工作负载最高时,效率最高。通用公司的柴油机车是一种多用途机车:它们可以连接在一起提供完成任务所需的准确动力。

船舶

虽然造船业也是沿着两个方向,但到了20世纪之后还是蒸汽技术占了主导地位。利用高压过热蒸汽工作,可以膨胀3倍或4倍的活塞发动机是传统发展方向上的最终成果。这种活塞发动机主要的竞争对手也是一种蒸汽发动机,但它是涡轮型的。涡轮型蒸汽发动机的制造和运行费用都比较高,但它的平稳性、灵活性和功率/重量比都比较好。这使得它可以

第二次世界大战之后,巨型油轮在尺寸上远远超过了大型客轮。图片上的策略号(Tactic)就是一种这样的油轮。最大的策略号船载重量可超过50万吨。

为不把经济因素放在第一位的战舰所接受。因为同样的原因,它对大型客轮也具有非常大的吸引力。古纳德于1904年做了第一次试验,接着在毛里塔尼亚(Mauretania)和艾奎坦尼亚(Aquitania)这样的战前船舶上采用了涡轮蒸汽机。但在第二次世界大战之前,在小型船只制造方面,蒸汽机的主要对手还是柴油机。虽然1902年的一艘法国运河船和1904年的一艘俄国油轮都安装了柴油机,但第一个安装柴油机的大型船只是丹麦1912年建造的塞兰迪亚号(Selandia)。然而,直到20世纪20年代,柴油机才在海船上受到广泛应用。1925年,建造的1.8万吨的瑞典海轮格瑞普肖号(Gripsholm)安装的就是柴油发动机。不过在此之前,人们越来越多地使用柴油,是为了用它来代

发明的历史
A History of Invention

火车轮渡是一种专门连接水陆的运输工具。图为1909年建造的火车轮渡维多利亚公主号(Drottning Victoria),她通过特雷勒堡(Trelleborg)和沙斯尼茨(Sassnitz)渡口连接了丹麦和德国。

替煤炭加热蒸汽,而不是把它当作柴油发动机的燃料。用柴油加热蒸汽的好处是清洁性好,而且容易操作。

到1900年,在造船业中,钢几乎完全取代了铁。但不管是用钢还是用铁,船只部件都是用铆接的方法装配在一起的。但在20世纪早期,焊接得到了越来越广泛地应用。焊接这种方法不仅速度快,而且节省材料——采用铆接时,两个部件需要重叠,而采用对焊的方法则不需要。在1936年的伦敦海军大会之后,战舰重量减轻一点点都变得非常重要,通过焊接的方法可以做到这一点。当时人们采用了两种方法:一种是电弧焊,利用强电弧的高热量将金属熔合在一起。另一种是氧乙炔焊,利用强热火焰熔合金属。

造船方法的另外一个重要变化是越来越多地使用预制件:到1939年时,重达200吨的零部件已经非常普遍了。装配这些零部件比传统方法(将单块船板连接到船骨架上)需要更大的空间,而在英国的造船厂不是总能找到这样的空间,虽然1939年英国造船厂的船只建造量依然占到世界造船量的30%。但日本和斯堪的纳维亚造船厂更为现代化、规模更大,因此在战后取得了成功。

造船业的另一个重大发展是船只的型号越来越大。1900年,典型的海船是没有专门任务的不定期货船。之所以说不定期,是因为这些载重量约为1万吨船没有固定的航运计划,有货物运输的时候就出航。虽然在19世纪80年代的时候,时运不济的"伟大的东方"号的吨位就被超过,但她211米的长度直到1897年才被德国的恺撒号(Kaiser Wilhelm der Grosse)超越。恺撒号客轮提供两种档次的服务:一种标准很高,非常舒适,是为富裕的越洋旅客提供的；另一种是简陋的最低票价舱位，是为聚集在汉堡港的贫困的欧洲移民提供的。英国也有类似的客轮从利物浦发船。

恺撒号由巨大的四倍膨胀的蒸汽发动机提供动力。但很快，在为了丰厚利润而进行的激烈竞争中，大西洋上的巨轮开始采用涡轮发动机。第二次世界大战之前建造的最大的轮船，是1939年建好的大型客轮——古纳德公司的伊丽莎白女王号。伊丽莎白女王号建成后直接服务于军事目的。直到1946年，她才开始投入商用——自己最初的设计目的。但那时，她和其它大西洋上的巨轮都已经过时了。从1957年开始，越来越多的人选择做飞机而不是轮船穿越大西洋。到1970年，飞机实际上已经垄断了跨越大西洋的旅行业务。

船和油之间的联系不仅仅在于油推动船前进。到1939年，世界石油年产量达到了2.5万吨，而多数石油是通过海路运输的。这促进了专门用来运输石油的油轮的发展，虽然一些油轮也可以运输其它货物，如铁矿石。直到第二次世界大战前，油轮的吨位还很少超过1万吨，但后来油轮的吨位比最大的客轮还要大好几倍。1981年，长达485米的海上巨人号（Seawise Giant），是第一艘吨位超过5亿的船只。但是，这样的巨轮可能将成为造船业的过去。随着石油输出国组织(OPEC)危机之后石油供需格局的变化，人们可能会反过来再使用那些可以在苏伊士运河和巴拿马运河里航行的、相对较小但实际上还是很大的轮船。

另一种在某些地方相当重要的专用轮船叫做火车轮渡。通过火车轮渡，一整列火车可以经水陆从一个铁路系统运到另一个铁路系统。19世纪后半叶，第一艘火车轮渡开始在康士坦茨湖上航行（之后美国的五大湖上也经常有火车轮渡往来穿梭）但后来火车轮渡及其港口设备的建造变得复杂化了。因为这些轮渡开始涉足有潮汐的水域，所以需要一些手段（如铰链斜坡）来补偿轮渡的高低升降。20世纪早期，人们建造了很多轮渡来连接丹麦大陆和海上的岛屿。1934年，英国推出了多佛尔—敦克尔克航线，为乘客提供伦敦和巴黎之间的联运业务。

火车轮渡也常常运输汽车。第二次世界大战之后，汽车用户激增，到国外旅行的要求增加，汽车高速公路大大发展。这些因素为汽车轮渡提供了巨大商机。用集装架或吊索将汽车一个个运到甲板上的传统方法，被一种可以让汽车直接开进开出的系统所取代。这种系统是模仿二战期间的坦克登陆艇

发明的历史
A History of Invention

制造的。利用这种系统汽车轮渡还开始运输大型卡车。大多数汽车轮渡，如穿越英吉利海峡和北海的汽车轮渡，都非常小，只能载 300 辆汽车、50 辆卡车和 1000 个乘客。为了进行长途运输，人们建造了一些更大型的轮渡，例如在赫尔辛基和联邦德国特拉维慕德之间（总距离为 1200 公里）运营的 2.5 万吨的 Finnjet。第二次世界大战之后，气垫船开始当短途汽车轮渡使用。因为方便装卸，气垫船非常适合于短途汽车运输。

在飞机主导客运业之前，船运公司一直都在努力为乘客提供最佳的乘船环境、最好的伙食、最快的旅行速度。但所有这些都无法令那些因轮船前后颠簸、左右摇晃而晕船的乘客满足。于是人们很自然地把注意力转向可以抵抗轮船颠簸摇晃的设备。前后颠簸的问题实际上是没有办法解决的，因为如果一艘船在浪打来的时候不上升的话，就会被海浪淹没。但左右摇晃是另外一回事。第一次世界大战期间，人们试验了一种大型螺旋仪，不过至今最成功的解决方案还是日本发明的水下鳍：小型螺旋仪感应船只的运动，根据螺旋仪的命令，水下鳍自动展开或回缩。

1928 年 4 月，容克斯 F13 做了第一次由东向西横跨大西洋的飞行。从 1926 年到 1932 年，它是汉莎航空机队中的广为应用的机型。容克斯 F13 是全金属制造的单翼飞机，机翼低，没有摆动。它的封闭机舱可以坐 4 个人。

航空

飞机的发展总是与它们的军事用途紧密地联系在一起。早期的飞机历史我们在军事那一章已经讨论过了。所以，现在我们需要探讨的是民用飞机在战后的发展。通过单纯的数据我们就可以看出 4 年的战争所产生的巨大影响。1914 年，世界的飞机总数可能还不到 5000 架，其中许多飞机还相当原始。1918 年末，主要交战国制造的飞机已经超过了 20 万架，而且许多后期制造的飞机已经相当高级。因此，民用航空服务一开始采用的是一些价格相当便宜的冗余的军用飞机。整整十年，民航业没有设计或制造新飞机。在民航领域，德国几乎不可避免地走在了前头。德国在飞机设计和制造方面有着丰富的经验和技术。但由于受到凡尔赛条约的制约，德国无法生产军用飞机。正是这样的限制意外地鼓励德国开发了滑翔机这样的一种训练未来飞行员的好工具。

飞艇

自从有了飞艇之后，飞行的历史就几乎完全与比空气重的飞行器联系在一起了。但在两次世界大战期间，还是有人对飞艇的未来充满信心。德国人在这方面最狂热，他们制造了总共约160架齐柏林式飞艇。战后，德国人成立了一些公司，提供飞往南美和美国的"空中旅馆"服务。但20世纪30年代的一些重大事故，特别是1930年英国R101和1937年250米长的大型飞艇兴登堡号（Hindenberg）的失事，严重动摇了公众对飞艇信心。作为一种公共交通工具，飞艇的历史结束了，虽然它还有一些特殊用途，如海岸巡逻。

飞机制造

在第一次世界大战结束之前，典型的飞机一直是双翼飞机：飞机的木框包了一层"掺杂质的"（涂了清漆的）织物，飞机的座是封闭的，飞机只有一个发动机。一些机翼达到40米的大型轰炸机有2个发动机。飞机的一个重要发展是用焊接钢管制造飞机框架，用硬铝（合金）制作覆面。硬铝是阿尔佛雷德·威尔姆（Alfred Wilm）战前在德国合成的一种轻型合金。一次偶然的机会使威尔姆发现如果将含有少量镁和铜的铝先加热，然后在水中淬火的话，铝的强度会逐渐增加，最终将变得十分坚硬。这种工艺叫时效硬化。制造齐柏林飞艇时，人们就用到了这种金属。但直到战争最后一年，容克斯公司才在飞机制造中采用这种金属。1919年的容克斯F13是第一架使用这种金属的飞机，但那时硬铝还只是一种覆层材料而已。20世纪20年代早期，飞机经历了一次更为重要的发展，即强调覆层是飞机一个不可分割的组成部分，它增加了机翼和机身的强度：这一发展可以和汽车行业中底盘和车身的结

道格拉斯DC-3是20世纪30年代一种先进的美国运输机。从图上可以看出，它的控制台即使按今天的标准来说也是非常先进的。

第十六章 交通：铁路和航空的兴起

发明的历史
A History of Invention

合相提并论。对于商用机来说，这种结构形式很快就变得非常普遍。但对于为业余飞行爱好者制造的数万架单座或双座飞机来说，织物覆层依然很受欢迎。业余飞机爱好者这部分客户对飞机制造业来说非常重要。De Havilland 公司 1925 年推出的 British Moth 是最早的一种为业余飞行爱好者设计的飞机。它的售价低得惊人，只有 650 英镑。De Havilland 公司一共制造了 2000 架这个类型的飞机，第二代产品名为 Tiger Moth，共有近 1 万辆。

20 世纪 30 年代的民用飞机虽然比现代飞机小很多，但它已经开始具有现代飞机的形态：特别是它有为乘客专门准备的舒适客舱。带双发动机的美国飞机 DC-3 就是这种飞机的典型代表。DC-3 飞机非常成功，从 1935 年开始一共制造了数千架。那时，做飞机旅行还很罕见，但人们已经开始认真研究这种需求了。民用飞机存在的问题和轮船差不多——前后颠簸、上下抖动：如果遇到天气不好，乘坐飞机不仅不舒服，甚至恐怖而且还会引起身体不适。这种情况飞机飞得越高越不明显，而且飞得高，燃料消耗也低。但是飞得高同时也会使乘客因缺氧而产生高山病。解决这个问题的方法是为乘客提供压力舱。1937 年，Lockheed XC-35 上首次安装了压力舱，接着波音平流层客机也引进了压力舱。这些飞机的设计飞行高度为 6000 米以上，是之前飞机飞行高度的两倍。

法国的 Gnome 转式发动机在第一次世界大战中的盟军战斗机上得到了广泛的应用。

动力部件

对于所有飞行器——无论是轻于空气的还是重于空气的，重量都是极为重要的。发动机是飞机结构中最重的一个部件。实际上，按照乔治·凯利的理解，除非适合的轻型发动机出现，否则没有必要认真考虑由发动机提供动力的飞行。在喷气式飞机出现以前（第二次世界大战前一周第一架喷气式飞机在德国试飞）标准的发动机是按奥托（四冲程）循环工作的活塞发动机。

19世纪80年代第一台奥托发动机每单位马力的重量是200公斤（440磅），但在1903年莱特兄弟的第一次飞行中，发动机的重量/马力比已经降到了每单位马力6公斤（13磅）。在第一次世界大战之前的几年中，对于飞行的兴趣已经转移到了法国。法国人劳伦·塞冈（Laurent Seguin）设计的Gnome发动机单位马力的发动机重量为1.5公斤（3.3磅），是当时最成功的发动机。之后，更好的重量/马力比越来越难实现了。美国在第二次世界大战期间制造了数千台的V-12自由发动机（Liberty engine），把重量/马力比降到了约1公斤（2磅）/单位马力。25年之后的1941年为B29轰炸机开发的Wright Cyclone把这个比例降到了每单位马力0.5公斤。但是，商用机的未来发展趋势还是采用喷气推进，虽然在小型私人飞机领域，内燃机依然没有受到挑战。

最后一代汽车活塞发动机一共有3种。一种是模仿同时代汽车发动机的水冷直线发动机。还有两种都是气冷型的，但它们的设计很不一样——一种是转式发动机，一种是星形发动机。在转式发动机（如Gnome）中，整个发动机带着螺旋推进器围绕着固定的曲轴转动。星形发动机更接近于直线型发动机，但星形发动机的汽缸是安装在以机轴为原点的圆周上的。对于大型机器，星形发动机占据了主导地位。Wright Cyclone是星形发动机的最终发展成果，它有28个汽缸，分成四圈，每圈七个汽缸。Wright Cyclone的马力可达到2200。

◎ 第十七章 新的建筑技术

历史上，建筑业总的来说一直是一个相当传统的行业。在许多方面，20世纪的建筑业也不例外。各种不同的建筑结构——房屋、商店、其它小型的商业建筑以及类似的东西，与19世纪甚至更早的建筑相比，在建筑材料和建筑方法方面几乎没有什么大的区别。20世纪的建筑业引进了一些机械化建筑工具，如搅拌机、打桩机、把建筑材料运到楼上的升降机。20世纪30年代，人们开始使用推土机推土。20世纪建筑业的另一个特点，是建筑行业开始使用某种程度的预制件，如支撑屋顶的三角形桁架、窗户和楼梯。用螺栓连接的钢脚手架代替了捆扎在一起的木柱。然而，即使是在工业化国家，常规的建筑方法与中世纪建筑工匠所采用的方法区别也很小。在世界上一些比较偏远的地方，中世纪的建筑方法一直没有改变。

不过，说建筑业没有什么大的变化并不表示建筑业没有经历重要的发展。

在1882年建造惠特白-斯卡伯勒铁路的桥梁沉箱的过程中，人们使用了蒸汽吊机。虽然引进了一些机械化手段，但总的来说19世纪建筑方法的变化很小。

然而，和过去一样，建筑业的重大进步主要体现在大型公共建筑上——一些大型的商业建筑，如越来越多的国内、国际大公司的总部——它们现在都可归为大型公共建筑。这些进步不仅包括由建筑外观反映的设计变化，还包括使用新材料、新技术以使应力均匀分布、达到必要的强度和安全性要求。当然，这没有什么奇怪的，只有大型的建筑项目才有足够的资金可以让承包商充分利用自己的建筑知识、建筑天才以及将设计转化为现实的实用建筑技术。

建筑不像其它技术，如无线电通信、电力供应、汽车、飞机，20世纪的到来在建筑业的历史上没有什么特别重要的意义。总的来说，20世纪前半叶是一段发展时期：实际上唯一的一次创新，但也是特别重要的一次创新——是20世纪20年代发明的预应力混凝土。

钢铁的应用增加

作为一种加强材料，铁的使用可以追溯到古罗马希腊时期。从19世纪后半叶开始，铁的价格越来越便宜、越来越容易买到，所以它的使用量也越来越大。我们已经看到许多机器的木制结构已经逐渐被铁制结构所取代。土木工程师和机械工程师开始使用铸造铁。1779年世界上第一座铁桥在科尔布鲁克代尔的塞汶河上建成。桥的主结构长20米，铸铁的总重量达到了将近400吨。同时，在英国的其它地方，纺织厂主也对铁这种材料产生了兴趣。纺织厂为了照明会使用许多无保护的框架，着火的危险性很高。不过，虽然铁不会燃烧，但在高温下铁的强度会降低。因此，在铁框架建筑中，人们尽量使用砖石代替木材来建造地板和隔板；如果必须使用木材的话，也要尽可能地给木材包上一层防火材料。

为1889年巴黎展览会（纪念法国革命）而建造的埃菲尔铁塔是最后一座大型铁结构建筑物。在此之后，钢的应用越来越多。

工厂是一种实用性建筑，外观对工厂来说是第二位的因素——虽然这并不没有阻止19世纪早期的实业家以大型的乡村建筑为模型建造自己的工厂。有意识地把铁作为建筑外观设计的因素可以追溯到1825年。早期几个重要的例子包括：伦敦的煤炭交易所（1847）。大英博物馆的穹顶阅览室（1857）。詹姆士·博加窦（James Bogardus）在同一时期在美国建造的许多建筑。甚至教堂建筑师也试着在自己的建筑中使用铁这种材料。托马斯·里克曼（Thomas Rickman）设计了利物浦的3座教堂。这些教堂于1813年至1818年之间建成。教堂的主要结构都是铁材料，而在主要结构中加建的房间都是石料的。这些建筑显得比较阴暗。据说建筑师很为自己当初的设计感到遗憾。

发明的历史
A History of Invention

但这并没有妨碍剑桥的圣约翰学院在 1826 年请他按传统的方式设计学院的新楼。耗时 50 年于 1876 年完工的鲁昂大教堂，在建造过程中也用到了铁。不过鲁昂大教堂的铸铁尖顶十分优雅，比里克曼设计的教堂成功得多。但是世界上最著名的铁建筑，也许要算古斯塔夫（Gustave）为 1889 年巴黎展览会设计的高 300 米的埃菲尔铁塔了。

埃菲尔铁塔标志着铁建筑的终结，因为那时钢作为一种建筑材料已经非常普遍了。在美国，钢结构建筑从 1890 年开始代替了铁结构建筑。5 年之后，欧洲出现了同样的情况。大型钢锭的出现意味着人们可以轧制带法兰的大型钢梁，而不是铸造铁制零件。钢框架提高了建筑结构的强度。因此，这些建筑与中世纪的木框架建筑不同：墙壁不再起承受载荷的作用。它仅仅是一个防水的屏障，有时甚至可以用玻璃来做。所以墙壁可以在各个高度上同时建造。但一个有趣的现象是，官僚们的规定常常会阻碍技术的进步，就像将行驶速度限制到行走速度的《红旗法案》妨碍了汽车的发展一样。直到 1909 年，伦敦的建筑法规才降低了外墙壁的法定最低厚度，不论它们是否承担载荷。

通常用液压驱动的货梯大约出现在 1850 年左右。但在可靠的电动马达出现之前，载人电梯还相当少见。这台位于萨尔茨堡的电梯是西门子公司于 1890 年制造的。

在美国的新兴大城市和欧洲的一些中心城市，地价特别昂贵，所以人们对多层建筑十分青睐。最早的多层建筑是 1892 年在芝加哥建成的 Masconic 大厦，共 21 层。最知名的钢结构摩天大楼（虽然现在已经不是最高的了）也许要算 102 层的纽约帝国大厦了：帝国大厦 1931 年建成，高 385 米、宽 450 米，1951 年还加了一个电视中心。

这样的摩天大厦存在两个问题。一是供水问题，因为当地的主管道压力无法满足高楼层的要求；因此必须为各楼层提供用泵供水的蓄水池。二是进入大厦的人除了最低的楼层之外，无法通过楼梯达到任何其它楼层；因

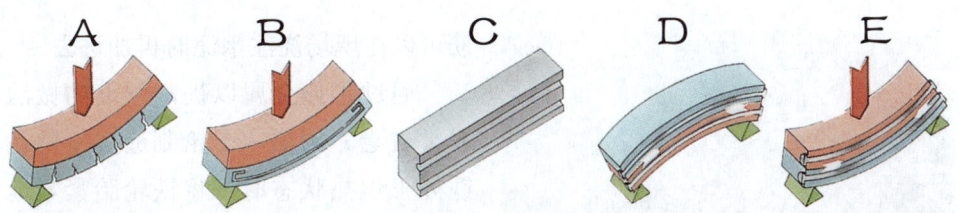

普通的水泥在承受载荷时会因又弯曲而引起的张力而断裂（A）。加强筋（B）增加了抗拉强度。后张预应力混凝土（C）为钢筋预留了钢筋槽。将钢筋两端用螺母固定（这是常用的方法）可以使钢筋处于永久拉伸状态，给混凝土施加压力，增加混凝土在任何方向的弯曲强度（D、E）。

此，大厦需要提供电梯。最早的电梯是由伊莱沙·奥蒂斯（Elisha Otis）于1854年设计的液压型电梯。这种电梯的一个重要特点是它有一个自锁棘爪。在电梯电缆断裂的情况下这个装置可以自动停住电梯。1889年，人们引进了电动马达。1903年人们引进了现在普遍使用的平衡重系统。随着建筑高度的增加，人们开发了运行速度达到500米/分钟的高速电梯。

19世纪末，通常不高于30米的低层建筑，如百货公司或火车站引进了电扶梯。在1900年的巴黎展览会上展出之后，这种电扶梯变得非常流行。

混凝土的新用途

古代罗马人经常使用一种石灰和火山灰混合起来的叫做pozzolana（即火山灰的意思）的混凝土。它与英格兰韦克菲尔德的建筑工约瑟夫·阿斯皮丁（Joseph Aspidin）1824年发明的一种用煅烧白垩和泥土制造的水泥很相似：约瑟夫把这种水泥命名为波特兰水泥，希望它能代替非常受欢迎的波特兰石——一种石灰石。后来证明约瑟夫的想法过于乐观：波特兰水泥不够美观。不过，因为价格便宜而且操作性好，这种材料被建房者和土木工程师广泛采用。

与砂或砂石混在一起时，水泥很容易在模具中铸造成型。但它存在着与天然石头一样的缺陷：虽然它可以抵抗压力，但在受到弯曲力的情况下很容易开裂。为了克服这个缺陷，从1849年开始，人们做了很多次在水泥中预埋钢筋的试验。第一个在这方面真正获得成功的是法国职业园艺师约瑟夫·莫尼埃（Joseph Monier），从1867年开始他获得了一系列专利。19世纪90年代，约瑟夫·莫尼埃进一步发展了这项技术：他不仅在水泥中加入了纵向加强筋，而且还增加了铁环，抵抗剪切力。钢筋混凝土可以做成预制件。加强

发明的历史
A History of Invention

钢筋混凝土主要用于建造水电或灌溉大坝，如位于巴西和巴拉圭边界上伊塔布巴(Itaibuba)的大坝（右）。它是世界上最大的大坝之一，右下图是从巴拉圭一边拍摄的。

筋可以在现场浇注水泥时再加进去。

通过拉伸金属以提高强度的做法非常古老。例如，车轮制造者常常在铁处于炽热状态时，将铁轮胎紧紧地安装在木轮上，然后再用冷水淬火。随着铁遇冷收缩，处于永久应力状态，铁轮胎与木轮紧紧连接在一起。1928 年法国工程师尤金·弗莱西奈（Eugene Fressiner）成功地将这种预应力原理运用到了混凝土上。将高拉伸强度的加强筋保持在拉伸状态，然后再在加强筋周围浇注混凝土。当混凝土凝固，加强筋固定好之后，再将加强筋两端的多余部分切断。这样产生的结构件因为永远处于压力之下，所以强度较高。这种技术降低了获得一定强度所需的水泥和钢筋的量，所以建筑师可以设计出更轻、更美观的建筑。弗莱西奈还发明了后张预应力混凝土：这种混凝土在铸造时预留了几个槽，钢筋穿过这些槽，然后再保持永久拉伸状态（通常是通过螺母锁紧）。

混凝土有各种不同型号，可以用于许多不同的建筑目的：从农场建筑到大型灌溉系统的大坝。建造大坝需要大量的混凝土，手工搅拌没有办法满足这种需求：19 世纪 50 年代法国出现了小型蒸汽搅拌机，但到 20 世纪 30 年代，像美国的顽石坝和大古力坝这样的大坝，每一个都需要数百万吨的水泥。

虽然钢结构建筑基本上都是直线的，但钢筋混凝土的强度和可变性同样也适用于幽雅的曲线结构。弗莱西奈 1916 年建造的奥利飞机修理库，就有一个半圆形的结构，其跨度达到了史无前例的 75 米。美籍德裔建筑师沃尔特·格罗佩斯（Walter Gropius）是玻璃/混凝土典雅建筑方面的先锋，在他所影响产生的设计流派中，有著名的德绍城的包豪斯建筑学派（1926）。这些建筑是革命性的，但在它们所处的时代并没有得到普遍的认可。不过在当代，它们已经为建筑界所接受。

可能这种偏见中有一部分既是因为这些建筑所使用的材料，也是因为这些材料所允许的颇有争议的新设

沃尔特·格罗佩斯是玻璃/混凝土建筑方面的先锋。德国阿尔弗烈德的法格斯工厂（Fagus）是他早期的作品。

计——许多严格意义上的实用建筑，如农场建筑和小型工厂，非常不美观。广泛使用波纹板这种便宜的屋顶材料并没有改变这些建筑刻板的外观。如果屋顶板是波纹型的，那么它在屋脊上就不容易弯曲。考虑到这一事实，1884年，约翰·斯宾塞（(John Spencer）生产了波纹型盖顶铁板。最初的时候波纹是一条一条做出来的。后来随着大型轧钢厂的出现，通过一次操作就可以做出许多大钢板的波纹。从20世纪开始，用石棉（石棉是一种矿物纤维，因为它的防火性能从古希腊罗马时期开始就受到人们的青睐，但现在因对健康有危害而在许多国家被禁）加强的波纹混凝土板的应用也越来越多。

交通基础设施建设

20世纪大部分交通基础设施建设中的技术都是很早以前用来开凿运河、铺设铁路的技术进一步发展的结果。这种发展主要是由建筑规模的扩大和新需求的出现所推动的。建筑规模的扩大带来了两个结果：首先，虽然在劳动力便宜的发展中国家，镐和铲这种工具一直沿用到今天（甚至主要工程也是如此），但为完成最重的体力活，人们越来越地使用动力驱动的机器。其次，新交通系统带来的财富以及它们对于国家的重要性，为建设以前没有考虑过的大型土木工程项目提供了可行性。

两大运河项目为土木建设向机械化方向转变提供了证明。1859年开工的苏伊士运河，长160公里，10年后通航最初计划强迫工人进行开凿，但1864年埃及政府停止了这种做法。于是开凿运河的公司不得不采用机器，主要是

发明的历史
A History of Invention

直到20世纪30年代,很多筑路方法依然很原始,即使在技术先进的西欧国家也是如此。图中显示的是1936年德国的筑路工人在铺沥青。

用于挖深河道的挖泥机。与苏伊士运河不同,最终于1915年通航、当时最大的单个土木工程项目巴拿马运河,最初的计划就是大量使用机械化设备。为了开凿这条运河,必须使用100吨的巨型挖土机挖出17000万立方米的岩石和泥土,然后直接卸到平底车上,最后通过专门建造的铁路运走。1954—1958年建造连接蒙特利尔和安大略湖的圣劳伦斯海上航道期间,土木过程机械已经发展到了可以整体移动500间房子的程度。

除了必须制造一些大型船只所需要的设备、装置之外,20世纪船坞的建造方法与之前的建筑方法区别不大。其最重要的发展也体现在,20世纪人们开始采用钢筋混凝土来代替石料。一个非常重要的港口设施就是干船坞。在船坞中,造船工可以自由地在船体上工作。船浮进来、带锁的门关上之后,用泵将水排出。另外,人们还建造了非常大型的浮动干船坞。这种船坞的可以离普通港口设施较远。到1939年,人们已经建造了数个长度达350米的浮动干船坞。第二次世界大战一结束,可容纳5万吨船只的浮动船坞就出现了。

道路

虽然罗马人早就认识到了无论是为了军事目的还是为了民事目的,对用碎石铺成的道路进行维护都是很重要的,但直到17世纪道路建设才又受到人们的重视。1747年法国道桥学院(Ecole des Ponts et Chaussees)成立,控制了4万公里的国有公路。皮埃尔·特雷萨古(Pierre Tresaguet)领导建设了不少高质量的道路:底下铺一层大石头,上面再铺一层小石头压实。在英国,道路质量的提高常常与约翰·劳登·麦克亚当(John Loudon McAdam)联系在一起的。约翰·劳登·麦克亚当认识到最终承受载荷的道路是建立在土地上的:如果土地坚实且排水良好,然后再把路面压实,使路面有弧度易于排水的话,那么道路的寿命将会大大增加。从19世纪30年代开始，欧洲广泛采用了这样的碎石路。虽然美国早在 1831 年就铺设了一条较短的公路，但即使是在 1900 年，美国实际上也没有一条碎石路。

这些道路适合于少量平均速度不超过 15 公里 / 小时的马车，但无法适应 1900 年之后开发的高速机动车。第一个成功的解决方法是在路面上涂一层柏油或沥青，然后再覆一层石片使路面粗糙防止打滑。这种方法可以起到额外的防水作用，在干燥的气候下还可以防尘，虽然在强烈阳光的照射下路面容易融化。后来还出现了另一种解决方法：钢筋混凝土。这种方法特别受交通任务重的汽车高速公路的青睐。虽然欧洲在 19 世纪 90 年代的时候就做过这方面的试验，但直到 20 世纪 30 年代在混凝泥土出现之后，这种方法才被道路建设所广泛采用。混凝土的一个优势在于它的刚性非常好，因此重型车辆的重量的可以均匀分布而柏油正相反，柏油的塑性比较好。

1934 年，全世界的道路都开始增加一种简单但非常重要的安全部件——反光道灯，用于在夜晚指示交通。

桥梁

很快，桥梁建造商也开始采用钢筋混凝土。第一座钢筋混凝土桥是 1907 年在法国建成的：最大的钢筋混凝土桥是位于澳大利亚悉尼附近帕拉马塔河 (Parramatta) 上的格拉德维尔桥 (Gladesville)。它是由弗莱西奈亲自指导建造的，重量超过 2.5 万吨，单拱跨度达到了 304 米。

如果条件允许的话，利用连续的桥墩可以建造长距离的桥梁。这种方法已经广泛用于建造跨跃山谷的运河高架桥和高架铁路。但如果条件不允许的话，那么可以建造吊桥。吊桥是一种非常古老的供人通行的装置，新、旧大陆的远古人使用了很长时间。严格地说，这种古老的桥是一种悬链桥，因为人行道沿着悬挂脚缆形成自然曲线。到了 15 世纪，中国人想到了用悬链悬吊水平路面。从那时起在这种结构中，铁链常常用来代替竹链。但在西方，这样的吊桥可能是一种独立的发明。它们在 19 世纪之前一直都没什么地位。

19 世纪头 10 年，詹姆士·芬莱（James Finlay）在美国建造了许多吊桥：第一座建于 1801 年，位于宾夕法尼亚州的雅各布希腊河 (Jacob's Greek) 上。它的跨度达到了 25 米。在欧洲，第一座大型的吊桥是威尔士特尔福德的梅奈海峡桥 (Menai Straits)，于 1826 年建成。这座桥的规模相当大，

发明的历史
A History of Invention

它的悬吊部件都是用重型的铁杆和铁筋制造的。从19世纪30年代开始，法国的工程师们，如马克·塞冈 (Marc Seguin)，开始采用多芯悬吊部件。这种部件的重量更轻。不过，吊桥的伟大开拓者要算美国工程师约翰·罗布林 (John Roebling)。他在1854年建造了尼加拉瓜峡谷吊桥，1883年完成了纽约的布鲁克林桥。布鲁克林桥跨度490米，在当时是最大的。

20世纪吊桥的主要发展体现在桥的跨度越来越大、重量越来越轻、设计越来越美观。但人们早就认识到吊桥有一个弱点，那就是风对吊桥的破坏性影响。1940美国的一次灾难（幸好没有人员伤亡）使人们重新关注起吊桥的这个弱点。那一年，860米长的塔科马海峡桥 (Tacoma Narrows) 在3个小时内完全倒塌。这一事件的直接后果是桥梁设计师开始转向常规的更为坚固的桥梁构造。不过，英国设计出了一种更好的解决方案，并于1966年在塞汶桥上首次使用。这种解决方案是按照空气动力学原理设计桥梁的行车道，使风对它的影响最小化。长1423米的哈姆伯桥 (Humber Bridge) 也采用了这种方法。这座桥的跨度非常大，不过理论上认为跨度2400米的吊桥都是可行的。

5

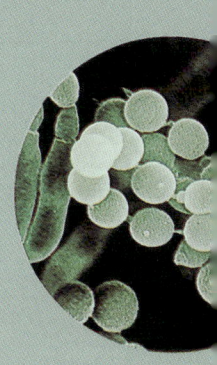

现代世界

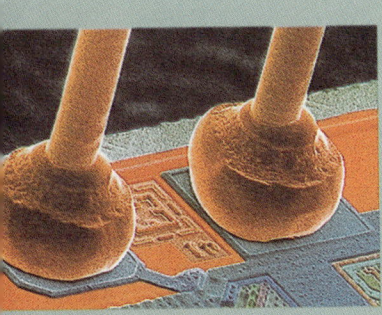

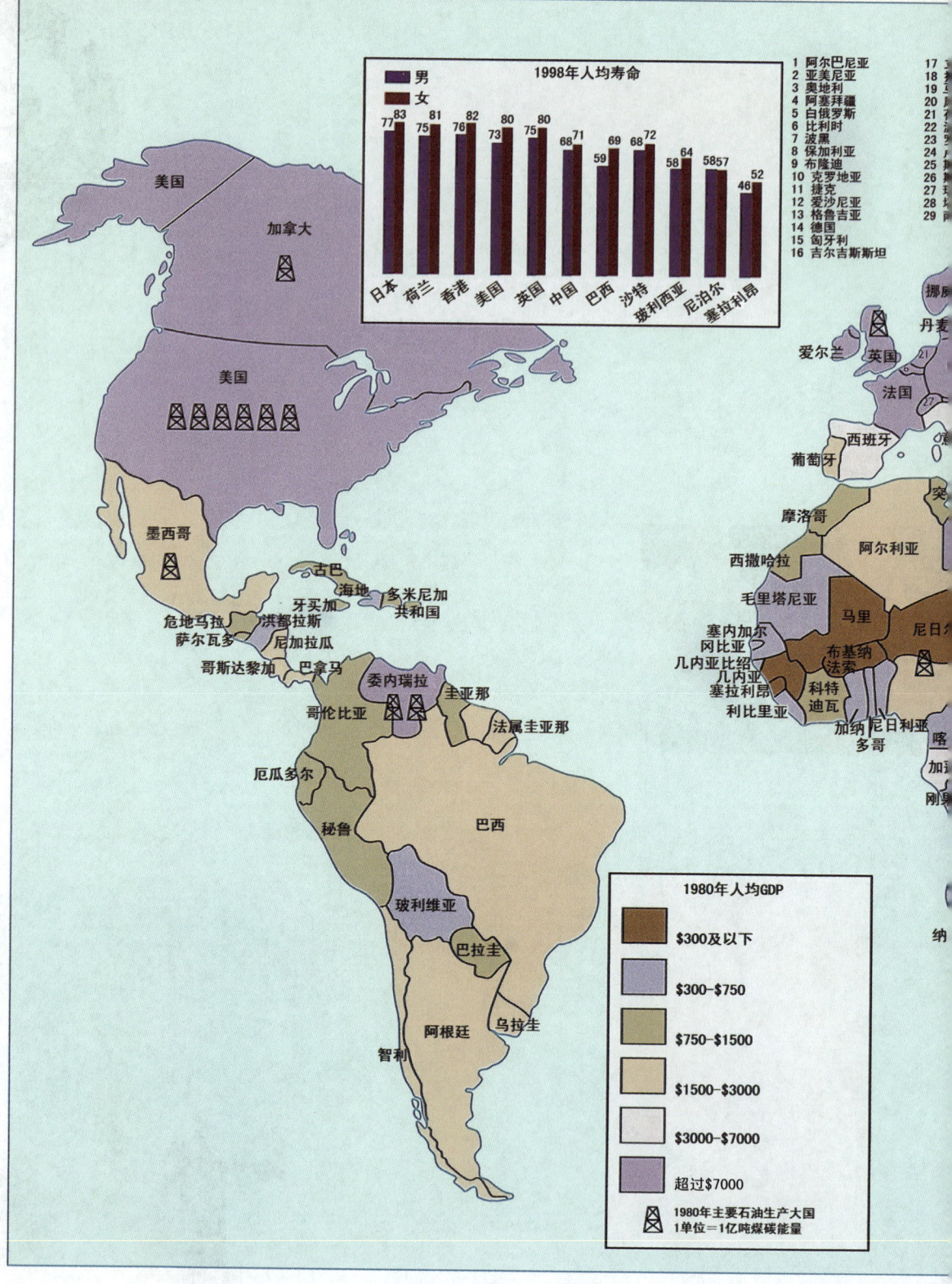

当代世界

1998年GDF比重

美国 | 墨西哥 | 英国 | 法国 | 俄罗斯 | 肯尼亚 | 印度 | 日本

服务业 / 工业 / 农业

◎ 第十八章 战后世界

第二次世界大战之后逐渐形成的世界与二战刚开始时的世界在政治、社会、经济等方面有很大的区别。不仅世界格局发生了变化，美国毫无争议地成为世界头号强国，而且历史的进程再次表明在战争中技术领先是成功的最好保证。这里说的技术领先不仅指武器装配及其辅助设备上的领先（这一点我们后面将谈到），而且还指工业方面的领先——用以支持非常环境中的国民经济和平民生计。

20世纪50年代早期，英国在坎布里亚郡Sellafield建造了两个气冷反应堆，用于生产钚。1956年，人们在附近建造了世界上规模最大的为和平目的设计的核电站。

在非常的战争环境中，国家存亡是重中之重，军事和民用技术之间的区别不可避免地被模糊化。但无论是在军事和民用领域，正常的经济限制都不

	1940	1945	1950	1955	1960	1965
医学	眼外科中使用可卡因	青霉素生产	人造肾氟化反应	辐射同位素 / 心肺机	合成类固醇 / 肾脏移植 / 脊髓灰质炎疫苗 / 起搏器	避孕药物发展
农业和食品			battery farming技术提高	微波炉 / 人工授精	马拉息昂杀虫剂 / 克隆青蛙	《寂静的春天》出版 / 试管植物
原料和能源	涤纶	原子反应堆	硅	铍钛 / 氧气顶吹炼钢方法 / 浮法玻璃	接触反应聚合 / 核电站	增值反应堆 / 激光 / 形状记忆合金 / 北海石油和天然气开采
计算机和通讯	电子计算机		晶体管 / 全息摄影原理	第一台商用计算机 / 彩色电视机服务	立体声录音 / 跨越大西洋的电话 / 录像	集成电路 / 电话转接器 / 通讯卫星
武器	V-2火箭	上下通气管	原子弹	空对空导弹 / 氢弹	核潜艇	海对空导弹
航空	雷达系统得到改进		超音速飞机	喷气式客机用于民航	月球探测器 / 人造卫星 / 无线望远镜	气象卫星 / 气垫船 / 首次载人空间飞行 / 人造卫星飞过金星 / 人造卫星飞过火星

罗勃戈达特（Robert Goddard）对航天研究贡献很大。1919-1943年在克拉克大学做物理学教授期间，他开始为研究高层大气而试验火箭。图为罗勃戈达特（左2）站在1936年发射的4-级火箭的旁边。

右上：挑战者号航天飞机在绕地球飞行的过程中布署通信卫星系统。返回式航天飞机是航天业的一次革命，它提供了一种可以多次发射的飞船。

再适用。正因为如此，战争往往使人们不得不做出某种创新，而一些与战争并不直接相关的技术的发展速度可能会变慢。我们可以从6个不同的领域看到这种情况。

在战争爆发前两天公布的试验结果确定了在技术上利用核能的可能性。可能的军事用途大大加速了美国曼哈顿项目的发展。虽然即使没有战争，核能最终也将得到开发，但它的发展过程肯定会不一样。人们对于核能的反感大部分是源于它在军事上的应用。若非如此，人们对于核能用于和平目的的

	1970	1975	1980	1985	1990	1995	2000
	心脏移植	CAT扫描仪	MRI扫描 合成器官	试管婴儿		人类基因项目	GE内脏
	单细胞 蛋白质	人工双胞胎	生命专利		老鼠获得专利	GM食品	克隆绵羊
	托卡马克受控热核反应装置	兰斯潮汐水电站		太阳能电站		控制聚合反应	智能材料
	互联网 微处理器 电子邮件		多用户空间	公共数据库 个人计算机	光线通讯发展 第五代计算机开始开发	光学计算机 WWW	脑电波控制器
	飞鱼导弹(Exocet)			战略防御初始研究	数码战争	智能炸弹	远距离医学 MASH
	涡轮飞机 超音速客机 载人月球着陆器	月球着陆器	空间站 人造卫星 飞过水星	人造卫星飞过木星 火星着陆器 人造卫星飞过图形	航天飞机 人造卫星飞过天王星 彗星探测器	金星轨道飞行器	火星飞行器	土卫六探测器

发明的历史
A History of Invention

接受度可能会更大。

战争推动军事进步的另一个例子来自医疗领域。实际上又是在战争前夕,牛津的研究人员开始了一个项目,该项目最终将医学界最重要的发现(虽然这种说法存在争议)——青霉素推广到了世界各地的医疗实践中。毫无疑问,这是迟早要发生的事情。但正是因为青霉素在治疗伤兵上的潜在价值使得美国,特别是在1941年12月珍珠港事件之后,热情地接待了来自牛津的使者,并立即开始了一项生产青霉素的紧急计划。

20世纪30年代,各种偶然的观察结果显示通过反射的无线电波人们可以从地面确定飞机的位置。虽然民用飞机已经在使用无线电塔进行导航,但首先吸引人们支持这一发现的还是它在军事上的可能性。这使得几乎整个研发都在严格保密的状况下进行。大多数强国都开发了某种形式的雷达。但最成功的雷达可能要算英国开发的那种。这主要是因为英国开发的不仅仅是一个探测装置而且是一个探测系统。系统和装置是不同的。先进雷达的出现是战后民用航空业迅速发展的一个促进因素。

航空业提供了另一个军事需求大大推动技术进步的例子。这里我们要说的是喷气推进技术。战争开始前夕,人们正在试验这种技术。在开发喷气推进技术的竞赛中,德国人赢得了胜利。在战争爆发前一周,他们的Heinkel He 178首次试飞。战争结束前,英国、美国和俄国都已进入喷气飞机这一领域。1952年,德哈维兰彗星号(de Havilland Comet)飞机首次投入民用航空业。之后,喷气式飞机很快被民用航空业广泛采用。

最后要说的是航天技术的发展。从1919—1931年,俄国、德国和法国认真地研究了火箭。第二次世界大战期间,为了轰炸南英格兰,德国开发了远程火箭。在这些发展的基础上,美国通过阿波罗系列飞船成功地实现了登月计划。虽然1969年首次登月成功的是美国人,但早在1961年俄国人就成功地将人类送入了太空。

电视的兴起

每个硬币都有两面。战争促进了一些技术的发展,同时也阻碍了一些技术的发展。电视的发展就受到了战争的阻碍。正如我们看到的,贝尔德的照相系统引起了公众的注意,但最终取得胜利的是全电子系统。到1939年夏天,电视的主要技术问题得以克服，大西洋两岸开始向公众提供电视服务。但许多国家因战争减少甚至放弃了电视服务。当电视开始重新发展时，它的发展速度是惊人的，无论是在社会层面还是在技术层面。据估计，到 1960 年，英国共有电视机 1000 万台而美国共有电视机 8500 万台。在欧洲大陆，电视的发展速度比较

20世纪50年代，电视在德国还属于一种新奇事物。右图是早期的一个大型实况转播节目——1955年德国和意大利之间的一场足球比赛。今天数以百计无法到温布尔登中心球场欣赏大型网球比赛的观众可以通过大屏幕观看比赛（下图）。

缓慢。10 年之后全世界的电视拥有量达到了 2.5 亿台，电视节目深刻地改变了公众的品位和观念。到 1998 年，中国家庭的电视拥有量达到了 22750 万台（每 6 人就拥有一台电视机）——这几乎是美国电视机数量的两倍。从 1945 年几乎是停滞的状态开始快速发展，电视提供了大量的工作机会，包括电视节目的制作和传输以及电视机及其相关设备的制造。

电视机在全球的扩张与重要的技术发展是同步的。彩色电视是电视技术发展中的一个主要进步。1940 年，哥伦比亚广播公司（CBS）的皮特·格德马克（Peter Goldmark）开发了一种彩色电视。这种电视有一部分借鉴了贝尔德的照相系统。和黑白电视一样，彩色电视机的未来也在于 1953 年 RCA 成功推出的全电子系统。第一台彩色电视机除了价格以外其它方面也无法让人满意，特别是画面的颜色不稳定、会失真。到 1970 年，这些技术问题得到了克服，黑白电视（虽然现在还在使用）已经显得过时了。那时，电视机的结

第十八章 战后世界

发明的历史

A History of Invention

构更加紧凑。直到1960年，所有电视机使用的都是热阴极电子管，但日本的索尼公司后来开始使用晶体管。今天，电子管已经淘汰了。这使得人们可以制造出便携式的小型电视机，如平面电池电视机——这种电视机实际上只有口袋那么大。

关于电视，还有两个重要进步不容忽视。一个是国际电视网的发展。总的来说电视信号的辐射范围较窄。如果想要传输到较远的地方，必须要有一个转播站。虽然欧洲很多地方都收看了1953年伊丽莎白二世的加冕仪式转播，但真正的国际电视连接必须要等有了中转卫星之后才能实现。第一次国际电视连接是1962年通过通信卫星（Telstar）实现的。1985年，169个国家播出了为帮助埃塞俄比亚而举行的赈灾现场演唱会，据估计观众达到了15亿。不过，世界上收视率最高的电视节目要算1997年9月威尔士王妃戴安娜的葬礼，据估计全球共有25亿人收看了这个节目。

电视的另一个主要进步在于记录装置的引进。最初发明记录装置是为了在广播系统中使用，记录一些重大的广播节目或节目片段以便日后播出。但很快人们就感觉到电视观众可能会想把某个电视节目再看一遍或者把电视节目录下来，方便的时候再看，这是一个巨大的潜在市场。另外，企业家进入了这个领域，开始提供专门为家庭准备的设备。美国的Ampex Corporation是录像机行业的先锋。1956年，很多适用于家庭的设备开始投放市场。

到目前为止我们的讨论都局限在公共电视服务的范围之内。但我们必须记住电视作为一种远程监视器还有许多其它用途。例如，闭路电视可以用来探测海洋的深度——用于科学研究或辅助石油公司利用潜水艇进行深度测量；用来观测道路交通状况；用来监视商店扒手；用来在不适合人工作的环境中进行观测；用来对外科手术进行远程指导或指挥火星上的机器人。通过电视这种媒体，全球数亿人观看了1969年7月21日奈尔·阿姆斯壮（Neil Armstrong）和艾德温·奥尔德林（Edwin Aldrin）登陆月球的历史性事件的现场直播。

能源

在上一章中我们已经注意到，许多年来硫酸的消耗一直是工业发展的晴雨表。但是现在最能实际反应工业发展水平的是能源的消耗。在过去的50年中，两个重要事件深刻地影响了世界能源生产的整体格局。其中一个重大事件是关于技术的：20世纪50年代原子能的开发为世界提供了一种在此之前，从最早的文明开始，人类从来没有使用过的全新的能源。

另一个事件从根源上来说是经济性质的。1973年OPEC国家大幅度强制性提高油价引起了饱受打击的西方工业国家的强烈反应。一方面这些国家采取了一些全国性政策鼓励全民节约燃料。另一方面，许多研究项目纷纷上马，开发其它能源，特别是可再生能源，如太阳能和地热能。

核能的开发体现出令人吃惊的民族特色。占主导地位的盎格鲁撒克逊民族——如英国、新西兰、美国和德国在环保主义者的强有力的游说下采取了极为谨慎的态度。但拉丁国家以及台湾和日本对待核能的态度则轻松得多。特别是法国推行了一个宏大的核能计划，20世纪80年代法国60个核电站提供了法国超过一半的电能，而且价格是欧洲最低的。但在1979年美国三里岛和1986年俄国切尔诺贝利事故之后，环保主义者的说服力大大增强，恰巧这时候油价突然回落。从1979年开始，美国再也没有建造过新的发电核反应堆。几个老反应堆也已停止使用。

热核能源

虽然实用的聚变反应堆还没有建成，但几个研究机构已经通过氢等离子的短暂聚变产生了一些能量。如果巨变反应堆可行的话，那么它将提供一种几乎永远不会枯竭的能源。核聚变的过程就是太阳产生能量的过程。两个同位素，如氘（一个质子和一个中子）和氚（一个质子和两个中子）高速相撞，发生聚变形成氦（两个质子和两个中子），然后释放能量——热量和一个额外的中子，这

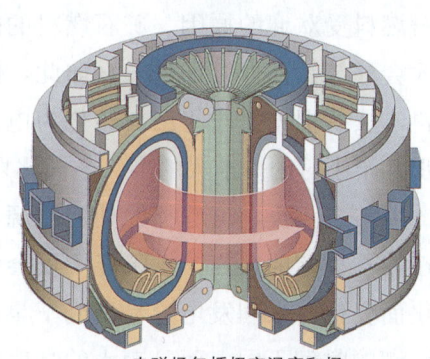

电磁场包括极高温度和极高压力下的等离子体。

虽然用托卡马克发生器产生能量目前还不可行，但它为将来的成功提供了可能性。发生器将等离子悬在磁场中，直到高温和高压使氢同位素发生聚变形成氦分子、放出能量（能量以杂散中子的形式存在）。

第十八章 战后世界

发明的历史
A History of Invention

就是核聚变的过程。核聚变只有在极高的温度和密度下才能发生。不过如果具备这些条件的话,那么核聚变就不需要任何其它能量。因为需要有极高的压力和温度(100million OK),所以需要一个称为托卡马克的发生器将等离子悬在磁场中。第一台托卡马克发生器是前苏联的列夫·安德烈维奇·阿西莫维奇(Lev Andreevitch Artsimovitch)发明的,于1963年投入使用。1991年,欧洲联合 Torus (JET) 实现了等离子(加热到200 million OK)2秒钟的控制聚变。这个一闪而过的过程消耗了15兆瓦特的能量,却只产生了2兆瓦特的能量。但是,它代表了核聚变史上的一个突破。

可再生能源

大量能源的储存是一个还未得到解决的重大技术问题。这也是为什么矿石燃料受欢迎的原因。矿石燃料的能量储存在燃料中,直到燃料燃烧的时候才会释放,几百万年来一直如此。例如烧煤或烧油的发电厂可以储存大量燃料,然后根据需求将燃料转化为电能。对电能的需求变化很大:白天比凌晨那几个小时的需求大的多;冬天比夏天的需求大。

与之相反,可选择的其它能源,即使是那些最被人们看好的能源,也存在着不稳定的缺点。太阳能不仅会随着太阳落山而消失而且会随着天气的变化而变化。水利发电容易受到干旱的影响。潮汐发电的缺点在于,不仅每天涨潮的时间不同,而且潮水的高度也会因季节的不同而变化。如果我们可以把在需求低峰期产生的能量,用经济的方法储存起来供高峰期使用,那么上面所讲的不稳定问题就可以得到解决。不幸的是,到目前为止我们还没有找到存储大量能量的可行方法,虽然对于相对较少的能量或个人用户来说,我们已经找到了许多令人满意的解决方案。例如,在核电计划中,多余的能量可以用来将水抽到蓄水池中。当用电需求上升时,可以通过发电涡轮再将水能转化为电能。人们探索的另一个方法是将多余的能量储存在大型转动飞轮中。

在瑞士工作的两位 IBM 科学家,乔治·贝德纳兹(George Bednorz)和亚历克斯·穆勒(Alex Muller)1986 年发现的某种超导陶瓷为能量长期存储提供了另外一种可能性。早在 1911 年欧内斯(Heike Kamerlingh Onnes)就发现了在温度极低的情况下导电性高、阻抗低的超导金属。不过用氦冷却超导金属的成本太高,不适合广泛应用。但是超导陶瓷在 -140℃(-220 ℉)下就可以获得超导性,而铌钛这样的合金则需要 -269℃(-452 ℉)的低温才可以获得相同的超导性。因为超导线圈的阻抗低,线圈闭合回路中的电流可以永远流动,这样就提供了一种储存大量能量的方法。当需要用存储的能量时,只要用一个电路断开回路就可以了。

仅仅思考整体能源状况的人,往往会忽视储存大量能源所遇到的非常实际的困难。确实不错,太阳每天给地球输送的能量,我们只要利用一小部分就可以满足全人类的需要。水能和潮汐能也是如此。但在各种环境中控制这些能量以便为人类提供可靠的能源供给则是另一回事。一个可能的解决方法是将这些不稳定的能源作为传统能源的补充。例如,我们可以把大型的风能资源与烧油的发电站结合起来:当有稳定风力的时候,我们可以利用风能减低油耗;当风力减小时,我们可以相应地增加油耗。这里的困难在于每一个能源系统提供的能源供给都必须是有保证的,因此它必须要有一定的备用产能可以在甚至无风的情况下(有时候无风的情况可能会持续一段时间)满足高峰期的用电需求。所以,这种方法在设备上没有节省大量资金的空间,它的节约只能体现在燃料消耗上:在有些情况下,节约燃料是需要考虑的最重要的因素。

太阳能

利用太阳能并不是什么新鲜事。据说阿基米德(虽然这种可能性不大)就曾利用取火镜使敌人的战船着火。不过,安托万·拉瓦锡(Antonie Lavoisier)和其他一些人确实在 19 世纪后期使用了这种取火镜,利用它在化学试验中获得高温。第二次世界大战之后,法国政府在比利牛斯山脉的路易斯山(Mont Louis)建立一个实

1973年OPEC石油危机使人们越来越关注像太阳能这样的可再生能源——图为位于加利福尼亚巴斯托、用于利用太阳能的反射镜系统。

验性的太阳能发电站。在以色列和印度,人们开发了太阳灶。但世界上第一个真正运行的太阳能发电厂,是 EEC 在西西里建造的 EURELIOS 发电厂。它于

发明的历史
A History of Invention

1981年开始向意大利电力部电网输电——虽然它基本上还只是一个试点发电厂。这个发电厂中有一个占地6200平方米的反光镜系统，将太阳能反射到中央锅炉上。然后中央锅炉产生蒸汽，推动涡轮。粗略的计算显示以这种方式提供整个欧洲的用电需求所需要的土地面积约为欧洲整个面积的1%，与现有公路系统的面积差不多。因此，人们提出了另一种方法：在第三世界国家建立太阳能发电厂，那里有充足、稳定的阳光和大量开阔的土地。他们可以在那里采集能量，然后以燃料的形式（氢或酒精）将能源出口到能源缺乏的国家。

除了这些雄心勃勃的计划之外，家用散热板似乎成了太阳能未来的发展方向。但是同样，太阳能散热板不能满足家庭的所有需要，它只能作为传统能源的一种补充手段。到1995年，美国88%的太阳热能收集器用于加热游泳池，另10%用于加热家庭供水系统。在以色列，大约有30%的建筑使用太阳能热水系统，现在新造的建筑都必须安装这种系统。

除了太阳热能收集器之外（接收太阳能，然后直接将太阳能转化为热能的装置），人们还采用了许多光电手段来产生电力。1954年，新泽西贝尔实验室的D. M. 查宾（D. M. Chapin）、卡尔文·萨瑟·富勒（Clavin Souther Fuller）和G. L. 培生（G. L. Pearson）根据同年早些时候保罗·哈帕波特（Paul Rappaport）提出的设想开发出了硅光伏电池，可以直接将太阳能转化为电流。光生伏打效应是埃德蒙·贝可勒耳（Edmund Bacquerel）于1839年发现的。但直到最近几年人们才开始有效利用这种知识。20世纪50年代生产的硅电池效率只能达到6%～10%。然而，甚至在早期开发阶段，硅电池就已经用来为卫星供电——1958年3月推出的第一款硅电池为一个5兆瓦特的备用发射器供电8年。通过将收集蓝光辐射波长（波长较短）的砷化镓电池放在收集红光辐射波长（波长较长）的锑化镓电池上，波音的科学家将电池的效率增加到了37%。最常用的光伏打电池还是用硅作为材料，虽然除了硅之外还有许多其它选择，包括厚

因为政府的鼓励以及某些山口风速很高，"风力—农场"在加利福尼亚十分流行。图为奥尔塔蒙特的风车群，共有300个风车。

的、片状的单晶体和薄膜。1991年麦克尔·格拉泽尔（Michael Gratzel）为透明太阳板申请了专利，这种太阳板可以代替普通玻璃。

潮汐能

前面有一章，我们提到了中世纪的潮汐水车。人们将上涨的潮水储存起来，然后再通过水闸放水，转动水车。从表面上判断，只要把

地壳中储存的热量和潮汐的涨落是也是潜在的能源。图中所示的是尼加拉瓜的Monitombo地热装置。

原始的水车换成现代化的水涡轮，这种系统就很容易扩大规模，产生巨大的能量。但是经仔细研究发现，地形环境（包括最低4米的潮汐）适合大规模利用潮汐能的地方世界上没有几个。法国的兰斯是其中之一。1966年，法国电力部在这里建造了一个750米的拦河坝。

风能

和水能一样，风能很长时间以来一直是最重要的机械能源之一，而且还是被人们看好的一种替代性能源。从某种意义上说，风能的利用已经相当成功：20世纪人们建造了数十万个风车，其中许多都是第二次世界大战之后建造的。这些风车建在偏远地区，用来抽水或发电，供当地人使用。人们曾经试图扩大风车的规模，甚至组成风车组，希望可以达到对全国能源需求有所贡献的程度。不过这样的努力从来没有成功。人们建造了许多试验性装置，获得了一些有趣的结果。例如，在苏格兰的奥克尼郡，两个大型风车

法国兰斯的潮汐电站

第十八章 战后世界　279

发明的历史
A History of Invention

的风车叶片达到了 60 米。他们所提供的电力占了当地需求量的很大一部分。但在短期甚至中期内，风力很难成为一种可靠的能源。它的一个主要问题在于大型风车必须在各种环境下有效工作——从每秒几米的风速到猛烈的冬风。

地热能

火山的不定期爆发以及更为稳定的热泉现象已经证明在地壳下面，地球内部的温度非常高。在某些地方，地球富余的能量已经得到了有效控制。冰岛奥克尼郡很早就有了一套中央加热系统，由离首都几英里之外的热泉供热。从 1905 年开始，从意大利 Larderello 的地下喷出的过热蒸汽已经被人们用来发电。

不过这些都是比较特殊的情况，利用了当地的特殊环境。人们普遍感兴趣的是利用地表和地心岩石（3000—4000 米深）之间普遍温差的可能性。一般的做法一直是向具有浸透性的岩石灌水，当水流回地表时就变成了热水。为了证明这种方法的可行性，人们已经做了多次试验，成功地将热水送入了家庭。但一个实际的问题是岩石的导热性差，严重地限制了流量。另外，不幸的是，并不是所有的岩石都是可浸透的，特别是地球深处最热的岩石。在巨大的压力下，它们的结构已经变得非常紧密。在这种情况下，可以用爆炸的方式将地下岩石炸碎，开辟出一个适合于热交换的区域。在美国的洛斯阿拉莫斯，人们已经在地下 3000 米的深处进行了这方面的试验。

在技术方面，人们对于 1973 年石油危机的直接反应是寻找石油输出国组织（OPEC）地区之外的传统燃料资源、实行节油政策、提高各种机器的效率以及探索其它替代性能源。不过，燃料核算的出现也同样重要。人们最终认识到，几乎所有的工业环节都涉及到能源，而且越来越多。例如，农场要用肥料，而肥料的生产、运输以及施肥都需要能源。意识到能源的真正成本是西方工业自 1873 年之后的主要变化之一。

◎ 第十九章　医学和公共卫生

直到19世纪中期，医学还是介于艺术和科学之间的地位尴尬的行业。说它是艺术，是因为医生诊断的时候非常依靠经验；说它是科学，是因为医学观察已经在某种程度上自成体系达几个世纪之久。16世纪，维萨琉斯（Vesalius）绘有大量插图的《人体结构论》，记录了对人体构造的详细观察。一个世纪之后，托马斯·谢德汉姆（Thomas Sydenham），是另一位敏锐的疾病特征的临床观察者。16世纪伟大的药学家，比如列奥纳德·富克斯（Leonard Fuchs）和约翰·格拉尔德（John Gerard），积累了大量植物药性方面的知识，由此得出了很多有价值和准确的治疗方法，比如利用毛地黄（洋地黄）用于治疗某些心脏疾病，水杨酸（从柳树中提取）用于治疗风湿。后来，到18世纪，爱德华·詹纳（Edward Jenner）发现种植牛痘能够对天花产生免疫。于是通过种痘的方式，使这种广泛传播的疾病的发病率大大降低。但在当时社会的无知和迷信中，这些发现仅仅是零星稀少的。医学进步面临的巨大障碍是对内在原理缺乏了解。即使诊断准确，比如对肺结核和软骨病这样的疾病，医生们知道他们所能做的仅仅是安慰和同情。时至今日，医学界仍然有治愈不了的病。除了在广泛领域内的科研成果之外，技术领域的许多创新投入应用也推动着医学实践的进步。可以公正地说，随着现代医学已经获得了独立科学的地位，其本身也成为一类专门技术。

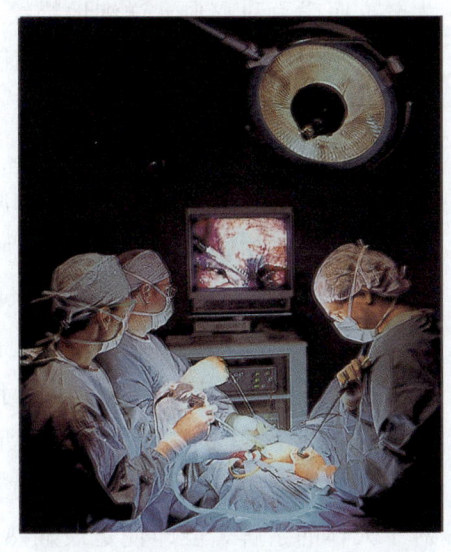

腹腔镜检查手术使得外科手术只需要很小的开口，而且医生不必和病人直接接触。手术人员通过观看监视器，操纵手术器械工作：一个微型摄影机被置入病人体内，拍摄内部的图像传送到监视器上。

发明的历史
A History of Invention

上图：直到19世纪，人们使用的外科手术器械都和古代差别不大。这套罗马手术工具包括一盒药物、抽血杯、直肠诊视器、手术刀、探针、镊子、钩子和勺子。

外科

但是对于医学的一个重要分支：外科，似乎情形又有特殊之处。从古代起，外科医生们就使用一套可怕的工具作业。很多被发现的早期人类头盖骨，都有使用了环钻术的迹象。环钻术是早期医生们的一种手术，通过切掉骨头来取出碎片、缓解压力或者作为驱魔手段。很多做过这种手术的病人存活了下来，他们身上的手术切口愈合后的伤疤可以证明。军队的外科医生用锋利的刀子清理病人伤口，并且利用锯和其他木匠用的工具进行截肢手术。从意大利庞培发现的一套外科手术工具，与19世纪使用的区别并不太大。但也并不是所有的外科手术都这样粗糙。《医术大全》(Sushruta samhita)，一本出现于公元前600年的伟大梵文医学百科辞典，详细地描绘了如何从眼睛中取出白内障的技术。印度的外科医生也发明了一种皮肤移植手术，用于鼻子的再造。在世界很多地区，割去鼻子是通奸的惩罚方式。

即使外科手术取得成功，很多手术都需要漫长痛苦的恢复期，因为手术造成的伤口很大。为了加快恢复和减少痛苦，现在出现了很多外科手术方法，它们使用最小伤害技术，比如腹腔镜检查和"锁眼"手术。这种外科手术只需要在病人身体上切开1到2厘米的口子，然后将长柄手术工具、光纤和远程微型摄像机放入其内进行手术，而不用给病人造成差不多两只手大小的伤口。从前需要外科手术亲手从事的手术，现在只需通过远程反应进行：外科医生观察电视屏幕上的图像，并根据所使用器械的受阻反应来决定手术的进行。

成功的外科医生大多依赖其动手能力（尤其是完成手术的速度），以及他对于人体的了解。但即使是最娴熟的外科医生，仍然需要解决两个大问题：第一是病人的承受能力，手术带来的极端疼痛会让病人衰弱或者受惊吓；第二是即使手术成功，病人也很有可能死于病后的感染。直到19世纪，随着麻醉法和一系列消毒、杀菌和化学疗法技术出现，这些问题才开始得到解决。

而今天，外科手术的死亡率仍然很高，不过这些死亡大都不是手术本身造成的，而是没有找到真正的病源所致。

麻醉

在古代，虽然很多人由于能够忍耐剧痛而闻名，但外科医生的一大难题却是因为疼痛而烦躁不安的病人。人们使用了很多止痛药物，例如天仙子、大麻、鸦片和酒精，但是通常情况下，医生不得不依靠几个身强力壮的助手或者是将病人捆绑起来，让病人接受手术。直到18世纪末，止痛的希望才渐渐出现。1799年，英国布里斯托动力学院的汉普里·达维（Humphry Davy）在准备一氧化二氮气体时发现它有止痛功能（这种气体也是所谓的笑气，能使人发笑），他建议将这种气体用于医疗。但直到1844年，这个建议才得到了认真地采纳，美国的霍洛斯·威尔斯（Horace Wells）将其作为牙科的止痛药。两年之后，另一位美国牙科医生威廉·莫顿（William Morton）使用乙醚做止痛药，苏格兰医生罗伯特·里斯顿（Robert Liston）又将乙醚介绍到欧洲。差不多在同一阶段，氯仿开始投入使用。1880年，另一个苏格兰人威廉·梅西文（William Macewen）取得了一项重大成就：将氯仿通过试管导入了人的气管。对于肺部的疾病，这项成就格外有价值，因为这种病的手术通常涉及到开胸腔。

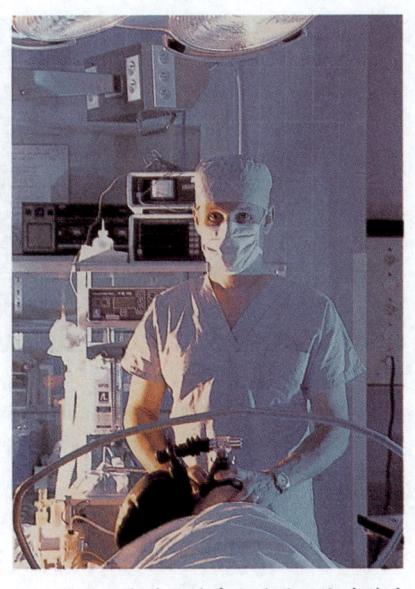

上图：麻醉的进步也许是现代外科手术取得成功的唯一重要因素。现代的麻醉师使用了一套复杂的工具，对病人进行麻醉和控制。

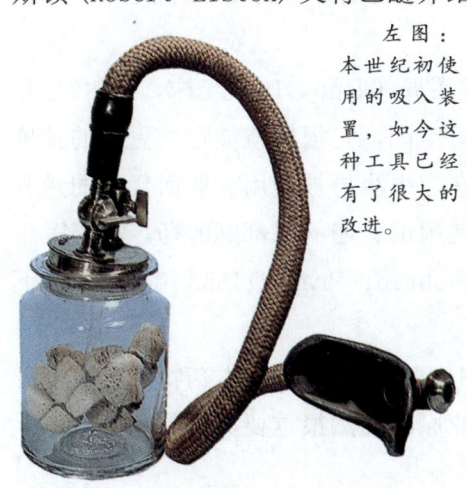

左图：本世纪初使用的吸入装置，如今这种工具已经有了很大的改进。

20世纪初的时候，麻醉水平仍然很落后。但今天，情况有了很大不同。在外科手术团队中，麻醉师是高度专业化和关键的成员，他们使用一套极

第十九章 医学和公共卫生

发明的历史
A History of Invention

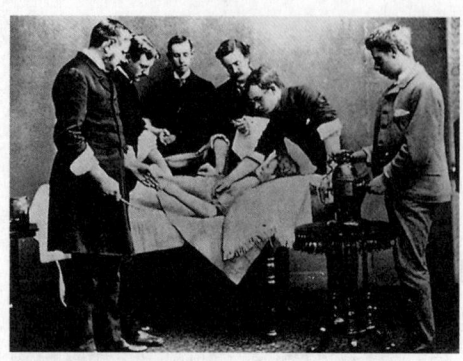

早期的时候，手术后感染和手术一样会带来很大风险。采用了里斯特发明的杀菌剂喷洒技术之后，死亡率大大降低。上图显示的是1869年阿伯丁医院使用杀菌剂的情景。

其复杂的工具，控制病人的心跳、脑波、呼吸频率、体温和血压；根据情况需要，他们要同时使用好几种麻醉品；而且根据病人的状况，还要向病人供氧或二氧化碳。麻醉品的这种转换使得耗时很长的手术（通常延续很多个小时）成为可能，比如器官移植手术。

吸入麻醉仍然非常重要，但是其他技术，包括先前提到的器官内麻醉，仍然在广泛使用。但是最重要的单项成就，也许是静脉内麻醉的出现。大约1874年，法国外科医生皮埃尔·奥莱（Pierre Ore）首次使用了静脉内麻醉药氯醛。1902年艾米尔·菲舍（Emil Fischer）发现巴比妥之后，人们尝试使用了多种巴比妥类药物，但是直到20世纪30年代，德国医生赫尔穆特·威塞（Helmut Wesse）和W.夏普夫（W. Scharpff）发现了环己烯巴比妥钠之后，满足小手术需要的静脉内麻醉药才出现。静脉内麻醉对于头部和颈部的手术尤其有用。从20世纪初开始，另一种麻醉方法也在实践中得到了使用：脊椎麻醉。使用这种麻醉法，将麻醉药注射到病人的腰椎骨之间，同时病人仍然神智清醒。这种麻醉法需要很高的注射技巧，将药物注射入病人体内使其身体松弛，但是等到满意的注射针出现之后，大约是20世纪50年代，管箭毒这种使肌肉松弛的药物也出现了。

很多小手术，比如牙科手术，需要使用局部麻醉。19世纪末，卡尔·科勒（Carl Koller）在眼科手术中使用了可卡因，它很快就被毒性更低的普鲁卡因取代，后者是一种合成药物。而现在它很少再被使用，取而代之的是利诺卡因，它性能稳定，见效快，也许是使用最普遍的局部麻醉药。法国医生查理·加布里埃·普拉瓦茨（Charles Gabriel Pravaz）1853年发明了皮下注射器，用于注射局部麻醉剂等药品。

必须注意的是，在现代的制药工业中，几乎每一种基本药物都有很多种产品形式。在确定这些产品形式时，商业原因当然很重要，但是它们基本上是基于纯粹的医学需要而制造的。

消毒和杀菌

麻醉剂的价值很快就被世界各地的医生认识到，手术的数量和范围都有了极大的增加。但不幸的是，手术后的感染也大大增加了，每一家大医院都会出现"医院热病"。有很多成功的外科截肢手术，死亡率却可以达到50%。这种热病如何传播人们至今还不清楚，虽然很久以来人们就知道，发热能够通过接触传播，像麻风病和瘟疫一样。一种观点认为传染是由不洁的空气引起的。而1857年，路易·巴斯德（Louis Pasteur）的实验表明，自然发酵实际上由微生物引起。他进而告诉世人，很多人类和动物疾病（诸如炭疽热）都是由微生物引起的。

1865年，约瑟夫·里斯特（Joseph Lister）第一个将这些研究成果投入实际应用，他是格拉斯哥大学的外科学教授。他发现石碳酸是效力很强的杀菌剂，使将其用于伤口包扎和喷入手术室进行消毒。这样做使得手术后的死亡率大大降低。在最初的怀疑被打消之后，里斯特的技术得到了广泛的采纳和应用，这要归功于他的学生理查德·冯·沃克曼（Richard von Volkmann）的大力推介。里斯特医生给外科带来了革命，但是我们也不能忘记名气不及他的匈牙利医生伊格纳茨·塞莫维斯（Ignaz Semmelweis）。1847年，由于怀疑传染是由于医生和助产士手上的病菌引起，他要求产科病房的所有人都要在漂白粉里彻底净手，这极大地降低了他的医院中产后发热的比例。但是他的做法引发了很多争议，而他也没有里斯特那样强力的手段。有些让人感叹的是，1865年，他死于手指感染。塞莫维亚医生的贡献在他过世之后才逐渐得到承认。

里斯特工作的重要之处在于，事实表明人们能够利用系统的预防来阻止潜在的病菌，但是这并不是杀菌的唯一方法。20世纪早期，无菌疗法技术取得了成功，它不杀死病菌，而是在手术开始的时候将病菌完全隔离。外科医生和助手们身穿消毒服，带着面具，以防止汗珠等滴落引发感染；在使用之前，每一件器械和服装都经过杀菌消毒；在开刀之前，病人的皮肤也经过了彻底地清洗和杀菌。

无菌疗法从根本上改变了医疗实践。大部分医疗器械能够通过水煮的方式进行满意的消毒，但是少数危险的病菌能够逃脱这种消毒。在现代的医院中，高压灭菌器是重要的设备，它通过高压时的水温超过其平常的沸点，效

发明的历史
A History of Invention

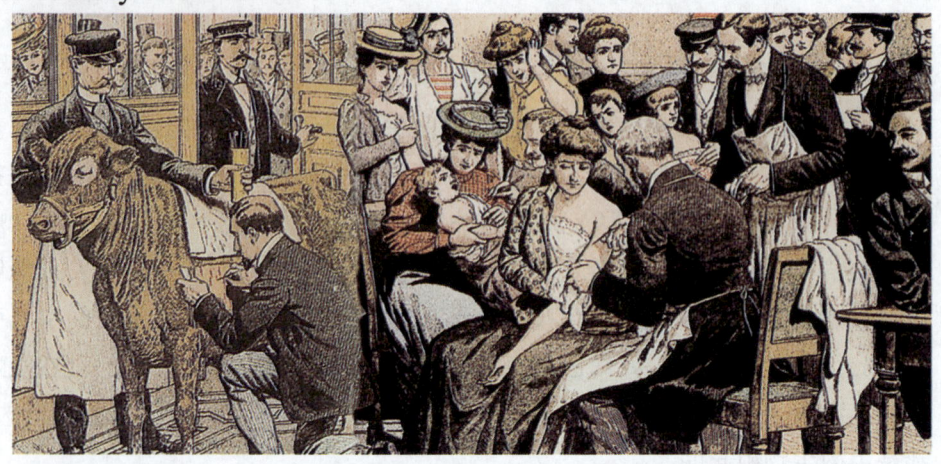

18世纪，爱德华·詹纳证明能够通过接种轻微的牛痘传染，来防治天花的出现。到1905年，巴黎的人还是通过这种原始方式进行牛痘接种：牛痘病菌直接从牛的体内取出，然后接种到人的胳膊里。而在现代社会，即使发展中国家接种黄热病疫苗的方式也要先进得多。

果与我们通常使用的高压锅类似，只是尺寸比高压锅大得多。1679年，英国人戴尼斯·帕品（Denis Papin）发明了高压锅。

但是，不是所有东西都能加热消毒，墙壁、地板和手术室的工作表面就不可以，它们必须用强力的消毒剂进行清洗。病人的皮肤必须使用柔和得多的消毒剂，在20世纪30年代，化学工业中出现了一些合成产品，杀菌效果明显，并且没有刺激。这些产品中最著名的就是英国的TCP（邻甲苯酯）和滴露。第二次世界大战之后，还出现了同样强力的溴化十六烷基三甲铵和洗必太（双氯苯双胍己烷）。

免疫

从巴斯德发现传染疾病的真实情况开始，两种重要的处理方法逐渐发展起来。其一是巴斯德本人提出的，他偶然发现如果将削弱的细菌培养液注射到人体内，就会产生轻微的相应疾病，但是之后人体就会产生持久地免疫力。这种免疫方法为爱德华·詹纳（Edward Jenner）提供了逻辑基础，他通过接种牛痘的方法预防天花。1885年，巴斯德成功地通过接种疫苗战胜了狂犬病，这让他声名鹊起。

现在，疫苗接种已经让天花从世界上消失，而小儿麻痹症、白喉和破伤风也在西方世界销声匿迹。随着民用航空的发展，旅客们接触一些他们平常不会接触到的传染病的机会大大增加，对于很多疾病的免疫已经成为日常医疗活动。在很多国家，免疫是入境的必须条件之一。被免疫的疾病包括霍乱、伤寒和黄热病。

化学疗法

免疫能够保护每一个人，还能够成功地控制疾病传染，但是对付一种已经形成的传染就无能为力了。对于导致某些疾病的病菌的发现，让人们知道了另一种袭击方式：就是找到对病菌致命而对人体组织无害的物质。起初这似乎是天方夜谭，因为看起来所有的消毒药品，比如上面提到的那些，都毫无区别地袭击所有组织。而1906年，德国法兰克福的保罗·厄尔里希（Paul Ehrlich）发现了一种人造的砷化合物，将它命名为撒尔佛散，该药物能够抵抗导致梅毒的有机物，它很快就被引入医疗实践当中。

这个发现让厄尔里希很兴奋，他将撒尔佛散称为"神奇的子弹"，它能够找出病菌，但是对人体不造成影响。厄尔里希称这种新的处理方法为化学疗法。但是事实上，撒尔佛散远远不是理想的药物。在好的情况下，它会产生不好的副作用；在坏的情况下，它会导致手部失去功能，甚至致命。而且，它只能对梅毒病菌感染起作用。但是撒尔佛散表明了一个重要的原则：它说服了怀疑者们，制造出对人体组织和病菌分开起作用的杀菌药品是可能的。

但是直到1927年，人们在这方面都没有取得大的进展，德国化工业巨头法本联合工业公司（IG Farbenindustrie）的格拉尔德·杜马克（Gerhard Domagk），开始了一项系统的筛选，将公司的化学样品库存逐一试验，以发现导致一些严重传染疾病的罪魁祸首。这些疾病包括链球菌菌血症、脑膜炎，以及人类杀手中的首犯肺炎。一旦被证明有效，该样品将在动物身上进行毒性试验，如果通过了这一关，它将用于临床试验。但是整整5年时间中，没有发现任何重

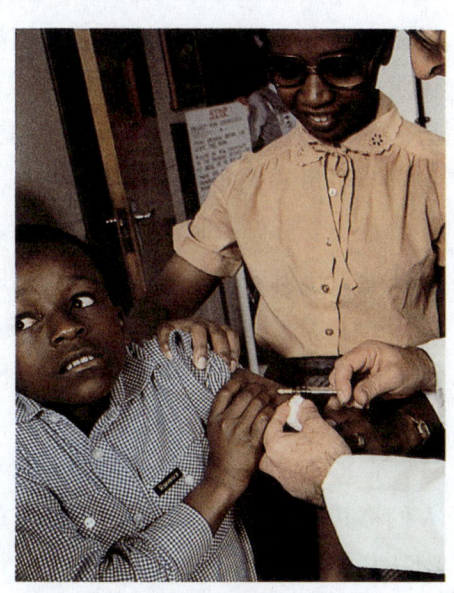

发明的历史
A History of Invention

要的研究成果,这时戏剧性的场景出现了:百浪多息,一种起初作为皮革的红色染料的物质,被证明对老鼠的链状球菌传染病相当有效。在巴黎的巴斯德学院,J. 图富尔(J. Trefouel)证实,这种染料中对病菌起作用的成分是一种相对简单的物质:磺胺。由此就诞生了磺胺类药物,这是极端重要和有效的一组药品。很快就出现了成千上万种合成的磺胺药物,其中一些,比如磺胺吡啶和磺胺噻唑,被证明对其他的致病细菌也有效,而且能够用于化工用途。磺胺倒是很像"神奇的子弹"。

与此同时,另一项更加成功的成就也出现了。1928年,伦敦圣玛丽医院的细菌学家亚历山大·弗莱明(Alexander Fleming),偶然发现青霉菌的培养液中产生的一种物质,对于葡萄球菌和其他一系列病菌均有活性。他将这种物质命名为青霉素,但是他没能将它从培养液中分离出来,而且也没能认识到其独特的特性。所以后来他对青霉素失去了兴趣,转向了其他研究。直到1939年,人们才重新认真审视青霉素,但是这并不是因为其潜在的医学价值,而是因为培养液和细菌之间的关系是抗生作用的有趣实例。

同样在1939年,霍华德·弗劳里(Howard Florey)(一位出生于澳大利亚的病理学家)和恩斯特·桑恩(Ernst Chain)(德国流亡生化学家),在牛津大学的邓威廉爵士病理学院(Sir William Dunn School of Pathology)开启了一项抗生作用研究计划。很幸运的是,他们选择的一种样品中含有青霉素。很快青霉素就被提纯出来,事实证明它不仅仅是强力的化学疗法药剂,而且对于人体组织没有任何伤害。当时英国已经卷入战争,德国的空袭已经开始,英国的化工产业没有能力进行青霉素的生产。1941年,弗劳里和同事N.G. 希特里(N.G. Heatley)在美国进行了3个月的旅行,希望获得美国制药公司的支持。他们取得了成功,美国政府意识到青霉素在处理伤口方面的重要潜力,(1941年12月7日,日本偷袭珍珠港之后,英国和美国军队都出现了大量的伤员)对于青霉素生产给予了优先支持,青霉素制造匆忙上马。结果是,在欧洲和亚洲受到侵略之后,人们拥有足够的青霉素处理战争中的伤病。

青霉素是第一种,或许也是最好的一种天然化疗药剂,由于它的特性,人们称其为抗生素。在它之后,最重要的抗生素是头孢菌素,也是在牛津大学开发出来的。

诊断与处理

数学被称作科学的女仆，因为它对于所有科学门类都有贡献。同样地，科学可以被称作医学的女仆，因为医学界的进步很大程度上都有科学界进步的功劳，科学的进步常常是间接影响医学的进步。

一个经典的例子是X光，1895年德国物理学家威廉·伦琴(Wilhelm R?ntgen)在维尔茨堡发

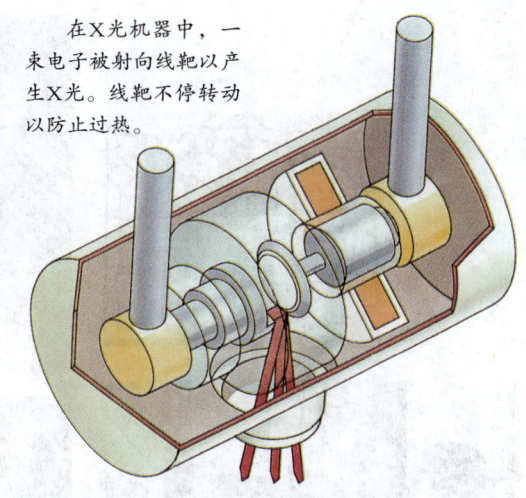

在X光机器中，一束电子被射向线靶以产生X光。线靶不停转动以防止过热。

现了它。X光的穿透性能与光很不同，它能够穿过柔软的组织，但是不能穿透骨头和其他密度更大的组织。从光学角度讲，X光与光相似，而且能够用胶片拍摄。

人们很快就认识到了X光在医疗诊断上的价值，它们能够被用于检查骨折，拍摄效果非常清楚而且不会给人带来任何痛苦。此外，它还能够识别出人体内异物（比如针和子弹）的具体位置。这样一来，在开始外科手术之前，医生们就能对于需要做什么有全盘把握。但是X光很难分辨出柔软的组织，因为它们在X光下几乎是透明的。而到了1897年，美国医生威廉·加农(William Cannon)发明了浓稠的铋（后来是钡）餐，使得医生能够用X光检查胃肠道内的异常情况。到了20世纪30年代，X光检查就成了普通的医疗检查，一个重要进步是它能够用于肺病的检查。

第二次世界大战之后，X光领域的主要突破是CAT（计算机控制X射线轴向断层扫描）。英国公司EMI的歌德福里·洪斯菲尔德(Godfrey Hounsfield)于1973年发明了这种器械，它首次描绘出了人类脑颅的三维图像。1979年，他与美国的艾伦·柯马克(Allen Cormack)一起，因为开发计算机控制X射线轴向断层扫描而赢得诺贝尔医学奖。这种器械很快发展为全身扫描，其医疗价值非常巨大，但是也极端昂贵。

核磁共振(MRI)是如今非常常用的全身扫描设备，它使用无线电波、磁性和一台电脑检查骨骼结构、关节以及软组织。接受核磁共振扫描时，病人

发明的历史
A History of Invention

A

D

B

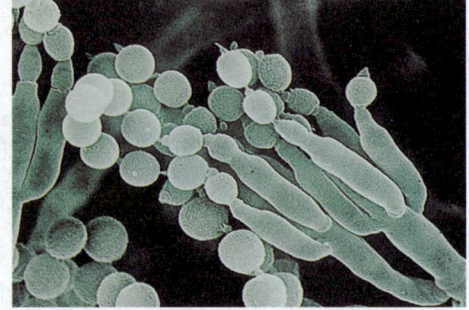
E

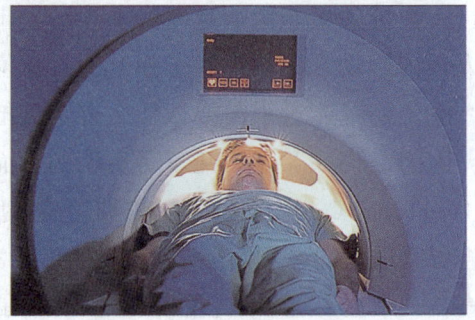
F

C

　　青霉素1928年由伦敦圣玛丽医院的细菌学家亚历山大·弗莱明发现,这幅纪念窗画(A)在圣玛丽医院附近的圣詹姆士教堂。但是弗莱明没有意识到青霉素的重要意义,霍华德·弗劳里和恩斯特·桑恩发现了其强大的化学治疗功能。他们早期的(1942年)实验室(B)与用于批量生产的发酵池(C)形成鲜明对比。第一种被确定为青霉素来源的微生物是青霉菌培养液(D),但是其它菌种也能够产生青霉素,比如产黄青霉,此处显示的是放大了850倍的这种培养菌(E)。CAT扫描器通过让病人躺在圆形管道内的可移动床上,利用比较少的X光照射病人身体,从而获得骨骼和软组织的精确图像。

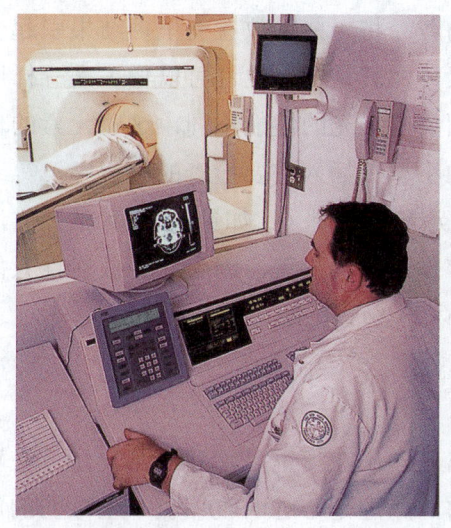
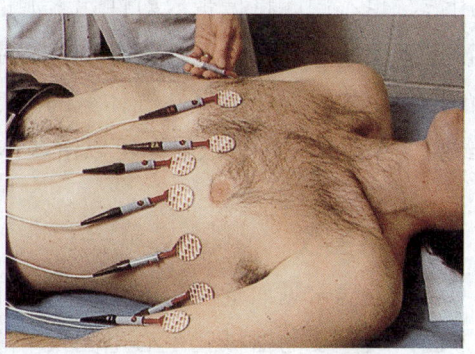

左图：CAT扫描器由实验室技术人员通过图中所示的仪表盘进行操作。

右图：近年来，为了诊断而进行身体检查变得越来越重要，这里显示的是心电图仪检测病人心跳的情景。

需要躺在圆形的磁铁之内，它将氢原子的质子发射到人的体内。而后无线电波引发氢原子发出微弱的信号，被接收器接收并传递到计算机中，计算机据此绘出极其详细的图像，能够发现人体组织内部的任何异常情况。这是一种无痛的安全检测方法，没有任何副作用，但 X 光会带来辐射。

X 光还有一项医疗用途：治疗癌症。方法是将一束 X 光对准肿瘤组织，同时将弱一些的 X 光对准旁边的组织。这种方法要用到很多设备：首先，病人的身体要缓慢地旋转，同时将 X 光束固定对准肿瘤；其次，依次减弱的几束光线各自对准病变组织周围的某一点。使用这种治疗方法需要很强烈的辐射，会造成过度辐射的伤害，尤其是对于操作机器的人。很不幸的是，最开始人们没有意识到这种危险，所以一些先驱人物患了不治之症。现在，通过使用更加谨慎的检控和使用铅屏蔽，人们不会再受到这种伤害了。

X 光之所以得名 X 光，是因为刚开始人们不知道它的来历。几乎与 X 光同时，人们还发现了另一种辐射。1896 年，法国物理学家安托万·亨利·贝克勒（Antoine Henri Becquerel）发现铀能够发出穿透力很强的辐射。因为这种被称为放射性的现象，他获得了 1903 年的诺贝尔奖。这个新的科学门类的先驱者还有玛丽和皮埃尔·居里（Mary and Pierre Curie），1898 年他们发现了镭。这是一项漫长繁重的工作：从 800 公斤沥青中他们只提取出了 1 克镭。但是很不幸，这种新的金属也有致命的辐射，会引起白血病，玛丽·居里，即居里夫人，1934 年就死于这种疾病。

第十九章 医学和公共卫生

发明的历史
A History of Invention

由于没有意识到这种风险，贝克勒曾经将一些铀放在兜里，结果引起了燃烧。但是，这表明这些新的辐射元素，尤其是镭，也许可以像 X 光一样用于医疗，后来证明这个想法很可行。因为与 X 光的性能不同，这些元素的使用方法也不同：将携带放射性元素源的小型针插入需要检查的组织中。第二次世界大战之后，由于一系列人造放射元素的出现（比如钴），这种治疗方法的应用更加广泛。放射性气体氡的医疗作用尤其显著，因为它的放射性只能维持 3 个星期，所以放射源可以留在体内不必取出来。

心电图仪

心脏病常见而危险，准确地诊断出问题出在哪里是治疗的第一步。在这方面，最重要的器械就是心电图仪，它的原理是心脏的收缩肌产生微弱的电流，它可以被放在人体适当部位的电极捕获并测量。通过这种方式，医生就能够监测和记录不单单是心脏的跳动，还包括每个心房和心室的跳动。

心电图的先驱人物是奥古特斯·迪塞雷·沃勒（Augustus Désiré Waller），他与 1887 年拍摄了首张人体心电图。但是直到 1901 年，荷兰莱顿大学的生理学教授威廉·恩斯沃（Wilhelm Einthoven）才发明了环形检流计，用于更加精确地测量心跳时的电流变动。1903 年，他制造了世界上首台心电图仪。这台仪器非常巨大，重将近 300 公斤，但是后来变得轻便了许多。将它与监测器连在一起，就能观察一定时期内心跳的情况，从而发现任何异常情况。心电图仪是麻醉学家常用的器械，用于检测病人的身体状况。

左图：脑电图仪能够分析大脑皮层的电流，在病人头部受损伤和患脑部疾病时能够提供有益的帮助。
右图：1973 年，CAT 扫描器用于扫描人的头部。

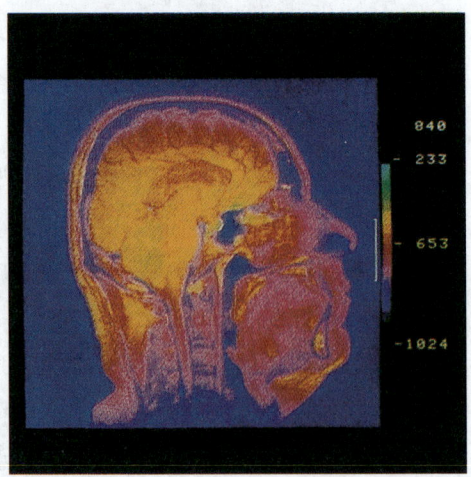

在治疗心脏病方面，另一项很有用的诊疗手法是心导管，1929年由沃纳·福斯曼（Werner Forsmann）发明，30年之后他获得诺贝尔医学奖。心导管是一种十分细致柔韧的软管，能够通过轻柔地推动从胳膊上的静脉进入心脏，从而获取诊疗样品。

大脑在活动的时候，也能够产生电流，尤其是大脑皮层。19世纪的时候人们就知道了这种现象，但是很少有人认识到它的研究价值。第一位系统研究脑电波的是德国耶拿大学的生理学教授汉斯·贝格（Hans Berger）。从1924年开始，他首先记录了狗的脑电波频率，而后又在自己的诊所里记录人的脑电波频率。5年

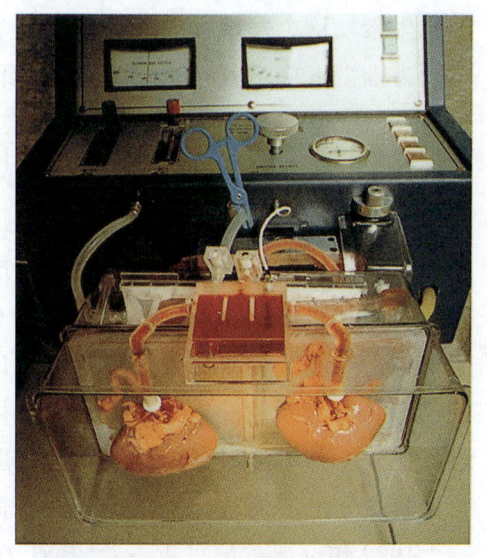

在器官移植手术中，最成功的是肾脏。手术成功的最关键因素是要保持捐赠肾脏的健康状态，直到移植手术开始。通常使用的方法有两种：储藏于冰冷的生理盐水和灌注血浆。图中所示为后者。

之后，他制造了首台脑电波仪，但是当时的精神病学家都对此不感兴趣。幸运的是，一家当地光学公司Carl Zeiss支持他，帮助他制造了一台改进的机器。第二次世界大战之后，在治疗脑部疾病和损伤方面，脑电波仪成为重要的仪器。在心脏研究方面，它也和麻醉法及心电图仪一起，成为检测病人状况的重要工具。

当然，并不仅仅是相对复杂的机器才改进了诊疗方法，施芬内·里瓦—洛齐（Scipione Riva-Rocci）1896年发明的简单的血压计，现在仍然在世界各地使用。这套工具包括听诊器和充气式袖带。

维生素和荷尔蒙

到了20世纪初，人类营养的基本要素已经被考察清楚：健康的饮食显然包括碳水化合物、蛋白质和脂肪的平衡摄入。尤其要感谢的是剑桥大学的弗雷德里克·加兰德·霍普金斯（Frederick Gowland Hopkins），他发现人体也必需一种少量的他称之为"辅助性食物因素"的东西，即现在我们所说

发明的历史
A History of Invention

的维生素。这个发现很快就开启了医学的新领域，因为人们发现很多疾病都是因为维生素缺乏引起的：坏血病（维生素 C）、脚气病（维生素 B）、软骨病（维生素 D）和糙皮病（烟酸）。这种疾病能够通过添加食物中所缺乏的成分得到预防，一些维他命制品，有些是合成的比如维生素 C，现在已经成为制药工业中的重要一项。

虽然人体内脏中的微生物能够合成一些维生素，人体所需的大部分维生素还是来自正常的饮食，比如维生素 C 来源于绿色蔬菜和新鲜水果。人们也了解到，人体的健康运行还依靠制造出一种少量的极端活跃的物质——荷尔蒙，它来自于人体的内分泌腺。之所以叫内分泌腺，是因为它们的产物直接进入血管，并不通过任何器官，比如胆。最重要的荷尔蒙之一是胰岛素，通常由胰腺分泌，缺乏胰岛素会导致糖尿病，这是一种致命的疾病。

1922 年，弗雷德里克·G. 邦汀（Frederick G. Banting）、查尔斯·H. 贝斯特（Charles H. Best）和约翰·马克莱德（John Macleod）在加拿大发现了荷尔蒙。今天，糖尿病能够通过定期摄入胰岛素得到控制，大部分糖尿病人能够过正常的生活。很多荷尔蒙也进入了日常医疗领域，包括利用荷尔蒙治疗多种与性有关的并发症，比如更年期的病症。考虑到社会影响，在这个领域最重大的成就也许是避孕药。

器官移植

我们上面已经提到了古代印度的皮肤移植。此项手术的成功需要使用病人前额的皮肤，有时候用脸颊的皮肤。使用其他人（除了双胞胎之间）的皮肤通常会失败，因为移植的皮肤被排斥。由于免疫功能的作用，当人体产生抗体时，会破坏掉所移植皮肤的组织。

在很多方面，人体都很像汽车：如果一个重要部件或器官失去功能，它就会停止运转。但一个重要的区别就是：汽车能够通过更换部件重新启用，而人体通常会排斥来自他人的移植器官。就是这种排斥机制，以及手术耗时太长和太不稳定，在很长一段时期内限制了器官移植的成功。但是在过去的 30 年里，在识别对器官移植影响最大的因素方面已经取得了很大进步，这已经影响到对于器官捐赠人的选择标准。人们也开发出了很多免疫抑制剂，能够减弱排斥；合成器官和细胞／组织技术也有了很大的进展，科学家可以在实验室培养新器官,而后植入病人体内。

肾脏的移植取得了最大的成功,1953年,约翰·梅里尔(John Merrill)在美国进行了首次肾脏移植手术。从此之后,人们进行了几千例成功的此类手术。成功的要素之一是肾脏是成对的器官,只有一个的话人体也能够正常运转。1967年12月,南非开普敦大学的克里斯蒂安·巴纳德(Christiaan Barnard)进行了首例人类心脏移植手术,而此前3年,美国密西西比州杰克逊大学医院的詹姆斯·哈

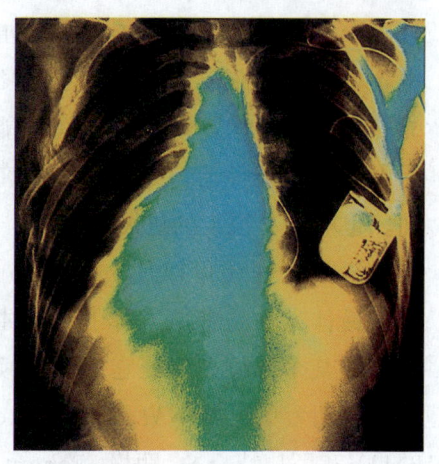

心脏移植手术的成功率很不让人满意,但是心脏起搏器让上百万的人受益。

代(James Hardy),把黑猩猩的心脏植入了一名58岁男子的体内。这两个手术最终都没有取得成功,植入人类心脏的病人存活了18天,而植入黑猩猩心脏的不到3个小时就殒命。这项技术非常专业,但是英国、美国和世界其他国家都成立了专门的心脏移植研究机构。肝脏和肺的移植也已经逐渐开展。在器官移植领域,另一种取得很大成功的是骨髓移植,这对于患有再生障碍性贫血和白血病的人是很大的帮助。

到了这个阶段,很难对于器官移植手术的作用作判断。虽然移植技术一直在稳定地进步,但是对于能够从这种手术中受益的很多病人来说,匹配的捐献器官和器官移植专家仍然太少。如果排斥的问题能够得到圆满解决,情形会得到很大的改观。近年来,一些重大的进步已经产生了三种人体器官移植方案:异种移植;使用人造器官或其他合成手段;组织工程。

异种移植是在不同的物种之间进行器官移植。对于人体器官移植,最好的器官捐献动物是猪,两者的器官有非常多的相似之处,所以猪的器官移植研究已经开展了半个世纪之久。在减少排斥发生的可能方面,有两种可行的办法,一是对动物的基因进行改变,以创造出更符合人体需要的器官,二是通过组织工程制造杂种合成/生物器官。

20世纪90年代,化学和制造工业的进步,产生了一系列免疫抑制剂的塑料,可供医疗使用:这些合成聚合物不会产生排斥作用,而且通过其结构和特性它们还能够促使人体组织的生长。杂种器官通过包含一层人体细胞的

第十九章 医学和公共卫生

发明的历史
A History of Invention

合成聚合物薄片将捐献器官与移植接受体分隔开。这些细胞是从移植接受体中收集，但是在免抑制疫力合成聚合物中生长，直到它们牢固地"长成"。很显然，这项技术需要很长时间才能产生新的器官，而且现在仍然不是很可行的办法。除杂种器官之外，人们在开发人造骨骼、软骨和其他连结性组织方面，也取得了很大的进展。

组织工程还可以使一些器官能够完全从少量移植接受体的细胞培养而成。最佳方法是参照人体的自然生化过程，将在人体外培养的适当细胞植入人体的某个部位，保证它能够继续正常生长。20世纪70和80年代，麻省理工学院的爱奥尼斯·V.雅纳斯（Ioannis V. Yannas）、尤金·贝尔（Eugene Bell）和罗伯特·S.朗格（Robert S Langer）以及哈佛医学院的约瑟夫·P.瓦康蒂（Joseph P. Vacanti）是这方面的先驱人物，这种方法已经在皮肤病和软骨损伤病人身上使用。

人体内部器官带来的难题一直困挠着20世纪医学界。实际上，直到1999年，首例成功的内部器官生长和移植手术才获得成功。由安东尼·阿塔拉（Anthony Atala）领导波士顿儿童医院和哈佛医学院组成的组织工程实验室，成功培养和移植了六个毕尔格猎犬膀胱。在植入之前，科研人员在合成聚合物中培养了两种组织：肌肉和尿道皮肤，植入之后它们正常维持了10个月。阿泰拉早就使用同样的技术，在试管中培育了人类膀胱。毕尔格猎犬的实验提供了关键的参考数据，对将来在人体上进行移植有很大帮助。这次成功也坚定了人类器官培育将会快步发展的信念。

人造器官和其他合成手段并不新鲜，但是它们的发展阶段还处在婴儿期。比如，自从20世纪60年代早期第一例移植手术以来，心脏起搏器就成为很多病人必须的简单有效的心跳控制装置，每年都有超过20万例这类手术。日本和美国进行的调查显示，机械心脏也许能最终成为天然心脏的合格替代品。1943年，威廉·科夫（Willem Kolff）制造了第一个人造肾脏，在肾脏疾病治疗方面，它长期以来一直是很有效的。1957年，科夫发明了第一个人造心脏。1976年，科夫的同事罗伯特·加维克（Robert Jarvik）发明了一个充气的心脏，用于在没有其他治疗方案可用的病人身上使用。虽然加维克进行了90例移植，但是这种手术引发了很大争议，1989年美国对它进行了禁止。

加维克人造心脏的很多困难，比如经常的血液凝结和冰箱大小的充气泵，似乎都随着左心室辅助设备（LAVD）的出现迎刃而解。马萨诸塞州沃本（Woburn）的塞默心脏系统公司（Thermo Cardiosystems）制造了 LAVD，1995年美国联邦食品和药品管理局批准了它临床使用。左心室辅助设备包括一个手掌大小的钛泵，这个泵要植入病人体内，还需要一个两节电池的小型控制器。心伴（Heartmate）不是取代病变的心脏，而是分割了心脏的功能：在很多病例中，很让人惊讶的是，原来的心脏都重新获得了原来的功能。现在，这种器械被用于心脏衰竭的长期治疗，而不再仅仅是心脏移植取得成效之前的临时措施。

最成功的人造移植是组织和结构：皮肤、骨骼和软骨。最近，一些研究计划利用聚合电解胶制造出了人造肌肉，能够在电子刺激下扩展和伸缩。利用传感器驱动的仿生手臂，根据肌肉的收缩产生的电波产生回应，已经成功地进行了应用。

远程医学

世界电信业的发展，使医疗实践大大受益。远程医疗来源于电信与医疗技术的结合，而且有很大的潜力，表现在让不能享受高水准医疗的人口受益、降低咨询费用以及简化培训和资格认证。从广义上来讲，远程医疗可以看作是用电信技术在偏远地区进行研究、诊断、传递病人资料和提升医疗水平。从这个意义上讲，远程医疗已经不算新鲜事物，因为早在20世纪50年代，电话和无线电就已在医疗中得到应用。1951年纽约世界博览会之后，内布拉斯加精神病学院就与美国的州立精神病医院合作，开展了远程教育项目，同一时间加拿大蒙特利尔也开展了远距离镭照射项目。

镭照射成为最先采纳远程医疗技术的医学专业，其原因之一是镭照射专家们早就习惯了远距离沟通，他们通过电子邮件或传真机发送处理过的照射图片或者将图片送给同事做参考。如今的电子图像技术与宽带数据传输相结合，已经大大地加快了镭照射图片的处理、传输和分享速度。

以前，电话、传真和无线电都曾应用于远程医疗，而现在互动图像成为更加常用的设备。只要最初的设备成本不成问题，录像会议便能够极大地节省交通成本，还能减少患者的花费，而且无需进行长途旅行就能与专家面对面交流。这些设备能够支持很多医疗需要，比如家庭保健和医生的跟踪调查，还有在偏远地区生活和工作的医生的职业教育。

发明的历史
A History of Invention

便携式通讯系统得到应用之后,严重病例的治疗已经得到提高,因为医院里的专家能够更有效地对病人作出诊断,并且指导现场人员进行事故处理。

最近的研究项目已经证明,只要网络足以支持高速的数据传输,远程外科手术就可以进行。现在,人们已经在手术室外控制进行了胆囊切除手术,而且在5公里的距离外在动物身上进行了手术。早些时候人们相信,侵犯性最小的手术方法就是不让医生直接接触病人,通过一种中间介质进行手术。这样的话,远程外科手术更需要合适的基础设施和安全措施,而不是新的专家。

预防医学

预防医学与人类文明一样古老,我们可以这样认为:洁净的供水不仅仅是一项福利,而且对于公共健康非常有利。自从巴斯德发现微生物是很多疾病的致因之后,人们越来越关注供水与垃圾处理的关系。这带来了两个结果。第一,供水系统和垃圾处理系统的重建,保证二者完全隔离。第二,水不但通过改进的过滤方法净化,还使用氯消毒。虽然氯在公共卫生方面有巨大价值,但也有很多人反对它。但是1945年美国规定在饮用水中加氟化物以防止蛀牙,这让预防医学重新兴盛。

在流速很快的河边的村镇,污水处理并不是大问题,因为自然的腐化过程很快就会完成,不会造成危害。但是在大城市里,比如那些市区有流速很慢的河的城市,情况大不相同,必须建立大型的污水处理场,在污水排出之前对它们进行处理。直到20世纪中叶,污水处理大都依靠筛选,但是现在依靠氧气的空气火化程序,能够以更快地速度分解掉有机物。

健康费用上升很快,很多国家开始积极展开预防运动,比如这幅海报上表明的禁烟运动。

在公共卫生事业中,供水和污水处理是两项最重要武器,但是还有其他的预防举措。我们在上文中已经提到了免疫的广泛使用。其他重要的公共卫生措施包括影响食物制造和出售的法规、危险药品控制和污染防治,尤其是空气污染防治。

虽然预防医学已经应用了很久,但是近年来它才获得了越来越多的重视。

霍乱是最严重的水源性疾病之一，1912到1913年的巴尔干战争中，图尔奇军队每天死于霍乱的人达到100个，远远超过战场的伤亡（左图）。污水净化工厂（上图）是公共卫生系统的重要部分。

各国政府都不得不面对的一个问题是，虽然新的医疗技术能够减少病人的痛苦和死亡率，但是大部分病人都无法享用这些昂贵的技术。在当今世界，五分之四的人口得不到任何种类的正常医疗服务，根据世界卫生组织估计，即使在世界上最富的美国，仍然有5000万人居住在医疗服务水平低下的地区，300万人得不到正常医疗保障。在婴儿出生第一年中，西方国家的死亡率低于2%，而第三世界国家，比如阿富汗，死亡率高达25%。

面对这种背景，以及严峻的经济现实，很多人感到医疗策略关注疾病太多，而忽略了健康。总体看来，所有人口的健康花费，要比高级专家和医院服务的花费回报率高得多。毫无疑问，每个人花几美元就能够在第三世界产生惊人的影响。在拉丁美洲，如果患传染病和寄生虫病的人死亡率从现在的22%下降到6%（按照现代的抗生素和驱虫药物发展水平，这是一个完全可以达到的目标），那里的平均寿命将从45岁升高到68岁。在富裕的国家，通过反对过量消费烟草、酒精和危害健康的食物，人们已经取得了很大成就。

1978年，世界卫生组织和联合国儿童基金会联合举行了一次会议，会议发起了一项运动，鼓励各国政府修改它们的卫生政策，偏重于提升人口健康而不是对抗疾病。1999年，英国政府通过在2000年禁止电视或户外广告板上出现任何烟草的广告，对烟草工业实施了最严厉的限制。只有少数运动项目获得了一到两年的暂缓执行，让它们调整财政结构，不再全部依赖烟草赞助商。

第十九章 医学和公共卫生

◎ 第二十章 农业和食品的新局面

直到现在，世界上很大一部分食品仍然通过传统方法制造。事实上，在不发达地区，农业的状况依然和公元前差不多，而且在未来的很多年中仍然会这样下去。而另一方面，现代农业已经发生了彻底转变，出现了所谓的"绿色革命"。除了机械化趋势的加速、占有更加广阔和更多土地的的需要，化学品的使用也有了革命性变化。人们不仅广泛地使用化肥来促进作物生长和提高产量，还有一系列用来杀虫和治疗作物疾病的化学药品已经出现。有些农业化学品已经减轻了播种前人们料理土地的劳动量。从古到今，几乎没有出现新的作物，新西兰的猕猴桃是个例外，但有选择的培育已经大大丰富了已有的作物品种。在动物蓄养方面，情况也差不多这样，出现了更健康的种群和系统改良的品种。

食品是农业的主要产品，但并非唯一产品。一些作物，比如橡胶和棉花，完全是为了工业用途种植，农业和动物蓄养还生产工业副产品，比如羊毛和皮

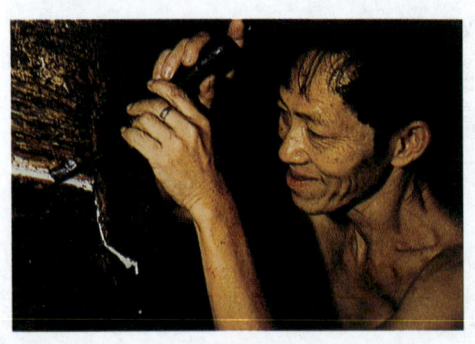

左图：现代农业包括一些纯粹的工业作物，其中有橡胶，在汽车轮胎工业中大量使用。图中所显示的是新加坡种植园中，工人正在收集橡胶。上图：20世纪末，基因工程研究和发展有了急速增长，产生了大量收益，也带来了很多争议。

革,以及为了生产药物(比如胰岛素)而生产的分泌物。基因工程家畜,又称为"药用"动物,完全是为了让它们产奶制药而培养。新的食品处理技术,比如冻干和冷藏,为供求之间实现平衡作了很多贡献。

农业化学品

迄今为止,农业中应用量最多的化学品,是用在土壤里的合成化肥。如果使用得当,它们能极大地提升作物产量。但是多年以来,它们低廉的价格造成了过度使用,这不仅不会带来额外的收益,还会妨碍生产,比如:过量施肥的谷物会长出很长的茎,极其容易被风雨折断,使得作物的收成更差;过度使用除草剂,会增加害虫、野草和致病组织的免疫能力。另外,过量的化肥,比如硝酯钯,会通过某种途径进入饮用水,可能会危害到人类健康。当然,近年来,随着1973年的能源危机推动化肥价格急剧上涨,这促使人们更加负责地使用肥料。

在为特殊用途生产的高价值合成化学品方面,发生了更加巨大的变化。

二吡啶基除草剂能够消灭地表的野草(上图),但是在土壤之内不起作用。所以无需经过传统的耕耘方法,在土地之上洒了二吡啶基之后就能够种植作物了。过去50年中,由于大量使用合成的氮肥,农业的经济基础发生了根本改变。需求是季节性的:右图中显示的是一个巨大的贮料垛。

发明的历史
A History of Invention

人们生产出来的产品,很像厄尔里希所谓的"神奇的子弹":消灭害虫和疾病,但是对作物不造成任何伤害。世界上关于害虫、野草和疾病造成的危害的估计,通常并不可信,但是20世纪70年代所得出的数字:600亿英镑,至少说明了问题的严重性。

作物生长最可怕的敌人是野草,尤其是在作物幼年时期。传统的控制方法就是拔草,最初是用手,后来是用马和拖拉机拉的工具。为了清除野草,人们使用了硫酸和氯酸钠。1926年,荷兰人F.W.温特(F.W. Went)发现了一些能够控制生长的物质:起初被称为茁长素,后来又被叫做植物生长素,它们很像人体里的荷尔蒙,含量很小,但是控制身体的活动。进一步的研究发现,这些物质不仅能够刺激作物生长,还能对生长造成妨碍。利用这个原理人们发明了选择性除草剂:能够消灭野草却不对作物造成影响的化学品。1932年,第一种这一类化学品二硝基甲酚(DNOC)在法国获得了专利。但是按照现代标准,DNOC的选择性并不强,对于两种主要的作物群中的双子叶植物起作用,对单子叶植物不起作用。但由于所有的谷类作物都是单子叶植物(种子萌发的时候只有一颗芽),而大部分野草都是双子叶植物,所以DNOC取得了很大的成功。在此之后,美国出现了更加有效和选择性更强的2,4 二氯苯氧基乙酸(2,4-D),第二次世界大战之后进行了大量生产。到了1950年,二氯苯氧基乙酸的年产量已经达到10000吨。考虑到该药品的效力,这实在是个巨大的产量。后来,人们开发了很多种化学性能上关联的选择性除草剂,部分原因是为了适应某些作物的特殊状况,部分是为了取代已经让野草产生抗药性的除草产品。

在20世纪50年代,英国的1CI公司开发了一种全新的除草剂,其化学名称是二吡啶基,而通常人们称之为百草枯。它能够对很多野草起作用,而且还能用于其他用途,比如控制水草和橡胶园野草的生长。但有一个现象很有趣,就是它催生了一种新的作物生产技术。百草枯能够杀死地表生长的野草,但是在地表之下它就很快失去效力。所以在播种之前将百草枯撒到土地上,而不用再进行古老的耕耘程序,然后经就能够直接播种了。这种新的最小化耕种或"无耕种培植"技术,后来证明非常节省时间。在过去的土壤准备中,劳动力成本是主要的因素,而且仍然在不断增长,当然,燃料成本也是重要因素。

野草并不是造成严重作物损害的唯一因素，真菌引起的各种疾病也能造成大伤害。最早的抗真菌类药物之一是1885年发明的波尔多液，它是硫酸铜和浑石灰水的混合物，用于防治葡萄树的霜霉病。因为波尔多液物美价廉，还被广泛应用于茶叶、咖啡和可可的种植中。而且，除了原来使用的铜除菌液，还出现了一系列合成有机杀真菌剂。其中一些（二硫代氨基甲酸盐或酯和苯邻二甲酰亚胺）还用于喷洒树叶，而现在人们越来越多地使用系统杀真菌剂。杀真菌剂被植物根部吸收，通过木质部输送到植物上方，就像药物在血管中被输送，然后就可以抵抗让植物叶和茎受到感染的真菌。但这是一场永远不可能真正打赢的战争，因为真菌能够获得对某些杀真菌剂的抵抗性，这个问题只能通过再开发其它新的杀菌剂解决。在日本，有人已经开始使用抗生素控制真菌类疾病，尤其是水稻的疾病。但是，要开发新产品越来越困难，部分是因为研究开发的成本太高，更大的原因是世界各国都制定了使用杀真菌剂的法令，新的农业化学品进入销售之前必须经过法律允许。

真菌和其他作物疾病，比如谷类植物的黑穗病和腥黑穗病，能够传播到种子上。从20世纪30年代开始，人们就使用有机汞系防霉剂作为种子

各种作物的生长都会受到各类害虫和疾病的侵袭。上面这几幅图片，表明的是耳穗（上图）和大麦（中图）的黑穗病和腥黑穗病。为了对抗这些疾病，人们开发了很多种农业化学品，下图显示的是菲律宾的旱稻田喷洒农药的情景。

第二十章 农业和食品的新局面

发明的历史
A History of Invention

害虫很容易产生抗药性，农民需要一系列化学品才能控制虫害。在这里，棉花对合成除虫菊酯（左图）有反应，但对于有机磷杀虫剂（右图）却没有反应。

敷料。这些方法很有效，而且在适当控制的情况下，也很安全，但是它们有毒性。所以，人们开始开发不含汞的敷料，这方面的先锋是杜邦公司1930年制造的二硫四甲秋兰姆。第二次世界大战之后，很多种这类药品又进入商业销售领域。

作物生长的第三类敌人是害虫，从上亿只黑压压的蝗虫（它们吞掉所遇到的任何东西）到小型的叶甲科的甲虫（会给作物的根部造成感染）。总体看来，它们每年造成的损失也要达到数十亿美元。杀虫方面，第一项重大成就是DDT，1939年巴塞尔的保罗·H. 穆勒（Paul H. Müller）发现了它强大的杀虫能力。1948年，因为这个重大的发现穆勒获得诺贝尔奖。在战争期间，DDT的制造被当成一项紧急任务。1943和1944年，它成功地控制了斑疹伤寒症在那不勒斯的爆发，这是一种虱子传染的疾病，由此赢得了广泛的公众关注。也是在战争期间，英国出现了另一种有机氯化合物BHC。很快就证明它对于多种害虫都有效，比如土壤中的铁线虫和芸苔上的甲虫。事实证明，它对于虱子也有效果，这促成了防治虱子的现代方式的出现。这种药的原理是：当蝗虫表现出聚集的趋势时，就在它们有限的繁殖区域内进行攻击。在公共卫生领域，BHC尤其有用，能够控制兽医治疗传病媒介，比如蚊子和采采蝇。

而它在农业的功效就没这么大，因为人们发现很多作物，比如块根农作物和黑醋栗，使用了它之后都会染上难闻的味道。

与此同时，化学家们已经将目光对准了其他事物。第二次世界大战前不久，德国的法本公司开发出了几种含有有机磷的杀虫剂，其中一种是硝苯硫磷酯。这种杀虫剂非常有效，但是对于哺乳动物（包括人类在内）毒性很大，而且在一段时间内，这似乎是这类杀虫剂的共性。不过，在几次失败之后，20世纪50年才出现了两种有效的新产品：英国的灭蚜松和美国的马拉息昂。

这些新产品，尤其是含氯的有机化合物比如DDT，都非常有效，而且价格低廉，所以在世界各地得到了广泛使用。鉴于它们消灭大部分重要作物害虫（由于害虫数量在不断猛增，这个作用很重要）和能做传播很多流传广泛和致命疾病的媒介，它似乎是人类被赐予的巨大和及时的福祉。但是实际上，化学工业已经岌岌可危，因为很多证据表明化学杀虫剂会带来很多危害。它们会对动物造成毒害，对于不同物种之间的毒性也不一样，但如果采取得当的措施，杀虫剂使用者不会受到危害。但是，在这方面，尤其是在耕作水平比较原始的地区，它们的使用方法并不总是恰当，可能构成严重的健康威胁。它们也对很多野生动物的健康造成威胁，尤其是鱼类和鸟类。

1962年，雷切尔·卡森(Rachel Carson)出版了《寂静的春天》后，这一问题第一次引起了广泛的公众关注。结果，大部分国家对于杀虫剂的使用实施了更加严格的限制，大部分含磷农药（比如DDT）被禁止使用，用其他威胁不那么大的化学品代替。这还激发了人们对很多长久以来一直使用的天然杀虫剂的兴趣，比如鱼藤根，它所含的鱼藤酮能杀死昆虫，有的地方使用含有除虫菊酯的菊花进行杀虫。这些产品能够减少公众的疑虑，因为它们是天然的。但是有一个事实无法忽略，就是我们所知的一些最致命的毒素，比如马钱子碱和肉毒毒素，天然杀虫剂中也包含。对于合成杀虫剂的忧虑，也促使人们对于用生物学方式控制虫害产生了兴趣。比如，在20世纪20年代，通过引进来自德克萨斯的食肉动物，澳大利亚消灭了上百万英亩仙人掌果树。最近，通过在暖房里引入一种寄生虫Encarsion formosa，人们成功控制了红蜘蛛和白蝇。即使采用这种方式，威胁仍然存在，因为在新的环境中，食肉动物会改变习性，也许也会变得有害。人们利用非常明显的性引诱剂（也就是信息素）布设陷阱，已经成功地引诱了很多昆虫。从这些不同的方法中，

发明的历史
A History of Invention

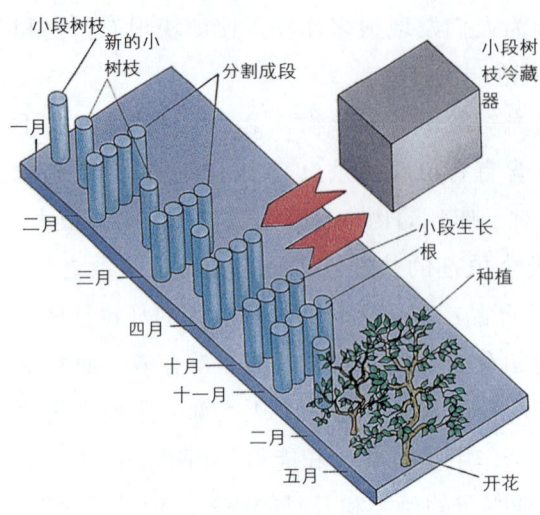

上图:这里显示的是玫瑰的试管培养,能够从一棵母株很快培养出成千上万棵幼苗。从母株上取下的一小段树枝或者分裂组织,放在试管中的培养液中培养:它被分割成4份,然后分割出来的4份再继续各自分割下去。一年之后,获得的幼苗将被种植进土壤,六个月后会开花。

下图:一颗幼苗正在试管中培养。基因选择是改造现有植物的一种方式,让它们变得抵抗疾病能力更强,还能够创造新的植物种类。

人们开发出了联合的害虫控制方法,将化学和生物学方法一起使用。

大部分好处都会被滥用,强大的合成杀虫剂也不例外。但是有重要的两点我们应该知道:第一是大部分大规模使用者都明白自己的职责,并且对于成本也很了解,不至于造成昂贵产品的过量使用。第二是这些被大量滥用的化学品,已经挽救了上百万人的生命。20世纪50年代早期,全球发起了一场消灭疟疾的战斗,疟疾是一种使人衰弱的致命疾病。这场战斗部分是依靠抗疟疾药物和排干孳生蚊子的污水,但也很大程度上依靠了合成杀虫剂。1971年,领导这场战斗的世界卫生组织,宣布了重大的成果。在大约18.14亿居住在疟疾感染地区的人口当中,13.47亿已经完全摆脱了疟疾威胁,或者不再受到疟疾的严重威胁。

植物和动物培养

对抗植物疾病的一种由来已久的方法,是培养新的抵抗力强的品种,在多年的时间里,人们在这个领域取得了很大的成功。过去大约20年的时间里,由于一种新技术试管培养或叫试管克隆的出现,这种方法的潜力被大大地挖掘出来。

这种方法是采用植物生长点的一小块分裂组织，先在试管的营养液中培养，到了它长出根和叶子的时候，就用传统方式种植。这种方式能够以极快的速度培养出植物，一棵玫瑰母株一年的时间就能培育出 20 万棵新的玫瑰植株。这种技术产生了两大影响。第一，利用传统方法，至少要用 10 年时间才能生产出足够数量的植物新品种上市营销，而试管培养只需 2 年时间。第二，很多病毒和疾病不能通过种子传播，但是能够通过正常的植物养殖途径传播，比如压条、嫁接等等，很多重要作物都使用这些方法，比如马铃薯、甜菜、香蕉和草莓。通过采用无病毒的微型分割，就能够大量培养完全健康的植株，但是如果种植在有疾病的环境中，它们会感染疾病。法国培养的 Belle de Fontenay 马铃薯就是很好的例证，1954 年因为病毒传染它几乎灭绝。今天通过试管内的无疾病培养，它又被广泛地种植。在动物饲养领域，这种方法也得到了越来越多的应用。

一些国家，尤其是巴西，通过发酵法制造酒精作为汽油的替代品，以对抗石油危机。图中的这家加油站是巴西典型的加油站。

　　直到最近，家畜饲养者取得的进展仍然很缓慢，缓慢到无法适应对牲畜的需求变化。20 世纪初，在英国最大的需求是肥羊，重大约 45 公斤，要有足够的脂肪；30 年之后，更加畅销的牲畜重量降低了一半，而且很瘦。通过与最好的雄性种畜配种提高牲畜质量是一个慢活。早在 19 世纪，就有一些养马人开始使用人工授精的方法。但是直到 20 世纪 20 年代，这项技术才在农业领域得到了广泛的使用。俄罗斯的 I. I. 伊万诺夫（I. I. Ivanov）在羊和牛的身上作了大量实验，促进了这项技术的推广。第二次世界大战之前，这项技术在丹麦和美国得到了有限的应用，但是就实用目的来说，它应该说是一项战后的进步。1939 年，美国仅有 7500 头母牛受到了人工授精，但是到 1947 年，这个数字超过 100 万，1958 年达到了 600 万。这很大程度上归功于通过冷冻长时间保存精子技术的出现，通过这种方式，优秀雄性种畜的基因品质

第二十章 农业和食品的新局面

发明的历史
A History of Invention

能够得到长久保持，即使在身体死亡之后基因仍然存在。同样的，为了长久保持雌性牲畜的优秀基因品质，最好的母畜的受精卵可以被移植到其他母畜体内，从而培养出完全健康的后代。

和其他牲畜相比，马的状况与众不同。赛马的培育在西方世界仍然是桩大事，但是令人沮丧的是，农业中使用的马匹数量正在急剧下降。英国的情况就说明了这个趋势：20世纪初，马的数量超过300万匹，几乎是当时人们使用的唯一挽畜；到1950年，只剩下了34.7万匹马；而到了1960年，马的数量已经很微不足道，以至于政府的农业报告中不再罗列这项内容。伴随马匹数量的下降而来的，是拖拉机使用的增长：1900年的时候，它在农业中的作用还非常小。但到了1950年，全世界拖拉机总量大约为600万台，其中三分之二在美国。今天全世界总量已经接近2000万台。但是变化的步伐很不平均。在很多发展中国家，拖拉机仍然很少见，古老的水牛和黄牛仍然是耕耘土地的主要力量。虽然我们的统计可能不太准确，但是如今全世界这两种挽畜的数量大约是7000万，而且也许会继续增长，而不是下降。

育种方面的新成就，建立在人们对遗传的科学规律越来越多认识的基础之上。这方面的先驱人物是西里西亚的牧师格里戈尔·孟德尔(Gregor Mendel)，他在19世纪作了大量研究工作。而到了20世纪，继续遗传研究的是荷兰的胡戈·德·弗里斯(Hugo de Vries)和美国的T.H.摩根(T.H. Morgan)。这些研究引发的一种后果是：纯种的重要性下降，那些保持纯种的指导理论书籍也不再占据主导地位。饲养者们热衷于创造新的牲畜种类，让它们符合某些非常精确的要求。今天，人们采取的方法更加经验主义，更多地依靠亲自实践而非育种。随着科学的不断进步，饲养者们正在期盼一个崭新的生物工艺学的未来：基因工程、克隆和转基因。

生物工艺学

现代生物工艺学技术创造了新的动物和植物制造方式，迥异于传统的繁殖或育种方法。与大多数人想的相反，生物工艺学并不是一种新的科学门类，也不仅仅意味着使用DNA的基因工程学，而是使用生物过程制造有用的产品。虽然直到1919年卡尔·埃雷克(Karl Ereky)才创造出"生物工艺学"这个术语，它的很多原理实际上已经在实践中应用了几千年之久。公元前2000年，埃及人和苏美尔人第一次酿造出啤酒和制造出奶酪。柠檬酸也是一个存在了很长时间的例子，它广泛应用于食品、软饮料和药品行业中。19 世纪后半叶，人们将其从柠檬汁中提取出来（这种方法现在仍然在使用），当时这还是意大利人的专利。美国柠檬酸的年产量大约是 1000 吨，但是柑橘供应的不稳定经常会导致柠檬酸产量的波动，于是人们开始寻找更加可靠的原料。1923 年，纽约的普利策（Pfizer）开始利用黑曲霉使糖发酵制造柠檬酸，直到如今这还是制造柠檬酸的主要方式。在第一次世界大战期间，制造一种高效炸药的主要原料丙酮出现了严重短缺，曼彻斯特的化学家查姆·魏兹曼（Chaim Weizmann）发明的一种发酵过程解决了这个问题。魏兹曼也是以色列的首任总统。利用这种生物程序制造的重要化学品包括酒精以及青霉素和其他抗生素。

近年来，这些发酵过程在两个方面得到了改进。第一是产量的扩大。在适当改装过的内燃发动机中，酒精可以作燃料。在石油输出国组织的危机中，巴西采取政策，利用多余的各种植物原料进行大规模的发酵制造酒精。这种方法取得了一些成功，但是这一程序也制造了非常多的稀释废液，其腐化之后会带来危害，而且清理它是一个严重的问题。肯尼亚也希望采用相似的生物燃料政策，但是结果是，由于 50 万公顷的土地种植燃料作物用于发酵，该国不得不进口粮食，而这样做是否有经济效益还不得而知。

以上讨论的都是相对简单的化学品，自从 20 世纪 70 年代起，动物食品的成本上涨激发了人们对制造单细胞蛋白质的发酵过程的兴趣。这些过程依靠不同原料的发酵，要花费几年的时间才能收到成效，其中包括甲烷、柴油和石蜡。ICI 公司开发的一项方法，是利用一种叫做食甲基嗜甲基菌（Methylophilus methylotrophus）的菌种让甲醇发酵，该产品名叫普鲁锭（Pruteen），年产量为 6 万吨。苏联有一些著名的的工厂，利用石蜡作原料，年产量达到 20 万吨。

这些化学转换受到微生物中包含的天然催化剂和酶的影响。另一项有趣的工作是分离出相关的酶，将其用于某些固体碱基，比如膜或颗粒。如果配置得当，这些固体生物催化剂能够存活很长时间，但是其活性也会逐渐下降，直到完全没有作用。

现在生物工艺学的迅速发展，得益于化学、物理学、生物学和计算机科学的进步，并且极大地改变了农业和医学的知识面貌。生物工艺学已经出现

发明的历史

A History of Invention

了三个主要的分支：诊断技术、细胞/组织技术和基因工程。通过在细胞和原子水平进行生物物质的识别和控制，这些技术能够提高作物产量、控制和抵抗疾病、进行医学研究、器官移植、有机/无机杂交、仿生学研究和神经网络研究。

大部分基因科学的研究都涉及到对细菌和其他单细胞有机物研究，主要是因为它们是天然克隆的：它们无性生殖，通过分离出其双螺旋DNA的一半，并且将分离出的一半与适当的氮基重新组合，形成与原来的DNA同样的双螺旋结构，也就是形成了同样的另一条DNA链。在细菌克隆的基础上进行的药品和化合物测试表明，任何不同都来自于化合物，而非细菌。1971年，斯坦福大学的斯坦利·科恩（Stanley Cohen）和加利福尼亚大学的赫伯特·鲍尔（Herbert Boyer）最初开发了重组DNA技术，新药的效果诊断技术就有了很大的进步。他们的研究证明，基因特征能够通过基因工程从一个有机物转移到另一个有机。所谓基因工程，就是将分离基因（DNA的一部分）从一个DNA转移到另一个。对于那些想研究某种基因效果的科学家，这个发现提供了一种大规模制造的方法，将基因与一种细菌或者发酵质体（DNA的一条链或者一小片，能够自行存在和繁殖）衔接在一起，然后在仔细控制的实验室培养液中自然分裂。利用这些方法，已经在繁殖的常见细菌（比如大肠杆菌）可以获得合成胰岛素的能力。现在，人们通常是从猪和牛的胰腺中提取胰岛素。另一项可能的成功，是让豆科植物（比如豌豆和豆子）获得氮修复能力，从而降低对人造肥料的依赖。

这些进步最终促成了转基因动物的出现。一旦人们知道所有的生命都拥有同样的基因构成，而且DNA能够在不同有机物之间转换，转基因的概念（让动物获得其他物种而非自己物种的基因）就自然出现了。

1980年，在一宗涉及到石油分解细菌的戴蒙德和查克拉伯里（Diamond v. Chakrabarty）案件出现之后，生物工艺的商业投资数量呈几何数增长。在该案件中，美国最高法院规定，基因工程制造的生命形式能够获得专利。

两年之内，第一例转基因植物出现，第一个人类基因成功地移植到老鼠身上。20世纪80年代，首例基因工程家畜获得成功。80年代还出现了第一例动物专利——肿瘤鼠，哈佛大学的蒂莫西·斯图尔特（Timothy Stewart）、保罗·帕特格尔（Paul Pattengal）和菲利普·里德（Philip Leder）利用基因工程制造的一只老鼠。最近的研究都集中在能够大规模生产不同蛋白质的转基因技术上，因为别的生产方式的成本太高，无法批量生产。

基因工程和改造

1990年，美国食品和药品监督管理局批准了首例基因工程食物产品。有趣的是，它是凝乳酶，是牛的胃中凝乳块的天然酶，已经使用了好几个世纪，而现在用来制造奶酪。1991年，Calgene. 公司请求对 Flavr Savr 番茄进行审查，这是一种能防止腐烂和软化的基因改造番茄。1994年，作为利用重组DNA生物学工艺制造的完整食品，它成为得到美国食品和药品监督管理局批准的首例该类产品。经过美国食品与药品监督管理局的验证，这种番茄与传统方式种植的番茄同样安全，所以它也成为首例公开出售供公共消费的重组DNA食品。20世纪90年代末，又出现了另外几种基因改造食品，包括旨在创造高产量杂交品种的油菜含油种子和抗虫害的大豆。

克隆过程包括同样基因细胞或有机物的创造。虽然早在1938年，德国科学家汉斯·施佩曼(Hans Spemann)首次提出将原子移植作为克隆手段，但是直到1952年，费城的癌症研究学院（现在是福克斯·詹士癌症研究中心〈Fox Chase Cancer Center〉）的生物学家罗伯特·布里吉斯(Robert Briggs)和托马斯·金(Thomas King)才成功地从一个胚胎细胞克隆出几只蝌蚪。在试验中，他们取出一个青蛙胚胎（受体）的细胞核，用其他青蛙胚胎的细胞核（这一部分包含控制生长和发育的DNA）代替。他们之所以使

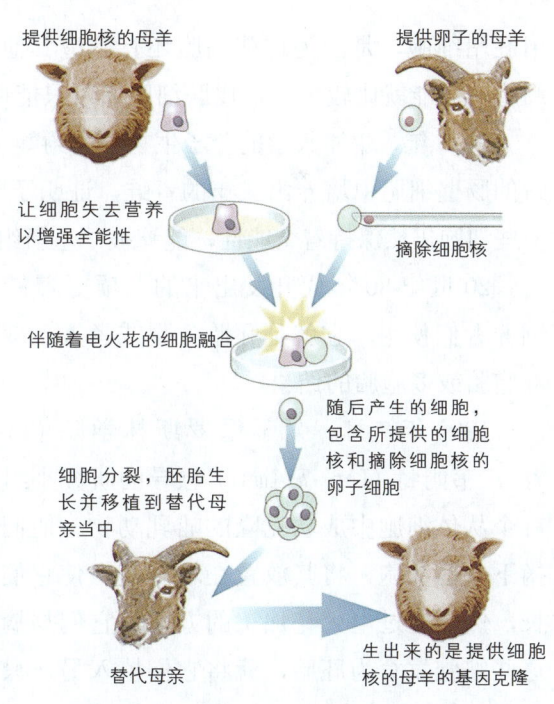

1996年，绵羊多莉(Dolly)成为首例成年细胞克隆的哺乳动物。这个过程包括从一个动物上取下一个细胞的细胞核，将其与另一个动物的卵子外壳结合。

发明的历史
A History of Invention

左上图：1929年，克拉伦斯·伯宰(Clarence Birdsye)首次制造出冷藏食品。图中显示的是20世纪30年代美国典型的冷藏箱。

右上图：公众反对重组基因食品的呼声，促进了有机农场的发展。图中显示的这家农场，利用芥末赶走土豆田里的害虫。

用胚胎细胞，是因为这些细胞还有制造其他类型细胞的潜力。相比之下，体细胞的功能就比较单一，皮肤细胞通常只能用于制造皮肤细胞。

1996年，牛津大学的分子生物学家约翰·格顿(John Gourdon)通过从蝌蚪的肠壁细胞中培养出成年的青蛙，证明了即使是细胞功能大量单一化之后，一些细胞仍然保持着全能性，能够被"重新组织"以创造全新的有机物。

20世纪80年代开发出来的一项更容易的动物克隆方法，很快就被牲畜饲养者们使用。它就是胚胎分裂或者人工双胞胎，使单个细胞分开，以获得双胞胎或多胞胎的结果。

1996年7月，爱丁堡罗斯林学院(Roslin Institute)的胚胎学家伊万·韦姆特(Ian Wilmut)领导的研究小组宣布了克隆羊多莉的诞生，它是首个从体细胞中成功克隆的哺乳动物。他们采用的方法是从成年绵羊的乳房摘下一些细胞，将其放置在培养液中使它们失去养分，直到几天之后停止生长，然后通过电火花加工的方式使它们与摘除细胞核的胚胎细胞融合。一旦这些细胞发育为胚胎，就将它们植入另一只替代母亲体内。多莉来自一头六岁母羊的细胞，是300多次尝试中第一只存活的克隆羊。1998年4月，通过自然的交配程序，它生产了一只健康的小羊，从而打消了关于潜在基因紊乱的疑虑。

1998年，夏威夷大学的生物学家们从一只成年老鼠身上克隆出50多只老鼠，并从两个方面改进了克隆技术。第一，他们使用的是卵巢周围的没有活性的细胞，所以就不用让它们失去营养得到组织改造。第二，他们使用了极端精密的针将细胞核注射入摘去细胞核的卵子。与电火花加工相比，这种方法对细胞造成的损害要小得多，所以制造出健康胚胎的几率也就增加了很多。因为老鼠的基因构造和生长与人类及其相似，所以这个试验（它采用的程序对胚胎生长也更有利）对于人类克隆有重要的意义。多莉已经证明体细胞克隆的可能性，夏威夷的老鼠使人更加坚信克隆人也是可行的。

食品工业

我们用了很大的篇幅讨论了大宗食品的生产，而没有讨论这对于消费者的影响。从主流方面讲，近年来的革新很少，主要的变化是加工的规模而不是加工的方法。在西方世界，这可以被看作向大型行业单元发展的普遍趋势。牛油和奶酪不再由农场出品，而是由工厂生产；大型的蒸汽面包房取代了小型地方作坊；供应来自自己供应产地的茶叶和咖啡店，被批量生产的全国性品牌抢占去大量市场。生产的地理因素也有了改变。大部分国家（除了20世纪30年代的英国）能够生产足以满足自己奶酪和黄油需求的牛奶。新西兰、澳大利亚、荷兰和丹麦成为日用品的大出口国。

不过，近年来公众对于小型农场的产品兴趣又有上升，包括自由放养方式出产的鸡蛋和肉类、未经过巴氏杀菌处理的奶酪和有机蔬菜。人们越来越关心他们的食物来自哪里、生产者是谁以及怎样生产的。这部分是因为对于沙门氏菌和疯牛病的恐惧，还有媒体对于转基因作物的大量负面宣传。

虽然采用了一些新技术（比如屠

由于挤奶机器和牛奶灌装厂的出现，农场的工作已经高度机械化。

发明的历史
A History of Invention

宰场为了让肉更嫩而使用的死后电击处理）来提升质量，重点还是放在保存上。这样做有双重目的：它保证生产的季节性高峰分布在一年中的各个时间，以及确保大型生产地区能够向世界各地市场供应。

一些最古老的食物保存方法，比如烟熏和盐腌，仍然在广泛使用。第二次世界大战之后，即使罐头工业也几乎变成了旧工业，到20世纪50年代，美国每年就要消耗掉100亿个罐头，但虽然制造罐头的流程没有发生根本改变，所使用的材料的确有所更改。第二次世界大战之后，铝制罐头开始取代马口铁罐头，人们又使用了涂漆技术，用来减少腐蚀和掉色。诸如啤酒、软饮料甚至酒类产品，都第一次被装进罐头，而不再仅仅用玻璃瓶。塑料瓶也对玻璃瓶形成了越来越大的竞争。

左图：超高温杀菌使用加热气产生的超高温蒸汽工作，这种方法如今已经广泛使用，能够生产"长寿命"的牛奶、果汁和其他液体产品。

上图：渔场几乎与人类文明的历史一样悠久，早在古埃及时代就有渔场，鱼塘在中世纪的欧洲非常常见。最近，人们对于密集养殖有了很大兴趣，图中显示的是美国科罗拉多州的一处渔场。

早在20世纪之前，冷冻的食品（尤其是肉类），早已经能够进行长途运输。而第二次世界大战之后，冷冻又获得了新的重要性。一个重大的变化是家用冰箱数量的迅速增长，到了今天，冰箱已经是非常普通的家用电器。冰箱能够短时间内安全保存容易腐烂的食物，后来出现的家用冰柜，又极大地延长了保存时间。有了这些电器，人们就能够保存很多食品：肉类、鱼、蔬菜和水果，保存时间可以长达几个月，必要的时候也能够保存自己做的食物。

冷冻干燥产品的长期存储质量，依赖于除湿的程度，而且因为一切程序都在低温下进行，食品的味道不会受到破坏。当然，也能够通过加热的方法去除水分。人们已经开发了一系列新的加热干燥方法，用以生产能够长期保存的稳定食品。比如，人们可以通过流经热滚对牛奶进行干燥，而后再去除其表面凝结的奶皮。第二次世界大战之后，人们发明了一种更加复杂的方法：将有关物质喷洒进上升的装满加热空气的圆柱体中，就会凝结为水珠落向柱体底面成为干燥粉，这种方式应用于鸡蛋和牛奶的储存中。从储藏的角度看，这种方法非常成功。但是热度经常会影响产品的味道和内部结构，即使后来再加入水，也不能恢复到原来的状况。

与冷冻相比，罐头和干燥拥有一劳永逸的优势。干燥的方法还有一项优势：节约存储空间和交通，因为大部分食品的含水量很高：牛奶包含87%的水分，即使马铃薯也包含大约80%的水分。然而很多人不喜欢重新加工干燥的牛奶，他们希望能够直接保存和使用。这种需求通过多种热杀菌方法得到了满足。在超高温加热方法中，牛奶被加热到大约摄氏150度，这个温度要持续几分钟，这样做可以让牛奶的寿命大大变长，能够在商店里放上几个月之久。超高温杀菌也用于奶油、果汁和其他液体产品。

所有食品保存处理的本质，都是进行杀菌，以将能够影响食品外观和味道的所有因素降至最低。由于这个原因，辐射是一个很有吸引力的方法，放射性同位素或快速电子光束可以作为辐射源。虽然出于安全考虑，对于这种方法的使用有很多限制，而西班牙和一些其他国家的作物种植者们已经开始对草莓和其他软水果使用这种方法。

水产业

作为搜集食物的猎人，如今人类在这方面最主要的活动就是渔业。在20

发明的历史
A History of Invention

　　世纪70年代,全世界每年大约捕获7亿吨的鱼类。根据估计,在不造成严重损耗的情况下,最高产量能够达到9亿吨。渔业一个历史悠久的分支捕鲸业已经注定要消亡。因为世界各国制定了政策,要保护数目越来越稀少的鲸鱼。

　　当然,世界的野生鱼类资源并没有被人类消耗殆尽。世界的渔场每年的产量大约是7百万吨,到20世纪末产量能够达到1千万吨。在亚洲,渔场已经存在了几千年。在欧洲,从中世纪开始就兴建了很多鱼塘,很多建在修道院里面。近年来,人们对开发大规模的商业渔场产生了浓厚兴趣,尤其是将其作为提供发展中国家急需的蛋白质的方法。在非洲,人们对罗非鱼有非凡的兴趣,从远古时代起它就是尼罗河一带的重要食品。20世纪20年代,肯尼亚人最早密集养殖罗非鱼。在严格控制的条件下,罗非鱼生长得很好。到1965年,非洲的罗非鱼养殖已经很普遍,而且传到了东亚地区、美国南部各州和拉丁美洲。如今,每年罗非鱼的产量达到50万吨。

◎ 第二十一章　新材料

有一种现象很奇怪，虽然现在世界变化很快，但是自从第二次世界大战之后，现代世界就再也没出现过什么新材料。主要的变化是使用方法的深刻改变（比如塑料工业的爆炸性增长）、生产技术的改进、已有产品的工作方式和将几种材料结合为新产品并由此产生的新用途。

金属

首先，我想简单地介绍一种不寻常的金属：钠。这种柔软的燃点很高的银白色金属在日常生活中应用十分广泛，扮演着很重要的角色。它是制造四乙铅的介质，四乙铅是汽油中的抗震剂（现在已经逐步停止使用），它还是某些种类路灯黄色光亮的来源。近年来，它还有了新的功能，作为某些种类原子反应堆的冷却剂，在水的沸腾状态下，它还是热量和液体的出色导体。一个大型的这类反应堆大约需要 1000 吨钠。

铝和铝制品的重要性也越来越大，这已经为人们所熟知。铝已经是继铁和钢之后最常用的金属，是轻便和强度的良好结合。在交通行业、航天飞机、高压舱、门窗工业、厨房用品、家用电器、网球拍和卡车的生产制造中，铝都得到了广泛的应用。铝是在 20 世纪大放异彩的金属，1939 年后的 20 年之内，它的年产量增加了 5 倍。

自从第二次世界大战之后，只有两种新的金属：钛和铍得到了一定规模的应用。但是普通民众对这两种金属并不熟悉。1794 年，德国化学家马丁·克拉普洛特（Martin Klaproth）

发明的历史
A History of Invention

就分离出了钛,但是直到20世纪中叶,它仍然几乎完全以白色氧化物的形式出现。油漆行业广泛地采用钛,因为与含铅颜料相比,它遇到空气中的硫化物不会变黑。现在人们对钛感兴趣,是因为它比钢重量更加轻,但是在高温的状态下仍然能保持强度,比它更轻的铝则不行。航空和空间工程行业对钛的兴趣尤其大。

1798年,法国化学家路易·瓦热朗(Louis Vauquelin)发现了铍。从20世纪20年代开始,人们开始将少量的铍加入铜中组成合金,以使其获得不受损害的导电和导热性,而且更加坚固。虽然合金仍然是铍的重要用途,它在核能工业领域中也越来越重要。铍的制造需要复杂的电子化学过程,而且因为它有极强的毒性,也需要极其繁杂困难的安全规程。

像铍一样,很多金属也都很少被独立使用。它们往往以合金的方式发挥作用,比如青铜和黄铜。常用的合金数不胜数,但是近年来,拥有独特功能的合金越来越受瞩目,它们是所谓的"形状记忆合金"(SMA)。最初它包含的是大约等量的镍和钛,但是现在人们发现,可以将这些成分看作铜-铝-镍、铜-锌-铝和铁-锰-硅。如果对这类合金组成的成分进行猛烈的加热,冷却之后它会"记得"自己的原始形状。在冷却状态下进行加工,再次加热之后,它会恢复原来的形状。马里兰州海军兵器试验室的研究员威廉·J. 布勒(William J. Buehler)最先发现了这种合金。1961年,大卫·S. 穆泽(David S. Muzzey)最先发现了其形状记忆的特性,他是在加热其烟斗打火机(它曾经断裂多次)时发现的。后来,弗雷德里克·E. 王(Frederick E. Wang)证实了造成这种效果的结构改变:晶体结构内部颗粒的重新排列。

陶瓷和玻璃

陶瓷和玻璃是最古老的建筑材料，尤其是陶瓷，因为它的使用寿命很长久，总是古代文明遗留下的最丰富的文物。所以直到20世纪中叶，陶瓷制造基本没有什么创新，在保持工艺不变的情况下，只是对于产品和流程作一些改进。现代工业的发展，越来越需要高度耐高温的材料，比如新一代的喷气式飞机、火箭引擎和航天飞机的保护层都需要这种材料。在这方面，一项有趣的改进是一种名为金属陶瓷的合成物。顾名思义，它是金属和陶瓷熔合而成。金属陶瓷非常坚硬，能够作为金属使用，可以用来制造汽车的气缸柱。近年来，压电效果（压力变化引起的电阻变化）的应用越来越多，金属陶瓷有时候会用作变化或震动的感应装置。

从第二次世界大战至今，在大规模的平板玻璃制造中主要的创新就是浮法制造玻璃板。1952年英国皮金顿兄弟（Pikington Brothers）最先采用了这种方法。在这种方法中，浇铸成的玻璃漂浮在熔化的锌表面，之所以选择锌是因为它能让玻璃下表面产生平滑的光泽，而玻璃的上表面则不断用煤气火焰进行抛光以获得同样的效果。这种方法制造的玻璃板，拥有同一的厚度，表面非常光滑，不必再进行打磨抛光。

今天，消耗平板玻璃最多的是汽车制造业，因为如果发生事故普通玻璃会带来极大危险。早在1905年，法国化学家爱德华·贝内迪克（Edouard Benedictus）制造出了安全玻璃，他在两块平板玻璃之间加入了一层赛璐珞：如果受损，这种三层玻璃只会破裂，而不会溅起碎屑。在20世纪30年代，会在使用中逐渐变黄的赛璐珞，被含有多乙酸乙烯酯塑料板代替。现在，大部分安全玻璃通过热处理方法制造，能够将压力植入玻璃，如果受到撞击，玻璃只会破碎，不会碎屑飞溅。

最近，玻璃技术中一项最有趣的创新是纤维光学，稍后在讲到电信的时候我们还会提到它。简单地讲，它依靠在非常精密的玻璃纤维中发出激光产生的光脉冲，而不是在导体电缆中发射电子脉冲信号。纤维光学设备还用来探索正常情况下无法到达的区域，比如心室。

第二次世界大战之后，玻璃工业的另一项重要改进是硼硅酸盐的大量使用，它在高温下应用的低膨胀玻璃（比如烤箱和汽车的封闭顶灯中用的）中起到了很大作用。

发明的历史
A History of Invention

塑料

从 19 世纪开始,塑料工业就开始出现,到第二次世界大战时它已经发展得很完备。塑料工业的发展很迅猛,现在塑料已经成为最主要的新材料。如今,世界有机化学工业中 80% 的产品是聚合物:塑料和合成纤维。它们并不是新发明,其中大部分 1939 年之前就出现了,虽然很多可能直到现在才为公众所知。但是早在 20 世纪 50 年代,塑料产量已经很高,大规模生产技术也有了很大改进,而需求仍然大于生产能力。到 70 年代,美国化学工业开始领导世界,在那个时候,美国年产聚乙烯 170 万吨、PVC(聚氯乙烯)150 万吨、聚亚安酯 50 万吨,大部分是泡沫塑料产品。

现在,塑料的应用几乎无处不在,很难想象在世界任何地方居住的人活动不会涉及到塑料。它的作用已经无可替代。如果没有塑料的话,现代生活就要缺失很大一部分。电子工业就是建立在金属做导体和塑料做绝缘体的基础上,不过在高压电缆、高温下工作的火花塞和其他一些特殊应用中,人们通常使用陶瓷或玻璃做绝缘体。通常情况下,所有的电缆都用塑料绝缘,最常用的是 PVC。如果没有绝缘电线,电话系统就要瘫痪,而且还有一个原因:世界上所有的电话接收装置都是塑料制成。家家户户都有很多塑料用品,从排污水管到水桶,从淋浴装置到水箱,从碗到过滤器,从电视机壳到花瓶到喷水壶,这些几乎都由塑料制造。油漆工业中要消耗掉大量的聚乙烯、PVC(聚氯乙烯)和聚亚安酯,尤其是廉价的感光乳剂。在包装工业领域,塑料已经占领了零售市场:小型物品都用硬质泡沫塑料包装;食品是塑料包装;购物袋也是塑料制品;塑料袋也用来包装马铃薯和木炭。即使是体育也对塑料有很大的依赖,小型舢板、冲浪板、帆板、登山绳索和水下游泳用的通气管,都要用到塑料。

在第一次世界大战期间,德国开发出了纤维玻璃,用以代替石棉。如今,纤维玻璃已经发展为很大的产业。玻璃纤维加塑料是一种重要的建筑材料,用于制造小型船只的船体,也应用于隔音和隔热装置,以及防火。

纤维

在上面的内容中,我们已经涉及到"硬"塑料的问题。很多塑料已经通过纤维的形式,大举进入了传统的纺织品工业:尼龙是一种例外,它在塑料和纺织工业中都有很大用途，虽然纤维形式的尼龙占据了大部分市场份额。

1938年，美国人发明了尼龙。但是在世界其他地方，直到第二次世界大战后它才有了实际应用。那时候尼龙已经有了竞争对手：涤纶，1941年由英国人约翰·雷克斯·温费尔德（John Rex Whinfield）和J. T. 狄克森（J. T. Dickson）发明，当时他们是与英国CPA印刷公司合作。尼龙和涤纶的化学性能不一样，前者是聚酰胺，后者是聚脂纤维。从生产方面来讲，两者之间的一个重要区别是为了完成纤维制造流程，涤纶必须不加热而拉长。作为纺织纤维，尼龙和涤纶区别不大，但是涤纶不能被模铸，虽然它能够制造出非常好的透明薄膜。虽然也出现了一些其他合成纤维，比如丙烯酸纤维，但是市场的主导者仍然是聚酰胺和聚脂纤维。

合成纤维的优点很多：洗涤后不会收缩、能够防止蛀虫和其他害虫腐蚀衣物、防止折缝产生和快速滴干。但是除了这些优点，它们也有缺点：在很低的温度下，会变软和熔化，这就是它们不产生折痕的原因。另外，它们不能使用天然纤维的染色方法，必须开发新的染色流程。

正如药品的药效随药方的变化而变化，合成纤维的种类也千变万化。很多年来，由于化学工业和纺织工业都意识到了服装制造工业的细微变化，它们也随之发生了很大变化，比如很多无形品质的重要性。

化学工业对这些新产品的强烈兴趣，并没有立即感染到以保守闻名的纺织工业，但是它明白这种新的竞争对手对于天然纤维带来的威胁，而当时纺织业生产和销售的都是天然纤维。同样地，时尚产业也需要被说服：人造纤维有足够的优点。过去，纤维素制造的所谓"人造丝"曾经给人留下很差的印象没，用于促销新产品的花费也很大。对纺织工业提出的第一个要求，是新的纤维形式必须能在原有

第一种有重要商业价值的人造纤维是纤维胶人造丝，这是一种再造的植物纤维素。溶解的纤维素通过喷丝头喷进凝固槽，然后缠绕在线轴上。

发明的历史
A History of Invention

的机器上使用。制造商不愿意投入巨资开发新机器，因为要冒最终不能使用的风险。作为通常策略的一部分，新的人造纤维不但是传统的竞争对手，它还作了其补充。有人认为，与单独使用相比，人造纤维与棉花、羊毛或亚麻联合使用会扩大市场份额。实际上，这个策略取得了很好的效果，因为很多混合纤维效果良好，它集合了人造纤维和天然纤维的最佳品质。

合成纤维不仅仅在服装行业占据了一席之地，它还几乎与天然纤维平起平坐。此外还广泛地渗透进了纺织工业领域。现在，合成纤维在地毯制造业应用很普遍，只是这方面还有一些技术问题没有解决。虽然纤维有弹性，但它们恢复原状的过程很慢，所以脚踩出来或者笨重家具压出来的痕迹可能要很长时间才会消失。一些用于编织地毯的合成纤维会积聚静电，碰到金属（比如档案橱柜）的话它会造成可能会刺痛人的震动。为了消除静电干扰，有很多种防静电喷雾可以用。另一项重要的产业是电动机马达制造，首先是棉花被人造纤维取代，后来人造纤维又被尼龙取代。

在这个竞争非常激烈的市场中，基本制造程序的改进会带来很大的经济效益。最初，乙烯制造需要用到高温和高压，人们一直认为这是独一无二的方法。1953年，意大利化学家卡尔·齐格勒（Karl Ziegler）发现了聚乙烯的一种催化方式，从而改变了这一局面，这种方法是在正常温度和压力下工作，比之前采用的方法简易和节省成本。

第二次世界大战之后，塑料的一个主要用途就是制造包装和包裹用的薄膜。图中显示的是透明的聚丙烯薄膜。

这项方法出现于意大利的蒙蒂菲阿斯科尼（Montecantini）。1954年，米兰工业化学学院的校长朱利奥·纳塔（Giulio Natta）发现了一种相关的气体丙烯，也能够使用同样的方式转化成聚乙烯。聚丙烯很快成为主要的塑料原料。而且与聚乙烯相比，它更容易地以纤维形式进入了制造业。聚丙烯在家具和多种工业应用领域得到了广泛的使用，包括绳索、渔网和装订绳的制造。

从最早的时期开始，纺织工业使

用的纤维就是使用某种互锁系统制成，或者是编或者是织。一个重要的例外是毡制品的制作，它是将短纤维缠结在一起，然后使用加热和加压的方法使其变得紧密，这个过程很像造纸使用的方法。这种方法很适合制造柔韧的产品，像帽子、靴子和相似的东西，用来制造服装的话就太僵硬。一般来讲，只有羊毛和毛发适合缠结，因为这种纤维的表面比较粗糙，就像大麦的芒一样，能够互相钩住合为一体。

由于这个原因，平滑的合成纤维不能缠结，所以人们又采取了另一种方式，从这些纤维中制造了非编织的织品。轻轻挤压制成的纤维护垫，再经过特殊方式小心加热，使得纤维只在其重叠之处熔合，一旦冷却之后，就会变成牢固的一个整体。由于这种方法介于熔化和焊接之间，所以被称为混并。

虽然塑料毫无疑问带来了很多社会效益，但是它们也造成了相当大的社会问题。塑料的某些品质（防水和防止通常的腐蚀）使得它能够起到很大作用，但是也使它们很难被清除。所有的塑料制品都有这些问题，那些使用寿命很短的塑料制品问题尤其严重：大大小小的塑料袋、包装绳和各种容器。一旦作为废物被丢弃，它们永远不会分解，在农村地区还会对牲畜带来威胁。即使能够对它们进行有组织的清理，要销毁它们也并非易事：比如如果燃烧销毁的话，它会产生有害的烟雾。因此，人们对于生物可降解制品产生了浓厚的兴趣。生物可降解制品就是把塑料的化学结构进行改变，从而可以被微生物腐蚀分解的制品，它们能够在自然状态下经过一段时间消失。主要是从经济方面考虑的话，实现这个目标并不容易。塑料废品的清理问题仍然是个大麻烦，再循环利用也无法解决全部问题。

◎ 第二十二章　计算机和信息技术

诞生仅仅半个世纪之后，电子计算机已经变得无所不在。电子计算机已经极大地超越了设计者们的初衷，它不再仅仅是电子计算机，而成为日常生活的一部分。从咖啡壶制造到汽车制造，它都扮演着重要角色。

从最广义的角度看待信息传输的话，我们会发现信息产业以及其复杂的相关产业所雇佣的人比其他任何产业都多。传统的信息传输方式包括书写、书籍、报纸、杂志、教育机构传授和公共会议，也有很多电子信息传输方式，包括电话、传真、广播和电视机；照片和电影；录音、磁带盒磁盘，以及通过电子方式将海量的信息传输聚集到互联网上。信息领域不断的扩大和传输方式的不断更新，为纸张、胶片、印刷和处理机器、一系列复杂的电子、电器和复印设备、教学工具等等行业带来了大量的就业机会。

如今，在世界很多地方，利用计算机传递信息已经成为日常生活的一部分。通过计算机交流，旅行社能够在几分钟之内查到世界另一端特定航班的座位情况；在用几百公里之外的机器发放现金之前，银行能够检查客户的信用额度；如果对某家公司感兴趣，投资者能够立即得到该公司的财务状况介绍。

顾名思义，计算是一种数字操作，但是计算机能够将其扩展到信息领域，因为图像、数字和字母能够用相似的方法表达，这种方法加密员们已经采用了很久。所以，在十进制中字母就能够写作01、02、03等等。在这个简单的基础上，"computer"（计算机）这个词就能够被表达为：0315131621200518。在日常生活中，我们使用的是来自阿拉伯数字的十进

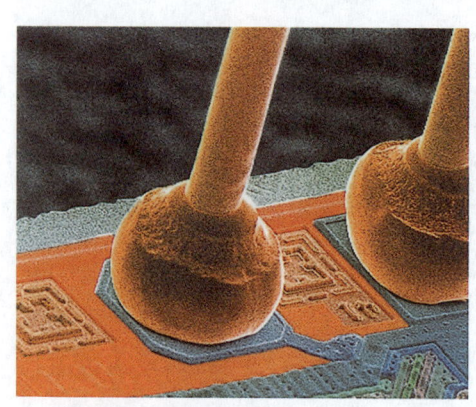

芯片上两条微丝痕迹的彩色扫描，大约比实际尺寸放大了240倍。

制，这些数字是古印度人创造出来的。计算机使用二进制，就好像它们电源开关上的"开启／关闭"符号。简单的二进制代码能够表达基本的数学计算，所以一切记录和显示信息所需的操作都能够转化成逻辑方程式，再由算机进一步进行处理。在开始介绍计算机的广泛应用之前，我们可以来看看计算机器的发展历史。

计算器

在世界各地出土的文物表明，算盘曾经广泛地被应用。算盘是由中国人发明，主要适用于日常简单的财务计算。17世纪的时候，由于航海所需的对数、三角函数和其他数学计算，更加复杂和广泛的运算变成一种需要。1614年，约翰·纳皮尔（John Napier）发明了对数，它的重要作用体现在：能够用加和减的简单方式进行乘和除计算。对数促成了线形计算尺的出现。1621年威廉·奥特雷德（William Oughtred）发明了这种工具，他将埃德蒙特·君特（Edmund Gunther）设计的两种对数仪结合了起来。从此之后，出现了一系列的机械运算器。第一例是布莱兹·帕斯卡尔（Blaise Pascal）1642年发明的，它有一个与齿轮相连的表盘，能够记录个位、十位、百位等等。17世纪70年代，格特菲尔德·莱布尼茨（Gottfried Leibniz）改进了这个设计，引入了信息存储的概念来简化重复性的计算，但是当时的机械设计并不能很好地执行他的想法。莱布尼茨所设想的机器，大约到1820年才变成现实：它依靠的是表盘上显示数字的输入和输出。

查尔斯·巴贝兹（Charles Babbage）的设想更为野心勃勃：他构思了一个"分析引擎"，不但能够进行计算，还能够把计算结果打印到纸上。1822年，他使用一台特别制造的"差额引擎"（Difference Engine）来展示自己设想的可行性时，英国政府对这台机器很感兴趣，这是因为由于航海天文年历（从1727年起，政府颁

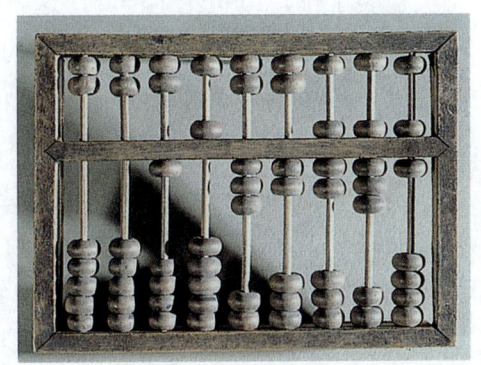

算盘是一种古老的计算工具，古埃及、希腊、罗马和中国都曾使用过。图中显示的中国算盘大约制造于19世纪中期，如今这种算盘仍然有被人们广泛使用。

发明的历史
A History of Invention

早期的机械计算器,比如图中所示的这种用来处理美国人口普查结果的霍雷斯机器,很大程度上依靠了打孔机(上图)驱动的穿孔卡。

布的一套重要的航海图表)中的错误,政府受到了公众的严厉批评。直到巴贝兹去世,这个项目都没有圆满完成,原因有很多,并不仅仅是由于负责制造机器的工程师约瑟夫·克莱蒙特(Joseph Clement)的去世。到了20世纪,这台机器最终完工,今天人们还能在伦敦的科学博物馆看到它。

巴贝兹的计算器受到了法国人发明的织布机穿孔纸板的启发,也是通过适当排列纸板,通过控制棒穿透纸板形成一系列孔洞。美国人赫尔曼·霍雷斯(Herman Hollerith)也采纳了这种方法,他设计了穿孔卡片机器,用于加快1890年美国人口普查的计算。人口普查数据以一系列孔的方式出现在7.5×12.5厘米的卡片上,比如某个特定位置的孔可能代表年龄、另一个代表职业、另一个代表居住地点等等。如果金属棒能够穿透一系列排列好的孔,就会接通一个电子线路。通过这种方式,就能够很快知道有多少在某一特定年龄的男人在芝加哥从事肉类包装工作。20世纪上半叶,这一类机器广泛应用于信息检索工作。1884年创立的国家收银机公司,在60年的时间里在世界各地销售了大约400万台收银机。1896年,霍雷斯创立了自己的公司——制表机器公司,这是1924年成立的IBM公司的前身。

康拉德·如斯(Konrad Zuse)是一个先驱人物,他完全出于自己的知识兴趣而进行工作。1934年,如斯开始制造自己的第一台机械计算机。两年之后,他转而采用电磁继电器(也在电话转换装置中使用)进行工作。1940年,第二次世界大战爆发,阻断了如斯第三台计算机的研究工作。而1941年,他服完兵役,完成了Z3计算机,这是一台完

自动程序控制计算机制造于第二次世界大战期间,是一个混合体:其中一部分是机械的,通过打孔带控制;一部分是电子的,使用了几百个热阴极电子管。按照现代的标准,这台计算机非常笨拙,而且耗能量相当巨大。

全依赖电子继电器工作、由程序控制计算机。德国航空学院对如斯的工作给予了支持,在袭击伦敦使用的V-2的火箭中,就使用了如斯的Z4计算机。

第一代计算机

这些计算机曾经是很重要的创新,就像电视机一样,而未来并不属于这些电子机械设备,而完全属于纯电子设备,它们没有运动部分,能够运行得更迅速。1944年,IBM和哈佛大学的霍华德·H. 埃肯(Howard H. Aiken)联合制造了自动程序控制计算机。它是计算机中的巨无霸,利用打孔带控制程序,重5吨,包含800公里的电线,利用热阴极电子管工作,能量消耗十分巨大。

宾夕法尼亚大学的约翰·普莱斯佩·埃克特(John Presper Eckert)和约翰·威廉·莫奇利(John William Mauchly)设计的电子数值和积分计算机(UNIVAC),可以称得上是现代意义的电子计算机。建造这台机器本来的目的是为美国政府计算火炮制造与射击学数据,1943年投入使用。它比自动程序控制计算机体型还要庞大,包含18000个电子管,占地面积150平方米,耗电量达到100千瓦,这也使散热成了很大的问题。毫无疑问,电子数值和积分计算机是一个重要的里程碑,它将电子计算机带入了新的领域:从理论上讲它能够进行很多运算,但实际上却并不是如此,因为消

在1952年的美国总统选举中,通用自动计算机(UNIVAC I)准确地预测了艾森豪威尔的当选,由此其能力才被公众所知。图中所示的是电子数值和积分计算机的联合设计者普莱斯佩·埃克特(中立者)和约翰·威廉·莫奇利,正在与CBS新闻的瓦尔特·克罗凯特(Walter Cronkite)(右)正在讨论一些早期的预测结果。

第二十二章 计算机和信息技术

发明的历史
A History of Invention

耗的时间太长。

早期的计算机都采用十进制,而到了20世纪40年代早期,普林斯顿大学的约翰·冯·纽曼(John von Newmann)以及后来的宾夕法尼亚大学转而采用莱布尼茨早就提议过的二进制,认为二进制更加合适:数字只用0和1两个数表示。

纽曼海设计了存储系统的关键概念,莱布尼茨也早就提出了类似观点,它是所有现代计算机逻辑设计的基础。程序是一套指令,用于控制电子计算机。最早的电子计算机中,导线和线路连接板通过更改线路进行程序控制,就像手工电话转换器一样。在纽曼的设计中,程序变成了存储在计算机内的一系列数字,就像它赖以工作的数据一样。这大大加快了程序输入电脑和需要时进行修改的速度。

纽曼出生在匈牙利,在美国从事研究工作,但是根据他所提出的原则制造的第一台计算机"宝贝"(Baby),确实1948年诞生在英国的曼彻斯特大学。

剑桥大学的莫里斯·威尔克斯(Maurice Wilkes)制造的电子延迟存储自动计算机(EDSAC),也许是严格意义上的第一台完全可操作和实用的存储程序计算机。从1949年5月它面世开始,就立即作为科学工具而投入应用。世界上首份用电子计算技术出版的科技论文,是R. A. 菲舍尔(R. A. Fisher)使用EDSAC处理数据而写就的遗传学论文。受到第二次世界大战期间使用雷达的经验启发,人们在UNIVAC和EDSAC计算机中都使用了存储方法。而且它们都越来越依赖延时电路。EDSAC采用的是纽曼、埃克特和莫奇利提出的存储方法:用一条水银延迟线进行记忆存储。利用回升声波原理,一块晶体按照二元脉冲的方式摇摆。声音信号在装满水银的1米长的导管中移动,同时放大和被弹回。通过这种方式,在延时电路中声音信号不断地来回往复移动。

"宝贝"使用了弗雷德里克·加兰德·威廉姆斯(Frederic Calland Williams)设计的阴极射线管存储方式,该方式由此得名威廉姆斯存储管。阴极短脉冲电子集中于屏幕的一个点,就能够除去多余的电子,在屏幕上造成正电荷短暂的出现。一旦将光束移到屏幕一边,就会在屏幕上"写"下一列光斑。这些带电量各不相同的光斑,能够被同一光束"读取",并且被放大和返回到计算机中。

1950年,第一台商用电子计算机通用自动计算机(UNIVAC I)开始投放市场。就像霍雷斯的计算机一样，UNIVAC I 最初也是为了加快人口普查结果处理速度而设计，但是它名声大噪却另有原因。1952年，它被用于预测总统选举结果，并准确地预测出杜特·D.艾森豪威尔(Dwight D. Eisenhower)会当选，从而赢得了广泛的声誉。

硬件、软件和微芯片

到今天，硬件和软件已经是很寻常的东西：硬件是全部实体装备，软件是全部的程序，用于指导硬件的运行。软件开发要与硬件同步，而且人们对于软件"语言"倾注了很多精力。第一台有存储程序的计算机，直接通过很多组字符和数字进行操作，只有有丰富数学知识的极其熟练的使用者才能操作它，而且不可避免地会出现很多错误。程序语言使用的术语与日常所用的英语有相似之处，不是专业人士也能够相对容易地使用。还有软件专门将用这种语言写成的程序翻译成"计算机码"，能够在计算机上直接使用。

到了20世纪50年代，随着计算机速度和能量的快速增长，输入和输出信息的方式已经不再适用：比起打卡来，计算机能够更快地提供信息。UNIVAC标志着一项重要的进步，它采用了将信息和数据记录在磁带上的方法。当时，磁带已经在录音中得到了广泛的使用。

20世纪50年代后期，还出现了两项极其重要的进步。昂贵和耗能多的热阴极电子管被廉价得多、更加小型和更可靠的晶体管取代。1947年，人们就发明了晶体管，它最初用锗制造，直到1960年，大部分晶体管采用硅制造。

1958年，德州仪器的杰克·圣·克莱尔·科尔比(Jack St Clair Kilby)在单个的固定物上集成了一些晶体管和电容器。晶体管和集成电路预示了一个飞速发展时代的来临：芯片时代。一台小型电脑也许会包含几百个集成电路，而一台大型电脑中电路的数量会是这个数字的几百倍或更多。随着现代科技的发展，一块芯片（不到10平方毫米）上能够集成上万个电子元件；然后它们再与大型元件进行连接。

1971年，英特尔公司推出了第一款商用微处理器，将计算机的心脏——中央处理器(CPU)完全放置到了一块芯片上。1970年，吉尔伯特·华特(Gilbert Hyatt)为包含所有电子计算机必需元件的集成电路申请了一项美国专利，他由此被认为是微处理器的发明者。到了今天，以芯片为基础的产业

发明的历史

A History of Invention

20世纪60年代，芯片的出现完全改变了电子设备的规模，并且促成了之前根本无法想象的小型化趋势。所谓芯片，就是所有的微电路都能刻在其上的非常小的硅片。左图显示的是糖晶体中的一块芯片。芯片揭开了电脑设计的新篇章。

电子计算机的一项重要新应用是设计，比如汽车车体的空气动力学模型（左下图）。电子计算机能够在单一的基本设计单元中进行修改，直到达到满意的规格。

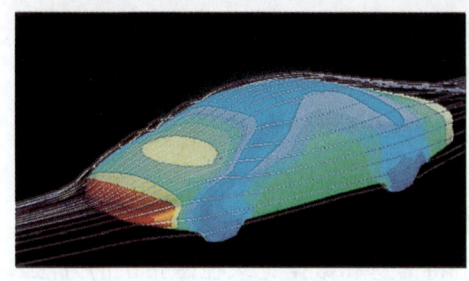

每年的总营业额已经超过了钢铁工业，后者曾经主导整个19世纪。

一台由法国人米克拉尔（Micral）设计的微型计算机，出现于20世纪70年代早期。70年代晚期和80年代早期的时候，这种计算机在小型企业中得到采用。80年代和90年代，由于其更低的价格和更高的可用性，它逐渐进入家庭开始为个人服务。在不到半个世纪的时间，电子计算机已经从体型巨大、高度专业的计算工具转化为小型的家庭日用品。自从第一台电子计算机出现以来，计算机运行速度每两年就增加一倍，最新的个人电脑比1951年的UNIVACI要快6000万倍。

处理器进步的同时，信息存储方式也在进步。在采用磁性方式之前，早期的电子计算机已经尝试了几类存储系统。1953年，吉尔·弗雷斯特（Jay Forrester）意识到电极性可以用来表示二元信号，由此他开发出了铁氧体磁心记忆存储。之后还出现了其它存储方法，但铁氧体磁心一直是最普遍的。1970年出现的软盘、硬盘和磁带，都将数据作为一系列不断改变的电荷进行解码。

1982年，致密音频压缩盘（CD）出现（比飞利浦公司的镭射唱盘晚了10年）。两年之后，计算机数据光学存储方式才以CD-ROM（只读存储）的形式出现。CD使用激光在塑料表面的凹痕中读取和写入数据。随着CD成本的降低，光学存储开始在很多数据需求中取代磁带存储，一张CD能够存储超过52.5

亿节的数据。

　　在微机的使用中，主流存储媒介一直地位很稳定，因为通常电脑使用者无法承受频繁更换的成本。但是这并没有阻止人们对新方法的研究和开发。最新的光学存储方式，试图使用全息照相技术将三维图片放在晶体或塑料表面，从而存储更多的信息。如果采用这种方法，8.4 亿节（100 兆字节）的信息已经能够存储到 2.25 厘米的晶体立方之中，而 0.84 亿节的信息能够存储到只读的塑料胶片之上，它的厚度仅为 0.1 毫米。其他研究者们正在努力将信息存储到原子上面。20 世纪 90 年代晚期，纽约罗切斯特大学的迈克尔·努尔（Michael Noel）和卡洛斯·斯特鲁德（Carlos Stroud）使用量子激光存储电子中的电荷，使每一个原子能够最多存储 900 字节。

　　虽然早在 1953 年，打印机就和计算机一起使用，但是直到 20 世纪 80 年代中期，第一台激光打印机才出现，并与微机一起使用。同时出现的还有 Postscript，一种页码描述语言，能够可让使用者直接将电脑中的内容进行打印；以及将文本与插图统一起来的软件，桌面出版的时代由此到来。在彻底改变了印刷工业面貌的同时，桌面出版还加快了外围硬件的开发速度：扫描仪、移动式存储、输入/输出设备、数码照相和影像输出。

　　这些进展都产生了深远的影响。如今，人们日常使用的计算器已经如此小巧和廉价，这在几十年前还是天方夜谭一样的事。计算器几乎可以放入任何东西，从电灯开关到腕表。装入程序的电子计算机能够控制很多技术操作流程，从石油精炼到汽车发动机性能或者机械工具切割。批发商和零售者能够使用电子计算机记录库存状况，包括某件商品的库存时间等等。信息还能够在视频显示装置（VDU）上显示，这些信息还可以打印出来作为永久记录。

　　VDU 变成了信息传递的核心设备。在 20 世纪 70 年代，专业改装过的电视机接收器出现，它能够显示大量的关于天气、运动比赛结果、交通状况、股票交易行情、广播和电视节目的文字信息。在英国的图文电视系统中，人们能够从 150 多页分类信息中进行选择。1979 年出现的普泰（Prestel）信息服务更加雄心勃勃，它让付费订户能够通过他们普通的电视机，接收到包含海量信息的数据库，这些数据由不同的独立供应商提供。20 世纪 90 年代，万维网开始流行，这些信息和其传播方式都得到了大大地扩展。

发明的历史
A History of Invention

互联网和万维

环球网来源于一项收纳世界各地计算机网络中存储的研究信息的策略，也叫互联网。1945年，万内瓦·布什（Vannevar Bush）在《大西洋月刊》上发表了一篇很有预见性的文章，预示着环球网的到来。文章标题是《让我们想一想》，在文中他描述了通过"关联性索引"组织和浏览数据的一种程序，两条或者更多信息能够"加上标签"或者捆绑在一起。从布什做出预言到预言最终实现，只隔了几十年的时间。

1969年，作为一项名为ARP Anet的联网工作研究项目，互联网以简陋的面目出现，此项目由美国国防部的高级研究计划局（ARPA）资助。这个项目将几所大学和政府部门的计算机连接起来，试图有效地共享信息和资源并提高合作水平。这促成了一系列相关项目的出现，越来越多的科学家和研究人员加入进来，他们的共同工作取得了连续性的成果。

到了1971年，在特定的网络之间发送电子邮件的程序被开发出来。1973年，伦敦的大学学院（University College）和挪威的皇家雷达公司（Royal Radar Establishment）建立了第一条国际连接。随后的一年中，人们进行了跨越两个大洋的卫星连接试验，世界上出现了第一个公共数据服务：Telenet。1976年，英国女王伊丽莎白二世发送了她的第一封电子邮件。1979年，埃克塞斯大学创造了第一个多用户空间（MUD），能够让多个用户同时在一个文本基础空间内进行工作和交流。1982年，"互联网"这个词出现，它指代的是网络的相互连接所形成的大网络。1990年，世界公司（World）成为首家提供互联网拨号接入服务的商业公司。1991年，欧洲粒子物理研究所（CERN）意识到布什的超文本传送协议（HTTP）的梦想，即将信息"加上标签"，以方便人们在浩如烟海的互联网数据中找到所需的信息，并为互联网增添了一个重要的空间。1993年，国家超级计算设备中心（NCAS）发布了一种视觉"浏览器"马赛克（Mosaic），使用了HTTP，这引起了轰动。有了极易理解的标签系统和可视的信息表达手段，世界各地的人们都开始与WWW亲密接触，在未来的几年之内，使用者的数量将呈几何数增长。

计算机应用

除了上面提到的应用，计算机还在设计和模拟领域应用广泛。在很多人

现实世界中的界面提供了复杂的可视化数据集。西雅图人类界面技术(HIT)实验室的一位科学家，向我们展示了在不远的将来，飞行控制器将如何操作。

心目中，伊万·桑德兰(Ivan Sutherland)是计算机制图之父。早在20世纪60年代，他就在自己麻省理工学院的博士论文中，向世人展示了计算机设计的潜力。第一个计算机绘图软件是"画板(Sketchpad)一个人－机器图像交流系统"，这促使桑德兰开发了一些最早的输入设备（除了键盘），包括第一支光笔和第一台计算机驱动的头盔显示器(HMD)。后来他成立了伊文斯和桑德兰公司(Evans & Sutherland)，它是高端模拟系统的主要供应商。1965年，桑德兰说道："与数码计算机连接的显示器，给了我们与在现实世界中意识不到的概念亲近的机会。"如今，计算机已经不再仅仅是设计工具，它还是探索性研究的媒介和交流的平台。举例来说，新的工程设计概念能够很快在计算机中描绘出模型，在真正开始项目之前，就能在计算机中测试其结构和美学特性。20世纪80年代到90年代之间，新开发的生产系统使得部件能够直接根据数码文件通过计算机控制的设备制造。这些所谓的快速成型设备，使用三维数据驱动铣床或激光，它们能切割坚硬的原料或从熔化的塑料中制造新的产品。

虽然模拟系统开发于第二次世界大战之后，最初是为了训练军队的飞

发明的历史
A History of Invention

行员，但却为娱乐工业提供了世界上最早的模拟空间"体验"。1962年，莫特·海令（Mort Heiling）为体验剧场（Sensorama）申请了专利，这是一种结合了3D电影、立体音响、机械振动、风扇扇起的风和气味的综合感官体验，观众坐在类似摩托车的座位上，通过展视通（Viewmaster）护目镜观看。就像贝尔德（Baird）发明的电视机一样，体验剧场也提供了一种机械视角，会激发电子系统的发展。

1981年，在几年努力之后，美国空军的超级座舱（Super-cockpit）项目最终在俄亥俄州的怀特-帕特森空军基地（Wright-Patterson Air Force Base）完成。这个系统包含一个仿制的飞机座舱，上面即成了电脑和HMD，以模拟三维的图像空间，飞行员可以通过观察这个空间学习飞行和战斗。后来美国国家航空和航天局（NASA）位于加利福尼亚的阿米斯研究中心（Ames Research Center）开发了另一项更加可行的系统：虚拟界面空间工作站（VIEW），用于制订空间行动计划和将计算机图像、录像画面、三维声音、噪音识别和综合处理与输入设备连接起来。

正是这些设备，以及能够在各地的电子器材商店买到的建立在小型电视基础上的HMD、汤姆·齐默尔曼（Tom Zimmerman）和加容·拉涅尔（Jaron Lanier）创造的数据手套，共同开启了虚拟现实（VR）的硬件和软件新市场。他们意识到这些能够与虚拟环境实时互动的系统，能够以低廉的成本制造，于是在20世纪80年代晚期成立了第一个VR系统公司：VPL研究公司。这种系统很快就得到了大学、企业和爱好者们的青睐，现在应用于各种不同的领域，比如模型制造、飞机测试、战争模拟支持、分子模型或统计数据可视化和互动，还用于让世界不同地方的人共同进行游戏。

电子计算机软件和硬件速度及小型化的不断发展，也飞速改变着它的社会作用。除了这些纵向的变化，横向的进步也没有停止。1982年，日本开始了一个10年计划，用于开发"第五代"电子计算机。到1991年，日本新一代计算机技术研究所（JINGCT）开发出了平行推理机器（PIM），用于处理词语和图像，但不是通过数字而是完全通过逻辑推理。然而日本通产省最终放弃了第五代计算机，专注于基于神经网络的第六代计算机。第六代计算机能够模拟推理、联想、感情和学习这些精神活动。

除了现有部件的小型化，人们也开发出了全新的计算机系统。1990年，美国电话电报公司（AT&T）的阿兰·黄（Alan Huang）开发出了一种光学计算机，显示了一种可能性：使用光子代替现有的电子进行数据传输，能够将计算速度加快一千倍以上。但是有效开发出这种计算机的技术可能性还有待证实。

1999年，乔治亚技术学院（GIT）和艾默里大学（Emory University）联合组成的研究专家组，使用蚂蟥的神经细胞制造了一台生物电脑。这台机器被称作"leech-ulator"，现在只能进行简单的计算，但是研究人员的目标是开发出新一代的更加迅速和灵敏的计算机，它能够培育和发展自己的解决问题方案，而不是按照预先人为设定的程序进行工作。人们用微电极模拟神经细胞，而神经细胞形成新关联和为自己思考的能力，提供了使用生物方式进行计算的可能的优势。在识别面部、声音或笔迹特征方面，这种计算机尤其有用。

图像交流

19世纪，为了在书籍、报纸和杂志中大量复印图片而出现的很多新方法极大地促进了用图像传播信息的发展。后来出现的电影、电视以及互联网浏览器进一步加强了这种趋势。今天，多种媒体中的声音和图像产生了巨大的公共影响，似乎现在通过图片传播的信息要比文字信息多得多。

我们已经探讨了其中的大部分图形技术，但还没有提到过全息摄影术，这完全是一项第二次世界大战后的发明。与传统的摄影记录图像相比，全息摄影术记录的是物体的波动迹象。1947年，丹尼斯·加布尔（Dennis Gabor），在英国BTH公司工作的匈牙利电子工程师，发明了全息摄影术，而他开发这项技术的初衷是提高电子

1947年发明的全息摄影术，是图片信息的新方式，能够制造精彩的三维效果。在激光发现13年之后，全息摄影术得到了很大的改进。

发明的历史
A History of Invention

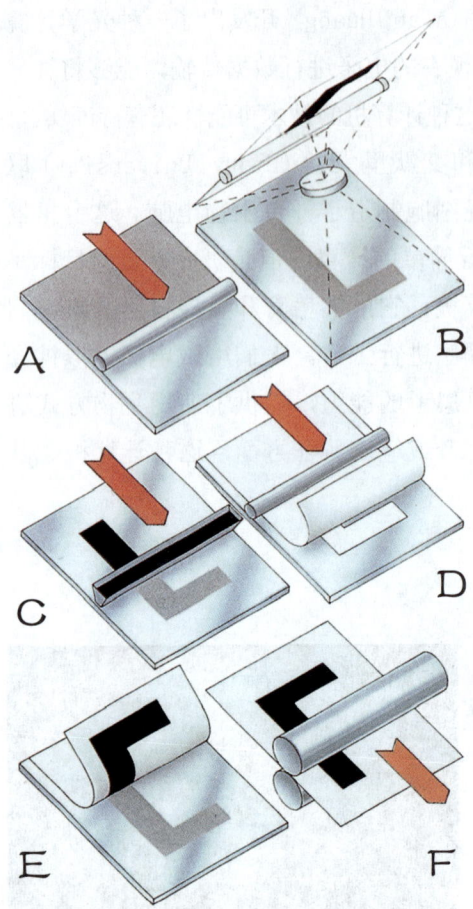

在复印中，一个金属片被加入电荷(A)。文件中的图像被投射到金属片上(B)，而当光照在其上时金属片失去电荷。然后将粉末撒到金属片上(C)[有未翻部分]并且附着到选定区域（图像的黑暗部分）。然后在金属片上压上一张纸（D），粉末被传送到纸上（E）。通过纸的加热复印件将变得永久(F)。

显微镜的成像质量。全息摄影术使用两条单频的光束（或电子），其中一束是从被拍摄物体反射到摄影胶片上。另外一束光是基准光束，它直接照射到胶片上，两束光在胶片上互相"交错"。这时，再使用同样的单频光检查透明胶片，就能形成三维图像。

起初全息摄影的成像质量非常差，但1960年能够发出强烈单频光束的激光被发明出来之后，情况有了很大的改观。今天，全息摄影术是一个几百万美元产业的基础，不但应用于科研，还应用于广告，作为信用卡的安全设施，甚至还是一种得到公认的艺术形式。1997年，Tung H. Jeong 与 Hans Bjelkhagen 和其他人一起，在伊利诺伊州的森林湖学院（LFC）展示了他们开发的一套系统，利用多种颜色的光束共同制造全部色彩的全息摄影图像。这种系统不受单频的限制，为精确的三维图象表现开辟了先河。近年来，加布尔又开发出了另一种新的全息摄影术，它使用声波代替了光波。在物体周围的介质不能被光线穿透时，比如在医疗诊断和淹没于水中的物体，这种声音图像系统有很大的用处。

电子摄影术

第二次世界大战之后，还出现了另一种全新的实用摄影方法，它的发明者是美国人切斯特·卡尔森（Chester Carlson）。他1937年为这项技术申请

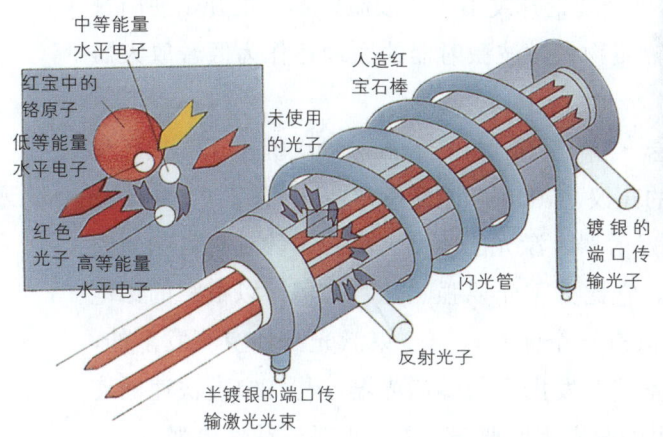
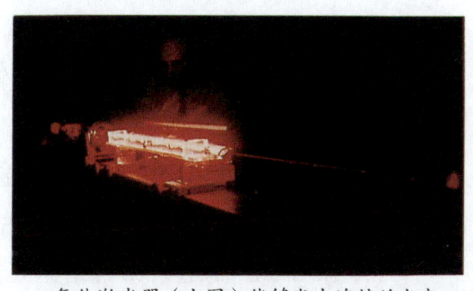

气体激光器（上图）能够发出连续的光束。而在红宝石激光器（左图）中，光子（光颗粒）从闪光管中发出，能够将铬原子中的电子激发到很高的能量水平。电子再回落到中等水平，在落到低等水平之前能够发出带红光的光子。红色的光子使得带有中等能量水平电子的原子发出更多红色的光子，形成光子喷流。

了专利。它被称作静电印刷术，之所以如此得名是因为它完全采用干燥的摄影过程。俄亥俄州巴泰勒学院（Batelle Institute）的罗纳德·M. 夏菲尔特（Ronald M. Schaffert）开发了这种方法。

  这种方法给办公室中的文件复印（这也涉及到版权安全和保护问题）和快速打印带来了革命性的变化。虽然复印机的设计和性能千变万化，但是它们的基本原理（就是卡尔森申请了专利的技术）非常简单。一块金属片上敷着薄薄的一层硒。这种胶片能够在黑暗中带上电荷，但是一见光点就会消失。这种技术能够形成黑白的图像，有带电荷和不带电荷两种。紧接着，如果这块金属片暴露于带着相反电荷的黑色粉末，粉末颗粒就会吸附到金属片上带电荷的部分，然后图案能够被传输到纸上。今天使用的激光打印机，也是依靠同样的原理生成计算机文件里的图像。

激光

  我们早就提到过，激光在显微光学电话制造和全息摄影术中有所应用，但是这种设备还有很多其他重要的功能。它依靠这样一个事实工作：原子只能在某个特定的能量水平存在。如果原子从高等能量水平降低到低的水平，就能够产生剧烈的辐射。在20世纪50年代，有观点认为这种效果能够在短波区域应用以增加辐射，就像在雷达中的应用一样。美国人查尔斯·H. 唐纳斯（Charles H. Townes）和前苏联的 N.G. 巴萨夫（N.G. Basov）和 A.M. 普罗

发明的历史
A History of Invention

克诺夫（A.M. Prokhorov）根据这个理论开发出了微波激射器。最开始使用氨气后来使用红宝石晶体作为受辐照物。微波激射器的原理还作为低音放大器使用，比如无线望远镜制造。

与此同时，唐纳斯还和阿瑟·萧洛（Arthur Schawlow）提出了激光（利用无线发射产生的放大的光）的建议，1960年，西奥多·H. 梅曼（Theodore H. Maiman）制造了第一个激光发射器。激光的重要之处在于，它将可见光扩大，由此产生了不寻常的特性。它比太阳光要强烈几百万倍，以很窄的铅笔的形式出现，而且是单频光，只有一个波长。第一束激光是红宝石发出的，但是很快美国的贝尔电话实验室就开发出了气体激光器。与红宝石快速的连续脉冲相比，气体激光器所发出的激光强度要弱一些，但是连续性更强。

激光有很多用途。在工程领域，其狭窄性和集中的能量能用于切割和磨碎金属；在医学领域，它能用于放回脱落的视网膜或者进行不流血的外皮切割。因为激光光束的不易分散性，它经常用于长距离寻找小型目标，比如军用测距仪。在20世纪70年代，美国宇航员在月球上放了一面镜子，然后从地球发射激光通过镜面反射回来，由此将地球与月球之间的距离测量提升到了前所未有的精确程度。激光还有更加实用的应用，比如商店里用的标签扫描仪和压缩光盘播放器。

这些远距离测量技术要求非常精确的精密时计。现代的精密时计，从1929年W.A. 阿尔文（W. A. Alvin）发明的石英表开始，都是依靠分子或原子的震动频率。1969年，美国海军研究实验室基于氨分子震动制造的一台原子钟，能够精确到每170万年误差1秒。

远距离通讯

近年来，远距离通讯系统有了巨大发展，出现了一些重要的技术革新。但是对于使用者来说，这些改变通常并不引人注目。比如在电话制造行业，如今广泛使用的是应用激光产生的光脉冲的玻璃纤维电缆（而不是在铜线中传输的调整电流）来模拟声音信号。到1985年，单单在英国就有5万公里长的这种电缆。但是普通的电话使用者意识不到这种改变带来的不同，而且他们几乎没有必要更换电话机。真正的收益体现在服务的效率方面：对于某种水平的流量，可以使用更加轻便、廉价和小型的电缆。同样地，1960年位于

上图：距地球表面35900公里并与地球相对位置不变的卫星，每24小时就绕地球运行一圈，因此相对于地球表面它的位置永恒不变。从其所在的位置，卫星能够影响广大地区的通讯。

右图：索尼的TR-55，世界上首台全部采用晶体管的收音机，1955年8月面世。

美国伊利诺伊州的贝尔电话公司推出了电子数据转换器，这也意味着电话机更加轻型，连接更加迅速。而且用户的通话和计费都能够得到自动记录。

现在，卫星中继站也为长途电话技术带来了改进，开先河的是1962年发射的通讯卫星(Telstar)。

但是，这些技术进步必须逐步应用，不断增长的需求只能通过扩展原有系统得到满足。例如，1956到1976年之间，人们铺设了8条横贯大西洋的海底金属电缆，总计能够同时传输4000个电话。而直到1988年，第一条穿越大西洋的玻璃纤维电缆才铺设到位。

无线电和电视差不多同时发展起来，而且导致了用户已有设备的缓慢更新。到了20世纪50年代中期，全世界每年生产几百万个晶体管，电子管逐渐淡出市场，只有一些特殊用途还会用到它。一项重要的改进是需要接收系统电路的改变，这就导致了调频(FM)的出现。所有早期的无线电系统都是通过振幅调节运行，就是说：信号以不同强度的声波变化形式传输。1933年，美国人埃德温·H. 阿姆斯特朗(Edwin H. Armstrong)开发出了全新的调频系统，此系统的最初用途是减弱无线电中的背景噪音，又叫静电噪声。顾名思义，调频系统是通过声音频率的改变来传输信号。第二次世界大战之后，调频系统开始用于商业广播。但是由于调频需要使用比较宽的波段，所以它只适合于高频(VHF)传输，尤其适合在有限区域内进行高质量的声音传输。

晶体管极大地减小了无线电设备的尺寸和功率，而且第一次使得能装进口袋的袖珍收音机出现。20世纪60年代，电视接收器也开始使用晶体管，电

发明的历史
A History of Invention

视也因此缩小了尺寸，但这种缩小却受到了阴极射线管形状的限制。1979年，日本Matsushita开发出了一种平面管，利用液晶来显示图像。简单来说，液晶是一些化学物质，当受到电压作用时其分子会重新排列。通过极化的光，这种重新排列能够被转换成可见的信号，就是说，光的所有震动都在一个平面中进行，而不再是随意进行。这种液晶显示器（LCD）设备仅需要极小的输入功率，广泛应用于笔记本电脑、数码表、袖珍计算器和其它小型电器的生产中。

图像的质量也已经有了很大的改进。在英国，第二次世界大战之前，接收器显示的是405线的图像，直到20世纪60年代仍然如此。到了今天，大部分国家传输的是更加清晰的625线图像，使用的是逐行倒相制式（PAL），而美国和日本仍然使用525线的系统，使用全国电视系统委员会制式（NTSC）信号。将来，人们将会广泛采用更加清晰的制式，超过1200线。最大的障碍并不来自技术，而是社会和经济方面的限制。早在20世纪90年代早期，高清晰度电视就已经出现，但是只要广播站还在发送清晰度相对较低的信号，这种新系统的价值就得不到实现。即使新的广播标准得到建立，经济风险仍然很大，单单美国的市场就有2000亿美元。个别国家现在使用数码电视信号，但是它要取代模拟信号和使用模拟信号的设备，还需要很长时间。

图文馆

《她的故事》　　　　《安格尔的小提琴》　　　《书店风景》

彭怡平　　　　　　　彭怡平　　　　　　　　钟芳玲

定价：48元　　　　　定价：48元　　　　　　定价：68元

《阅读的女人危险》　　《写作的女人危险》　　　《女人与珍珠》

［德国］斯特凡·博尔曼　［德国］斯特凡·博尔曼　［德国］克劳迪娅·朗法可尼

定价：29.80元　　　　定价：29.80元　　　　　定价：29.80元

让书成为最精美的礼物

图文馆丛书策划：张维军

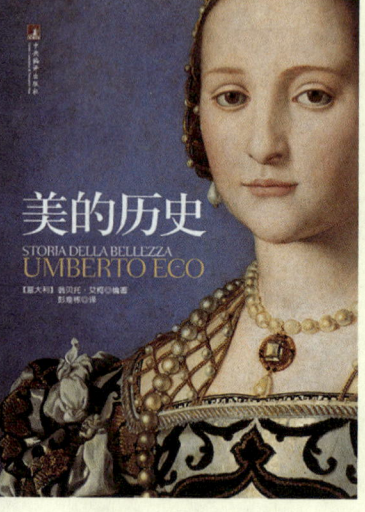

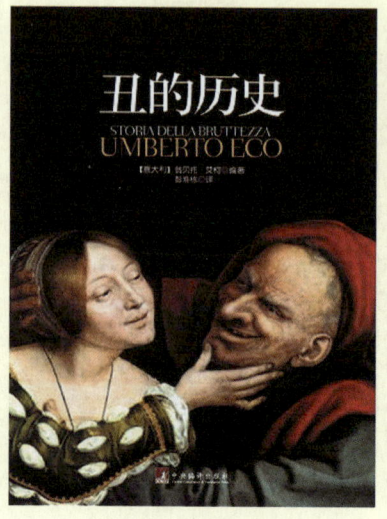

《美的历史》　　　　　　《丑的历史》　　　　　　《钱的历史》

［意大利］翁贝托·艾柯　　［意大利］翁贝托·艾柯　　［英国］凯瑟琳·伊格尔顿

　　定价：198元　　　　　　定价：198元　　　　　　　估价：128元

《时间的故事》　　　《有生之年非看不可的1001部电影》　　《这是什么意思？》

［英国］贡布里希　　　［美国］史蒂文·杰伊·施奈德　　　　［英国］肖恩·霍尔

　定价：198元　　　　　　　定价：198元　　　　　　　　　定价：39.80元

让书成为最精美的礼物

图文馆丛书策划：张维军